U0337616

全国高等职业教育“十三五”规划教材

液压与气压传动

主　编　卢雪红
副主编　何冬花
主　审　高　峰

中国矿业大学出版社

内 容 提 要

本书采用“项目—任务”的形式，在简要介绍液压与气压传动的理论知识的基础上，对液压与气压元件的作用、图形符号、工作原理、结构、常见故障及排除方法，常用液压与气压基本回路，典型液压与气压传动系统及液压伺服系统等内容进行了系统讲述。

本书内容组织形式新颖、叙述简明扼要、一体化性强，可作为高职高专院校矿山机械类、机电类以及其他机械、机电类相关专业的教学用书，也可作为高职高专非机电类专业的教材，还可供有关工程技术人员和管理人员参考。

图书在版编目(CIP)数据

液压与气压传动 / 卢雪红主编. —徐州 ：中国矿业大学出版社，2018.4

ISBN 978 - 7 - 5646 - 3881 - 8

Ⅰ. ①液… Ⅱ. ①卢… Ⅲ. ①液压传动②气压传动 Ⅳ. ①TH137②TH138

中国版本图书馆 CIP 数据核字(2018)第003284号

书　　名 液压与气压传动
主　　编 卢雪红
责任编辑 何　戈
出版发行 中国矿业大学出版社有限责任公司
(江苏省徐州市解放南路　邮编 221008)
营销热线 (0516)83885307　83884995
出版服务 (0516)83885767　83884920
网　　址 http://www.cumtp.com　**E-mail**:cumtpvip@cumtp.com
印　　刷 江苏淮阴新华印刷厂
开　　本 787×1092　1/16　**印张** 14.75　**字数** 365 千字
版次印次 2018 年 4 月第 1 版　2018 年 4 月第 1 次印刷
定　　价 28.00 元
(图书出现印装质量问题，本社负责调换)

前　言

随着职业教育的快速发展，职业教育的教学模式、教学方法、教学条件均发生了巨大的变化，特别是一体化教学模式的广泛应用，迫使教师的教学理念、教材内容的组织形式必须顺势而变。在煤炭职业教育“十三五”规划教材建设委员会的引领下，为了提升《液压与气压传动》教材的实用性与适用性，适时地组织了本教材的编写团队，力求编写出突出职业教育特点的一体化教材。

本书主要涉及的内容有：液压与气压传动的基础理论知识；液压与气压元件的作用、图形符号、工作原理、结构、常见故障及排除；常用液压与气压基本回路；典型液压与气压传动系统及液压伺服系统等。

本书主要适用于高职高专院校的矿山机械类、机电类以及其他机械、机电类相关专业的教学用书，也可作为高职高专非机电类专业的教材，还可供有关工程技术人员和管理人员参考使用。

根据当前高职高专教育在校学生的实际情况，本着“必需、够用、易学”的原则，保证满足高职高专相关专业液压与气压知识的基本要求。其主要特点有：

(1) 内容组织形式新颖：本教材打破了以往内容组织形式，对全书内容进行了项目、任务划分，对部分内容进行了重组。全书主要由 7 个项目、22 个任务组成，实现了项目导向、任务驱动模式，学习目标更明确。

(2) 简明扼要：教材内容没有大篇理论推导，适合高职学生特点。

(3) 一体化性强：在学习理论知识的基础上，将实践技能训练融入了任务当中，实现了教、学、做一体化，充分体现了实践技能训练的重要性。

教材使用说明：

(1) 限于篇幅和各学校的实际情况，本书中涉及的实训项目可根据实训条件适当增减；

(2) 本书在教学过程中，建议作业和实训报告书能以完整工作页形式详细编写，以完成本课程的系统学习；

(3) 由于 PLC 课程开设相对滞后，所以实训回路仅给出继电器控制电路图。

本书由卢雪红担任主编，何冬花担任副主编，高峰担任主审。参加编写的人员有：兰州资源环境职业技术学院黄圆志（项目一，附录），兰州资源环境职业技术学院钟立才（项目二任务一），兰州资源环境职业技术学院郑建军（项目二任务二、任务三)，兰州资源环境职业技术学院李明(项目三任务一、任务二)，兰州资源环境职业技术学院卢雪红(项目三任务三、任务四、任务五、任务六)，兰州资源环境职业技术学院史兆伟(绪论、项目四、项目五)，兰州资源环境职业技术学院何冬花(项目六、项目七)。

在本书编写过程中，得到了有关部门及老师的大力支持和帮助，在此表示衷心感谢。

由于编者水平有限，书中难免会有缺点和错误，敬请读者批评指正。

编　者

2017 年 10 月

目 录

绪　论

就一部完整的机器而言，一般都是由动力部分、传动部分、操纵控制部分及执行部分等组成。由于动力装置的性能不可能直接满足工作机构各种工况的要求，因此，传动装置就成为各种机器不可缺少的重要组成部分。其基本功用就是变换动力装置的性能参数，扩大性能范围，适应工作机构各种工况要求。

传动装置归纳起来有机械传动、电力传动、液体传动（液压传动和液力传动）、气压传动和由以上任意几种传动形式组合起来的运动。所谓液压传动，是以液体作为工作介质来实现能量传递的传动方式；所谓气压传动，是以压缩空气的压力能来实现能量传递的传动方式。

一、液压与气压传动的工作原理

液压与气压传动的基本工作原理是相似的，现用液压千斤顶的工作原理来简述其传动原理。

如图 0-1 所示，大、小两个液压缸 5 和 9 中分别装有大活塞 4 和小活塞 8，活塞能在缸体内上、下滑动，但必须有可靠的密封。其动作过程是：当用手向上提起杠杆 7 时，小活塞 8 被带动上升（此时单向阀 6 处于关闭状态），液压缸 9 中密封容积增大，当低于大气压时，使得单向阀 10 两端压差能克服弹簧弹力，单向阀 10 被推开，油箱 1 中的油液便经管道流进液压缸 9 中。当小活塞 8 上升到一定高度时，接着压下杠杆 7，液压缸 9 中的油液压力上升，单向阀 10 便关闭，此时吸油结束，而单向阀 6 在油压作用下被推开，油液便进入液压缸 5，当油液压力能克服重物 M 的重力时，大活塞 4 上升，重物便随之上升。如此反复地提压杠杆 7，重物便逐渐上升，达到了液压千斤顶顶起重物的目的。

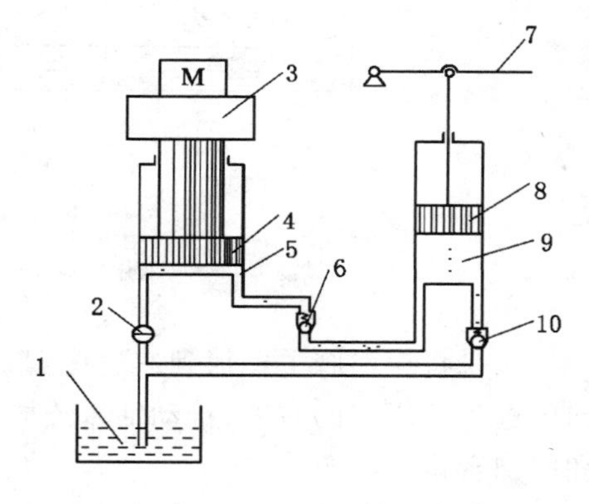

图 0-1　液压千斤顶的工作原理

1——油箱；2——放油阀；3——重物；4——大活塞；5，9——液压缸；6，10——单向阀；7——杠杆；8——小活塞

若将放油阀 2 旋转 90°，则在重物自重作用下，液压缸 5 中的油液流回油箱，活塞下降到原位。

从此例可以看出，液压千斤顶是一个简单的液压传动装置。分析液压千斤顶的工作过程，可知液压传动是依靠液体在密封容积变化过程中的压力能实现运动和动力传递的。液压传动装置本质上是一种能量转换装置，它先将机械能转换为便于输送的液压能，然后又将液压能转换为机械能做功。

二、液压与气压传动系统的组成

图 0-2 所示为一台简化了的机床工作台液压传动系统，我们可以通过它进一步了解一

般液压传动系统应具备的基本性能和组成情况。

在图 0-2(a)中,液压泵 3 由电动机(图中未示出)带动旋转,从油箱 1 中吸油。油液经过滤器 2 过滤后流往液压泵,经泵向系统输送。来自液压泵的压力油流经节流阀 5 和换向阀 6 进入液压缸 7 的左腔,推动活塞连同工作台 8 向右移动。这时,液压缸右腔的油通过换向阀经回油管排回油箱。

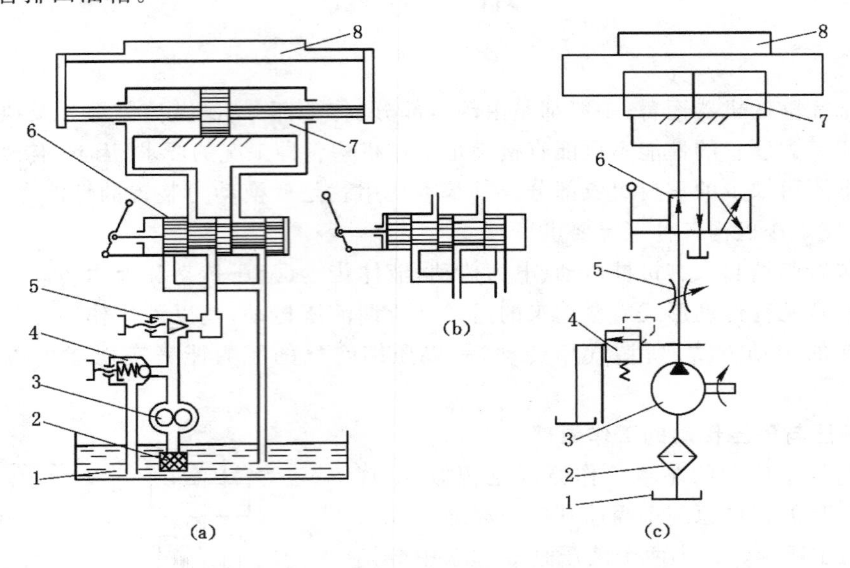

图 0-2　机床工作台液压传动系统

1——油箱;2——过滤器;3——液压泵;4——溢流阀;5——节流阀;6——换向阀;7——液压缸;8——工作台

如果将换向阀手柄扳到左边位置,使换向阀处于图 0-2(b)所示的状态,则压力油经换向阀进入液压缸的右腔,推动活塞连同工作台向左运动。这时,液压缸左腔的油也经换向阀和回油管排回油箱。

工作台的移动速度是通过节流阀来调节的。当节流阀开口较大时,进入液压缸的流量较大,工作台的移动速度也较快;反之,当节流阀开口较小时,工作台移动速度则较慢。

工作台移动时必须克服阻力,例如克服切削力和相对运动表面的摩擦力等。为适应克服不同大小阻力的需要,泵输出油液的压力应当能够调整;另外,工作台低速移动时,节流阀开口较小,泵出口多余的压力油也需排回油箱。这些功能是由溢流阀 4 来实现的,调整溢流阀的预压力就能调整泵出口的油液压力,并让多余的油在相应压力下打开溢流阀,经回油管流回油箱。

图 0-3 所示是气压传动系统,其工作原理概括为压缩空气的产生与净化、净化空气的调节与控制、执行机构完成工作机构的要求。气源装置是由电动机 1 带动空气压缩机 2 产生压缩空气经冷却、油水分离后进入储气罐 3 备用;压缩空气从储气罐引出,经空气过滤器 12 再次净化,然后经压力控制阀 4、油雾器 11、逻辑元件 5、方向控制阀 6 和流量控制阀 7 到达气缸 9,通过机控阀 8 控制完成气缸所需的动作。此外还要满足一些其他的要求,如用消声器 10 来消除噪声等。

图 0-3 所示亦为可完成某程序动作的气动系统的组成原理图,其中的控制装置是由若干气动元件组成的气动逻辑回路。它可以根据气缸活塞杆的始末位置,由行程开关等传递

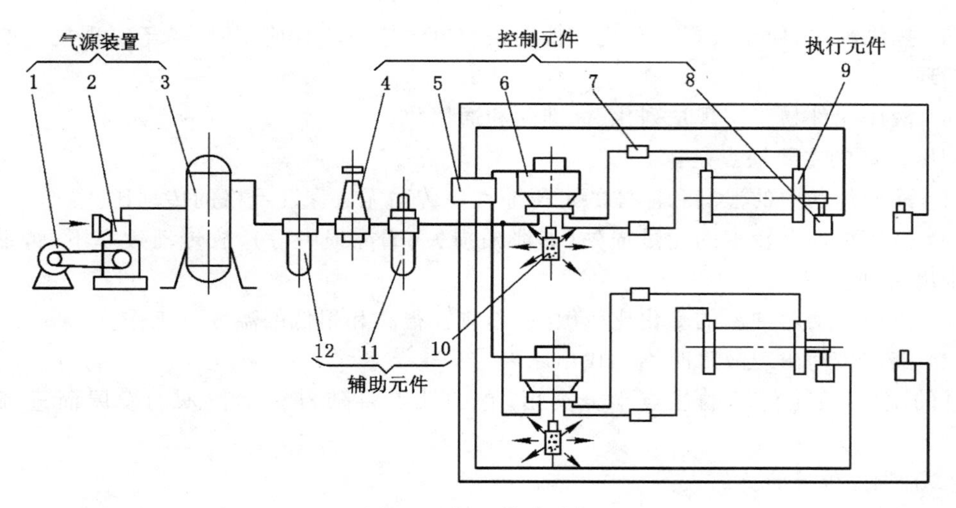

图 0-3　气压传动系统

1——电动机；2——空气压缩机；3——储气罐；4——压力控制阀；5——逻辑元件；6——方向控制阀；7——流量控制阀；8——机控阀；9——气缸；10——消声器；11——油雾器；12——空气过滤器

信号，在做出逻辑判断后指示气缸下一步的动作，从而实现规定的自动工作循环。

从上述例子可以看出，液压与气压传动系统由以下五个部分组成：

(1) 能源装置：把机械能转换成流体的压力能的装置，一般最常见的是液压泵和空气压缩机。

(2) 执行装置：把流体的压力能转换成机械能的装置，一般指直线移动的液(气)压缸、做回转运动的液(气)压马达等。

(3) 控制装置：对液(气)压系统中流体的压力、流量和流动方向进行控制和调节的装置，如溢流阀、节流阀、换向阀等。这些元件的不同组合组成了能完成不同功能的液(气)压系统。

(4) 辅助装置：包括油箱、油管、过滤器以及各种指示器和控制仪表、蓄能器、储气罐等。它们的作用是提供必要的条件使液(气)压系统得以正常工作和便于监测控制。

(5) 工作介质：即传动介质，是传递能量的流体，即液压油或压缩空气。

三、液压与气压传动系统的图形符号

组成液压系统或气压系统的各个元件若用结构式图形画出来，图形直观性强，较易理解，但难于绘制，系统中元件数量多时更是如此。所以，在工程实际中，除某些特殊情况外，一般都用简单的图形符号来绘制液压与气压系统原理图。

四、液压与气压传动的优缺点

(一) 液压传动的优缺点

液压传动与机械传动、电力传动相比较，有如下主要优点：

(1) 液压传动能方便地实现无级调速，调速范围大。

(2) 在相同功率情况下，液压传动能量转换元件的体积较小、重量较轻。

(3) 工作平稳，换向冲击小，便于实现频繁换向。

(4) 便于实现过载保护，而且工作油液能使传动零件实现自润滑，故使用寿命较长。

(5) 操纵简单,便于实现自动化。特别是和电气控制联合使用时,易于实现复杂的自动工作循环。

(6) 液压元件易于实现系列化、标准化和通用化。

液压传动的主要缺点是:

(1) 液压传动中的泄漏和液体的可压缩性使传动无法保证严格的传动比。

(2) 液压传动有较多的能量损失(如泄漏损失、摩擦损失等),故传动效率不高,不宜用于远距离传动。

(3) 液压传动对油温的变化比较敏感,不宜在很高和很低的温度下工作。

(4) 液压传动出现故障时不易找出原因。

总的说来,液压传动的优点十分突出,它的缺点将随着科学技术的发展而逐渐得到克服。

(二) 气压传动的优缺点

气压传动与液压传动相比有如下优点:

(1) 空气可以直接来源于大气,节省费用。

(2) 空气在管道内流动阻力小,压力损失小,便于输送。

(3) 气动反应快,动作迅速,维护简单,管路不易阻塞。

(4) 使用后的空气可直接排入大气,不污染环境。

(5) 气动元件结构简单,易于制造、标准化、系列化、通用化。

(6) 气动系统在恶劣工作环境中,安全可靠性优于其他系统。

(7) 气动系统可实现过载保护,可压缩性气体便于储存能量。

(8) 气动设备可以自动降温,长期运行也不会发生过热现象。

气压传动系统的主要缺点:

(1) 气压传动工作压力较低,输出功率较小。

(2) 气压传动信号传递的速度慢,不宜用于高速传递的回路中。

(3) 气压传动排气噪声大,需加消声器。

(4) 由于空气的可压缩性,气压传动在载荷变化时动作稳定性差。

五、液压与气压传动的应用和发展

液压传动相对于机械传动来说,是一门新的技术。如果从 1795 年世界上第一台水压机诞生算起,液压传动已经有 200 多年的历史。然而液压传动真正推广使用却是近 50 多年的事。特别是 20 世纪 60 年代以后,随着原子能科学、空间技术、计算机技术的发展,液压技术也得到了很大发展,渗透到国民经济的各个领域之中,在工程机械、冶金、军工、农机、汽车、轻纺、船舶、石油航空和机床工业中,液压技术得到了普遍的应用。当前,液压技术正向高压、高速、大功率、高效率、低噪声、低能耗、经久耐用、高度集成化等方向发展;同时,新型液压元件的应用,液压系统的计算机辅助设计、计算机仿真和优化、微机控制等工作也日益取得显著的成果。

气动技术在科技飞速发展的今天迅速发展。随着工业的发展,气动技术的应用领域已从汽车、采矿、钢铁、机械工业等行业迅速扩展到化工、轻工、食品、军事工业等各领域。气动技术已发展成包括传动、控制和检测在内的自动化技术。气动元件当前发展的特点和研究方向主要是节能化、小型化、位置控制的高精度化,以及与电子学相结合的综合控制技术。

思考与练习

1. 何谓液压与气压传动？液压传动的基本工作原理是怎样的？
2. 液压与气压传动系统有哪些组成部分？各部分的作用是什么？
3. 液压元件在系统图中是怎样表示的？
4. 和其他传动方式相比较，液压与气压传动有哪些主要的优、缺点？

项目一　液压传动基本理论

任务一　液压油的性质及选用

任务概述

一、任务描述

液压传动所采用的工作液体有石油型液压油、水基液压液和合成液压液三大类。石油型液压油，是由石油经炼制并掺入了适当添加剂制成的，其润滑性和化学稳定性好，是液压传动应用最广泛的工作介质，简称液压油。液压油的性质直接影响液压系统的工作性能，有必要熟悉液压油的性质，以便正确选用液压油，保证液压系统的正常运行。

二、任务要求

(1) 知识要求：熟悉液压油的主要物理性质；掌握液压油的选用原则和方法；了解液压油的污染及其控制措施。

(2) 能力要求：熟悉液压油的物理性质；能根据不同工程设备选用合适的污染等级的油。

相关知识

液压传动是以液体(液压油)作为工作介质来进行能量传递的，因此，了解液体的基本性质，掌握液体平衡和运动的主要力学规律，对于正确理解液压传动原理以及合理设计和使用液压系统都是非常必要的。

一、液压油的主要性质

液体的物理性质，对液压传动系统的工作性能有很大影响。

(一) 密度

单位体积液体的质量称为该液体的密度，即

$$\rho = \frac{m}{V} \tag{1-1-1}$$

式中，V 为液体的体积；m 为体积为 V 的液体的质量；ρ 为液体的密度。

密度是液体的一个重要的物理参数。随着液体温度或压力的变化，其密度也会发生变化，但这种变化量通常不大，可以忽略不计。一般液压油的密度为 900 kg/m^3。

(二) 可压缩性

液体受压力作用而发生体积减小的性质称为液体的可压缩性。液体在单位压力变化下的体积相对变化量为

$$k=-\frac{1}{\Delta p}\frac{\Delta V}{V} \tag{1-1-2}$$

式中，V 为增压前液体的体积；Δp 为增压后压力变化量；ΔV 为压力增加 Δp 后体积变化量；k 称为液体的压缩系数，由于压力增大时液体的体积减小，因此式(1-1-2)的右边必须加一负号，以使 k 为正值。

k 的倒数称为液体的体积模量，以 K 表示

$$K=\frac{1}{k}=-\frac{\Delta p}{\Delta V}V \tag{1-1-3}$$

K 表示产生单位体积相对变化量所需要的压力增量。在实际应用中，常用 K 值说明液体抵抗压缩能力的大小。K 值越大，说明液体的压缩性越小，其刚度就越大；反之，液体易被压缩，刚度较小。在常温下，纯净液体的体积模量 $K=(1.4\sim2)\times10^3$ MPa，数值很大，故一般可认为油液是不可压缩的。

应当指出，当液压油中混有空气时，其抗压缩能力将显著降低，这会严重影响液压系统的工作性能。在有较高要求或压力变化较大的液压系统中，应力求减少油液中混入的气体及其他易挥发物质(如汽油、煤油、乙醇和苯等)的含量。由于油液中的气体难以完全排除，因此实际计算中常取液压油的体积模量 $K=0.7\times10^3$ MPa。

（三）黏性

1. 黏性的物理性质

液体在外力作用下流动时，液体与固体壁面间的附着力、分子运动及分子间的内聚力的存在，使其流动受到牵制，因而产生一种摩擦力，这一特性称为液体的黏性。黏性是液体的重要物理性质，也是选择液压油的主要依据之一。

液体的黏性会使液体内部各层间的速度大小不等。如图 1-1-1 所示，设两平行平板间充满液体，下平板不动，上平板以速度 u_0 向右平移。由于液体的黏性作用，紧贴下平板的液体层速度为零，紧贴上平板的液体层速度为 u_0，而中间各层液体的速度则根据它与下平板间的距离大小近似呈线性规律分布。

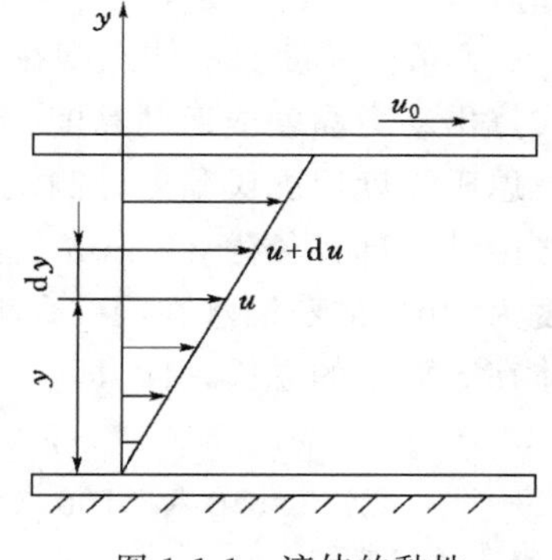

图 1-1-1　液体的黏性

实验测定结果指出，液体流动时相邻液层间的内摩擦力 F 与液层接触面积 A、液层间的速度梯度 $\mathrm{d}u/\mathrm{d}y$ 成正比，即

$$F=\mu A\frac{\mathrm{d}u}{\mathrm{d}y} \tag{1-1-4}$$

式中，μ 为比例常数，称为动力黏度。

若以 τ 表示内摩擦切应力，即液层间在单位面积上的内摩擦力，则

$$\tau=\frac{F}{A}=\mu\frac{\mathrm{d}u}{\mathrm{d}y} \tag{1-1-5}$$

式(1-1-5)即为牛顿液体内摩擦定律。

由式(1-1-5)可知，在静止液体中，因速度梯度 $\mathrm{d}u/\mathrm{d}y=0$，内摩擦力为零，所以液体在静止状态下是不呈黏性的。

2. 黏度

液体黏性的大小用黏度来表示。常用的黏度有三种，即动力黏度、运动黏度和条件黏度。

(1) 动力黏度。动力黏度又称绝对黏度，由式(1-1-4)可得

$$\mu=\frac{F}{A\frac{\mathrm{d}u}{\mathrm{d}y}}$$

动力黏度的物理意义是：液体在单位速度梯度下流动时，接触液层间单位面积上的内摩擦力。

动力黏度的法定计量单位为 Pa·s(帕·秒，N·s/m^2)，它与以前沿用的非法定计量单位 P (泊，dyne·s/cm^2)之间的关系是

$$1\ \mathrm{Pa\cdot s}=10\ \mathrm{P}$$

(2) 运动黏度。动力黏度与该液体密度的比值称为运动黏度，以 ν 表示

$$\nu=\frac{\mu}{\rho} \tag{1-1-6}$$

比值 ν 无物理意义，但它却是工程实际中经常用到的物理量，称为运动黏度。

运动黏度的法定计量单位是 m^2/s(平方米/秒)，它与以前沿用的非法定计量单位 cSt (厘斯)之间的关系是

$$1\ \mathrm{m^2/s}=10^6\ \mathrm{mm^2/s}=10^6\ \mathrm{cSt}$$

国际标准化组织 ISO 规定统一采用运动黏度来表示油的黏度等级。我国生产的全损耗系统用油和液压油采用 40 ℃时的运动黏度值(mm^2/s)为其黏度等级标号，即油的牌号。例如牌号为 L-HL32 的液压油，就是指这种油在 40 ℃时的运动黏度平均值为 32 mm^2/s。

(3) 条件黏度。液体黏度在工程上的测定方法是测出液体的相对黏度，然后再根据关系式算出动力黏度或运动黏度。我国采用恩氏黏度 E_t。

恩氏黏度用恩氏黏度计测定：将 200 mL 温度为 t ℃的被测液体装入黏度计的容器内，使之由其下部直径为 2.8 mm 的小孔流出，测出液体流尽所需的时间 t_1(s)；再测出 200 mL 温度为 20 ℃的蒸馏水在同一黏度计中流尽所需的时间 t_2(s)。这两个时间的比值即为被测液体在 t ℃下的恩氏黏度，即

$$E_t=t_1/t_2$$

一般以 20 ℃、50 ℃、100 ℃作为测定液体黏度的标准温度，所以恩氏黏度分别 E_{20}、E_{50}、E_{100} 标记。

恩氏黏度 E_t 与运动黏度 ν 间的换算关系为

$$\nu=(7.31E_t-\frac{6.31}{E_t})\times10^{-6} \tag{1-1-7}$$

(四) 黏度和温度的关系

油液对温度的变化极为敏感，温度升高，油的黏度即降低。油的黏度随温度变化的性质称为油液的黏温特性。不同种类的液压油有不同的黏温特性。图 1-1-2 所示为几种典型液压油的黏温特性曲线。

黏温特性较好的液压油，黏度随温度的变化较小，因而油温变化对液压系统性能的影响较小。

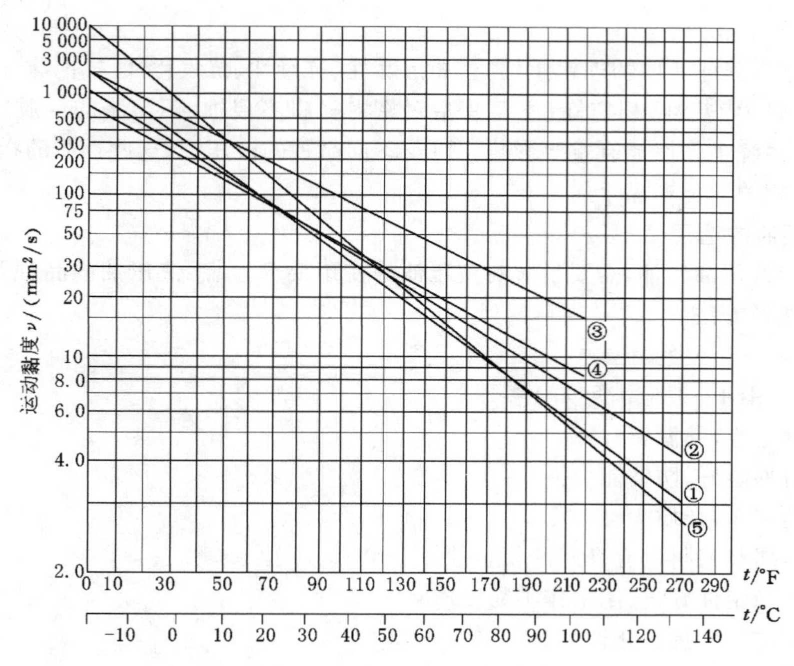

图 1-1-2　典型液压油的黏温特性曲线

①——矿油型普通液压油；②——矿油型高黏度指数液压油；③——水包油乳化液；④——水-乙二醇液；⑤——磷酸酯液

国际和国内常采用黏度指数 VI 值来衡量油液黏温特性的好坏。黏度指数 VI 值越大，表示油液黏度随温度的变化率越小，即黏温特性越好。一般液压油的 VI 值要求在 90 以上，优异的在 100 以上。

（五）黏度和压力的关系

液体所受的压力增大时，其分子间的距离减小，内聚力增大，黏度亦随之增大。但对于一般的液压系统，当压力在 32 MPa 以下时，压力对黏度的影响不大，可以忽略不计。

（六）调和油的黏度

如果使用一种油类不能满足液压传动的要求，则可以利用不同黏度的同类油品进行调和，以达到所需要的黏度。调和油的黏度可用下列经验公式计算

$$E_t = \frac{aE_{t1} + bE_{t2} - c(E_{t1} - E_{t2})}{100} \tag{1-1-8}$$

式中，E_t 为调和油的恩氏黏度；E_{t1} 为第一种油液的恩氏黏度；E_{t2} 为第二种油液的恩氏黏度，$E_{t1} > E_{t2}$；a 为第一种油液所占百分数；b 为第二种油液所占百分数（$a+b=100$）；c 为与 a、b 有关的实验系数，其值按表 1-1-1 选择。

表 1-1-1　调和油的系数 c

a/%	10	20	30	40	50	60	70	80	90
b/%	90	80	70	60	50	40	30	20	10
c	6.7	13.1	17.9	22.1	25.5	27.9	28.2	25	17

（七）其他性质

液压油还有其他一些物理化学性质，如抗燃性、抗凝性、抗氧化性、抗泡沫性、抗乳化性、防锈性、润滑性、导热性、相容性（主要是指对密封材料不侵蚀、不溶胀的性质）以及纯净性等，都对液压系统工作性能有重要影响。对于不同品种的液压油，这些性质的指标也有所不同，具体可见相关油类产品手册。

二、液压油的选用

为了正确选用液压油，需要了解对液压油的使用要求，熟悉液压油的品种及其性能，掌握液压油的选择方法。

（一）对液压油的使用要求

液压传动用油一般应满足如下要求：

（1）黏度适当，黏温特性好。

（2）润滑性能好，防锈能力强。

（3）质地纯净，杂质少。

（4）对金属和密封件有良好的相容性。

（5）氧化稳定性好，长期工作不易变质。

（6）抗泡沫性和抗乳化性好。

（7）体积膨胀系数小，比热容大。

（8）燃点高，凝点低。

（9）对人体无害，成本低。

对于具体的液压传动系统，则需根据情况突出某些方面的使用性能要求。

（二）液压油的品种

液压油的品种很多，但就其化学组成和可燃性而言，可归纳为两大类：矿物油型液压油和难燃液压油。国家标准规定液压油用规定的符号表示，如 L-HM32 的含义如下：

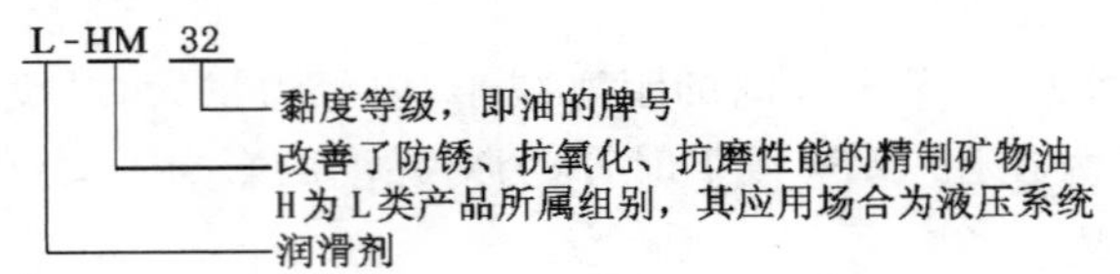

1. *矿物油型液压油*

（1）L-HH 液压油

L-HH 液压油是一种无添加剂的精制矿油，这种油虽已列入分类之中，但在液压系统中已不使用。因为这种油稳定性差、易起泡，在液压设备中使用寿命短。

（2）L-HL 液压油

该产品为改善了防锈、抗氧化性的精制矿物油，性能比 L-HH 液压油优越，其黏度等级有 15、22、32、46、68、100 等 6 种，常用于 7 MPa 以下的要求较高的中、低压液压系统和要求换油期较长的轻负荷机械的油浴式润滑系统。

（3）L-HM 液压油

该产品是在 L-HL 液压油的基础上改善了抗磨性的矿物油，又称抗磨液压油，其黏度等级（牌号）主要有 22、32、46、68 等 4 种，适用于中、低、高压液压系统和中等负荷机械的润滑。

2. *难燃液压液*

GB/T 7631.2—2003 在原有类型的基础上取消了对环境和健康有害的难燃液压液

HFDS 和 HFDT，现仅详细介绍煤矿液压支护设备使用的水包油型乳化液。

（1）水包油型乳化液的组成

按分类体系，水包油型乳化液的产品符号为 L-HFAE，它是由水和乳化油混合而成的稳定液体。其中水占 85%～98%，乳化油仅占 2%～15%，乳化油分散成微小油珠均匀地散布于水中。乳化液不可燃，安全性好，价格低廉，对人体皮肤无刺激、无损害，具有一定的润滑性，其黏度基本上与水的黏度一样，特别适用于煤矿液压支护设备。

乳化油是以矿物油为基础油，加入乳化剂、防锈剂和其他添加剂组合而成的可溶性油。

国产 SM-10 和 MDT 乳化油，是液压支架的专用油。

（2）乳化液的配制要求

① 乳化液用水必须清洁无污染，水的 pH 值应在 6～9 之间。

② 配液应掌握好乳化油和水的比例。对于液压支架一般采用 5%的乳化油加 95%的水，对于单体液压支柱采用 2%的乳化油加 98%的水。

③ 配制前要先搅拌乳化油，然后将乳化油慢慢倒入水中，并要不停地搅拌。由于油滴直径大小不同（0.05～10 μm），乳化液的外观也有透明、半透明、玉色、乳白色等几种，油滴越小，乳化液越透明，就越稳定。

④ 要采用同一牌号、同一厂家生产的乳化油，不可混用。乳化油属于易燃品，储存、运输时应注意防火，储存期一般以一年为限。

液压油的主要品种及其特性和用途列于表 1-1-2。

表 1-1-2　　液压油的主要品种及其特性和用途

类别		组成	代号	特性和用途
矿物型液压油		无添加剂的石油基液压油	L-HH	稳定性差，易起泡
		HH＋抗氧化剂、防锈剂	L-HL	有抗氧化和防锈能力，常用于中、低压液压系统
		HL＋抗磨剂	L-HM	改善抗磨性能，适用于工程机械、车辆液压系统
		HL＋增黏剂	L-HR	改善黏温特性，适用于环境温度变化较大的低压系统和轻负载机械的润滑部位
		HM＋增黏剂	L-HV	改善黏温特性，可用于环境温度在 －40～20 ℃的高压系统；低温黏度小，高温下能保持一定黏度，故适用范围宽
		HM＋防爬剂	L-HG	改善黏滑性能，适用液压及导轨润滑为同一油路系统的精密机床
难燃液压液	含水液压液	水包油型乳化液	L-HFAE	难燃、黏温特性好，有防锈能力，润滑性差，易泄漏，适用于抗燃、用油量大且泄漏严重的系统
		油包水乳化液	L-HFB	有抗磨、防锈性能和抗燃性，用于有抗燃要求的中压系统
		水-乙二醇	L-HFC	有黏温特性，难燃和抗蚀性好，能在－20～50 ℃温度下使用，用于有抗燃要求的中、低压系统
		水的化学溶液	L-HFAS	一种含有化学品添加剂的高水基液，低温性、黏温性和润滑性差，但难燃性好，价格便宜，适用于需要难燃液的低压传动系统或金属加工设备

续表 1-1-2

类别		组成	代号	特性和用途
难燃液压液	合成液压液	磷酸酯液	L-HFDR	难燃、润滑性好，抗磨性能和抗氧化性能良好，能在较大温度范围内使用，用于有抗燃要求的高压精密液压系统
		其他合成液压液	L-HFDU	

（三）液压油的选择

液压油对液压系统的运动平稳性、工作可靠性、灵敏性、系统效率、功率损耗、气蚀和磨损等都有显著影响，所以选用液压油时，需要选择合适的黏度和适当的油液品种。

(1) 按工作机的类型选用。精密机械与一般机械对黏度要求不同，为了避免温度升高而引起机件变形，影响工作精度，精密机械宜采用较低黏度的液压油。如机床液压伺服系统，为保证伺服机构动作灵敏性，宜采用黏度较低的油液。

(2) 按液压泵的类型选用。液压泵是液压系统的重要元件，在系统中它的运动速度、压力和温升都较高，工作时间又较长，因而对黏度要求较严格，所以选择黏度时应先考虑到液压泵。否则，泵磨损过快，容积效率降低，甚至可能破坏泵的吸油条件。在一般情况下，可将液压泵要求的黏度作为选择液压油的基准，见表 1-1-3。

表 1-1-3 各种液压泵适用的液压油黏度范围表

液压泵类型		运动黏度 (40 ℃)/(mm^2/s)	
		5～40 ℃	40～80 ℃
叶片泵	7 MPa 以下	30～50	40～75
	7 MPa 以上	50～70	55～90
螺杆泵		30～50	40～80
齿轮泵		30～70	95～165
径向柱塞泵		30～50	65～240
轴向柱塞泵		30～70	70～150

(3) 按液压系统工作压力选用。工作压力较高时，宜选用黏度较高的油，以免系统泄漏过多，效率过低；工作压力较低时，宜用黏度较低的油，这样可以减少压力损失。例如机床工作压力一般低于 6.3 MPa，采用 $(20\sim60)\times10^{-6}$ m^2/s 的油液；工程机械工作压力属于高压，多采用较高黏度的油液。

(4) 考虑液压系统的环境温度。矿物油的黏度受温度影响很大，为了保证在工作温度下有较适宜的黏度，还必须考虑环境温度的影响。当环境温度高时，宜采用黏度较高的油液；当环境温度低时，宜采用黏度较低的油液。

(5) 考虑液压系统的运动速度。当液压系统工作部件的运动速度很高时，油液的流速也高，液压损失随之增大，而泄漏量相对减少，因此宜用黏度较低的油液；反之，当工作部件运动速度较低时，每分钟所需的油量很小，这时泄漏量相对较大，对系统的运动速度影响也较大，所以宜选用黏度较高的油液。

采煤机牵引部、掘进机、侧卸式装岩机的液压系统，普遍采用柱塞泵。其工作压力大多在 10 MPa 以上；系统工作温度变化较大，一般为 40～80 ℃；井下环境潮湿，常常有水侵入，因此要求液压油应有合适的黏度、良好的抗磨性、黏温性、防锈性、抗乳化性、抗氧化性及抗泡性。所以，应根据功率大小使用 L-HM68、L-HM100 或 L-HM150 液压油。

三、液压油的污染及其控制

液压油受到污染，常常是系统发生故障的主要原因。因此，控制液压油的污染是十分重要的。

（一）污染的危害

液压油被污染指的是液压油中含有水分、空气、微小固体颗粒及胶状生成物等杂质。液压油污染对液压系统造成的危害主要是：

(1) 固体颗粒和胶状生成物堵塞过滤器，使液压泵运转困难，产生噪声；堵塞阀类元件小孔或缝隙，使阀动作失灵。

(2) 微小固体颗粒会加速零件磨损，使元件不能正常工作；同时，也会擦伤密封件，使泄漏增加。

(3) 水分和空气的混入会降低液压油的润滑能力，并使其氧化变质；产生气蚀，使元件加速损坏；使液压系统出现振动、爬行等现象。

（二）污染的原因

液压油被污染的原因主要有以下几方面：

(1) 残留物污染。这主要是指液压元件在制造、储存、运输、安装、维修过程中带入的砂粒、铁屑、磨料、焊渣、锈片、棉纱和灰尘等，虽经清洗，但未清洗干净而残留下来，造成液压油污染。

(2) 侵入物污染。这主要是指周围环境中的污染物(空气、尘埃、水滴等)通过一切可能的侵入点(如外露的往复运动活塞杆、油箱的进气孔和注油孔等)侵入系统，造成液压油污染。

(3) 生成物污染。这主要是指液压系统在工作过程中产生的金属微粒、密封材料磨损颗粒、涂料剥离片、水分、气泡及油液变质后的胶状生成物等，造成液压油污染。

（三）污染度等级

油液的污染度是指单位容积液体中固体颗粒污染物的含量。为了描述和评定液压系统油液的污染度，以便对污染进行控制，有必要制定液压系统油液的污染度等级。目前常用的污染度等级标准有两个，一是国家标准，采用 ISO 4406 国际标准；二是美国 NAS 1638 标准。

ISO 4406 等级标准用两个代号表示油液的污染度，前面的代号表示 1 mL 油液中尺寸大于 5 μm 颗粒数的等级，后面的代号表示 1 mL 油液中尺寸大于 15 μm 颗粒数的等级，两个代号间用一斜线分隔。代号的含义见表 1-1-4。例如等级代号为 19/16 的液压油，表示它在 1 mL 内尺寸大于 5 μm 的颗粒数在 2 500～5 000 之间，尺寸大于 15 μm 的颗粒数在 320～640 之间。这种双代号标志法对实际工程应用来说是很科学的，因为 5 μm 左右的颗粒对堵塞液压元件缝隙的危害性最大，而大于 15 μm 的颗粒对磨损作用最为显著，用它们来反映油液的污染度最为恰当，因而这种标准得到了普遍采用。

表 1-1-4　　ISO 4406 污染度等级标准

1 mL 油液中的颗粒数	等级代号	1 mL 油液中的颗粒数	等级代号
>5 000 000	30	>80～160	14
>2 500 000～5 000 000	29	>40～80	13
>1 300 000～2 500 000	28	>20～40	12
>640 000～1 300 000	27	>10～20	11
>320 000～640 000	26	>5～10	10
>160 000～320 000	25	>2.5～5	9
>80 000～160 000	24	>1.3～2.5	8
>40 000～80 000	23	>0.64～1.3	7
>20 000～40 000	22	>0.32～0.64	6
>10 000～20 000	21	>0.16～0.32	5
>5 000～10 000	20	>0.08～0.16	4
>2 500～5 000	19	>0.04～0.08	3
>1 300～2500	18	>0.02～0.04	2
>640～1 300	17	>0.01～0.02	1
>320～640	16	≤0.01	0
>160～320	15		

美国 NAS 1638 污染度等级标准见表 1-1-5。它以颗粒浓度为基础，按 100 mL 油液中在给定的 5 个颗粒尺寸区间内最大允许颗粒数划分为 14 个等级，最清洁的为 00 级，污染度最高的为 12 级。

表 1-1-5　　NAS 1638 污染度等级标准

尺寸范围/μm	污染度等级													
	00	0	1	2	3	4	5	6	7	8	9	10	11	12
	每 100 mL 油液中所含颗粒的数目													
5～15	125	250	500	1 000	2 000	4 000	8 000	16 000	32 000	64 000	128 000	256 000	512 000	1 024 000
15～25	22	44	89	178	356	712	1 425	2 850	5 700	11 400	22 800	45 600	91 200	182 400
25～50	4	8	16	32	63	126	253	506	1 012	2 025	4 050	8 100	16 200	32 400
50～100	1	2	3	6	11	22	45	90	180	360	820	1 440	2 880	5 760
>100	0	0	1	1	2	4	8	16	32	64	128	256	512	1 024

各种液压设备在工作期间，对其液压系统的污染度可采取适当的方法进行测定。目前，比较先进实用的一种测定污染度的方法是自动颗粒计数法。其工作原理是当光源照射油液样品时，利用油液中颗粒在光电传感器上投影所发出的脉冲信号来测定油液污染度。由于信号的强弱和多少分别与颗粒的大小和数量有关，将测得的信号与标准颗粒产生的信号相比较，就可以算出油液样品中颗粒的大小和数量。这种方法能自动计数，操作简便，测定精确，因此得到了普遍的应用。表 1-1-6 给出了典型液压系统的污染度等级。在进行液压系

统设计时，设计者可根据系统的不同类型提出不同的污染度（或称清洁度）要求，并在油路设计方面采取相应措施（例如适当地设置过滤器等）以控制液压油的污染。

表 1-1-6　　典型液压系统污染度等级

系统类型 \ 级别①	4	5	6	7	8	9	10	11	12	13	14
污染度等级②	13/10	14/11	15/12	16/13	17/14	18/15	19/16	20/17	21/18	22/19	23/20
污染极敏感的系统	■	■	■	■	■						
伺服系统		■	■	■	■	■					
高压系统			■	■	■	■	■				
中压系统					■	■	■	■	■		
低压系统						■	■	■	■	■	
低敏感系统							■	■	■	■	■
数控机床液压系统		■	■	■	■	■					
机床液压系统					■	■	■	■	■		
一般机器液压系统						■	■	■	■	■	
行走机械液压系统				■	■	■	■	■			
重型设备液压系统					■	■	■	■	■		
重型和行走设备传动系统						■	■	■	■	■	
冶金轧钢设备液压系统				■	■	■	■	■			

注：① 这里的级别指NAS 1638；
② 相当于ISO 4406。

（四）污染的控制

液压油污染的原因很复杂，液压油自身又在不断产生脏物，因此要彻底防止污染是很困难的。为了延长液压元件的寿命，保证液压系统正常工作，将液压油污染程度控制在某一限度以内是较为切实可行的办法。实用中常采取如下几方面措施来控制污染：

（1）力求减少外来污染。新安装或检修后的液压系统，必须进行系统清洗。将实际用液加入油箱，空载断续开车，使工作液体在系统内流动，将系统内的残留物冲洗出来，再将冲洗用液排除干净，重新加入工作液体。维修拆卸元件应在无尘区进行。

（2）滤除系统产生的杂质。向油箱灌油应通过过滤器，还应在系统的其他有关部位设置适当精度的过滤器，并且要定期检查、清洗或更换滤芯。

（3）定期检查更换液压油。应根据液压设备使用说明书的要求和维护保养规程的规定，定期检查更换液压油，换油时要清洗油箱，冲洗系统管道及元件。

（4）控制工作液体的温升，减缓油液的氧化变质速度。

通常确定换油期的方法有以下三种：

（1）规定固定的换油期。

(2) 根据经验换油。油液变质后,其颜色、气味会发生一些变化,由此决定是否换油。

(3) 规定换油标准,利用化验结果来决定是否换油。液压油的黏度、酸值、水分及杂质是确定液压油是否更换的重要指标。

思考与练习

1. 何谓液体的黏性?液体黏性的大小怎样表示?常用的有哪几种?它们的表示符号和单位各是什么?

2. 液压油有哪些主要品种?液压油的牌号与黏度有什么关系?

3. 选择合适的黏度和适当的油液品种的依据是什么?

4. 试分析污染度等级为16/13的液压油适合于哪些液压系统。

任务二　液体静力学基础

任务概述

一、任务描述

液压传动是以液体(液压油)作为工作介质来进行能量传递的。一定压力的油是通过作用在固体表面上进行力的传递的,因此,掌握液体压力传递的力学规律,对于正确理解液压传动原理以及合理设计和使用液压系统都是非常必要的。

二、任务要求

(1) 知识要求:掌握压力的概念及其特性;掌握重力作用下静止液体中的压力分布;熟悉绝对压力、相对压力和真空度的关系;掌握液体对固体壁面作用力的计算方法。

(2) 能力要求:能应用液体静力学知识分析和解决工程中的实际问题。

相关知识

液体静力学主要研究的是静止液体的平衡规律以及这些规律的应用。这里所说的静止,是指液体内部质点之间没有相对运动,至于液体整体完全可以像刚体一样做各种运动。

一、液体的压力

液体单位面积上所受的法向力称为压力。这一定义在物理学中称为压强,但在液体传动中习惯称为压力。压力通常以 p 表示。

液体的压力有如下特性:

(1) 液体的压力沿内法线方向作用于承压面。

(2) 静止液体内任一点的压力在各个方向上都相等。

由上述性质可知,静止液体总是处于受压状态,并且其内部的任何质点都是受平衡压力作用的。

如图1-2-1所示,密度为 ρ 的液体在容器内处于静止状态。为求任意深度 h 处的压力 p,可以假想从液面往下切取一个小液柱作为研究体,设液柱的底面积为 ΔA,高为 h,由于液柱处于平衡状态,于是有

$$p\Delta A = p_0\Delta A + \rho gh\Delta A$$

因此得
$$p = p_0 + \rho gh \quad (1\text{-}2\text{-}1)$$

式(1-2-1)称为液体静力学基本方程式。由式(1-2-1)可知，重力作用下的静止液体，其压力分布有如下特征：

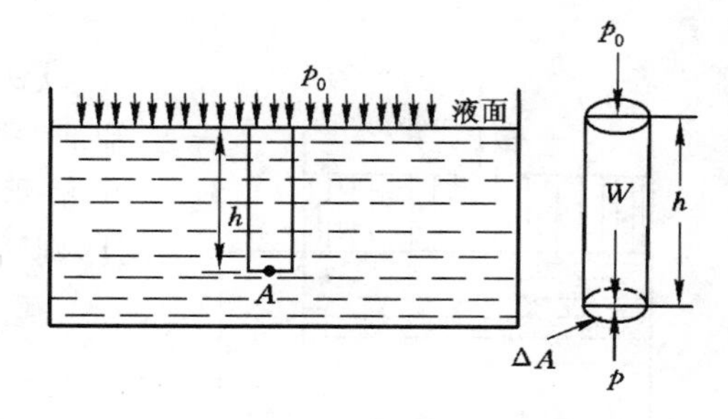

图 1-2-1 重力作用下的静止液体

(1) 静止液体内任一点处的压力由两部分组成，一部分是液面上的压力 p_0，另一部分是该点以上液体自重所形成的压力。当液面上只受大气压力 p_a 作用时，则液体内任一点处的压力为

$$p = p_a + \rho gh \quad (1\text{-}2\text{-}2)$$

(2) 静止液体内的压力随深度呈直线规律分布。

(3) 离液面深度相同的各点组成了等压面，此等压面为一水平面。

二、压力的表示方法和单位

根据不同度量基准，液体压力分为绝对压力和相对压力两种。式(1-2-2)表示的压力 p，其值是以绝对真空为单位来度量的，叫作绝对压力；而式中超过大气压力的那部分压力 $p-p_a=\rho gh$，其值是以大气压力为基准来度量的，是相对压力。在地球的表面上，一切受大气笼罩的物体，大气压力的作用都是平衡的，因此一般压力仪表在大气中的读数为零，用压力计(也称压力表)测得的压力数值显然是相对压力。在液压技术中，如不特别指明，压力均指相对压力。如果液体中某点的绝对压力小于大气压力，这时，比大气压力小的那部分数值叫作真空度。由图 1-2-2 可知，以大气压力为基准计算压力时，基准以上的正值是相对压力，基准以下的负值就是真空度。例如，当液体内某点的绝对压力为 0.3×10^5 Pa 时，其相对压力为 $p-p_a=0.3\times10^5\ \text{Pa}-1\times10^5\ \text{Pa}=-0.7\times10^5$ Pa，即该点的真空度为 0.7×10^5 Pa，计算时大气压可取近似值 $p_a=1\times10^5$ Pa。真空度也可直接计算，即：真空度=|负的相对压力|=|绝对压力－大气压力|。我国法定的压力单位为帕斯卡，简称帕(Pa)，1 Pa=1 N/m²，由于此单位很小，工程上使用不便，因此常采用 MPa。

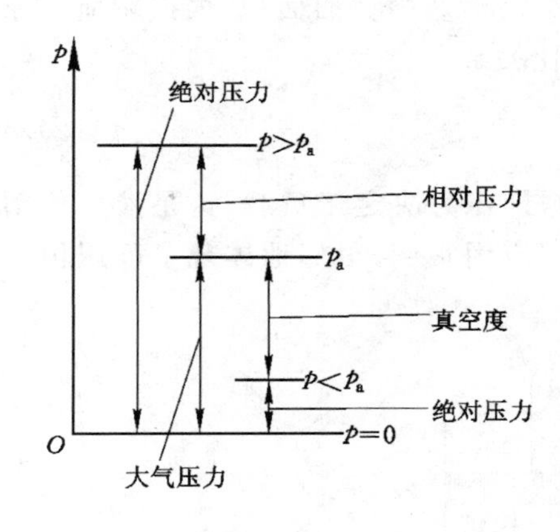

图 1-2-2 绝对压力、相对压力和真空度

压力单位除法定计量单位 Pa 外，还有以前沿用的一些单位，如 bar(巴)、工程大气压 at(即 kgf/cm²)、标准大气压 atm、约定毫米水柱(mmH₂O)或约定毫米汞柱(mmHg)等。各种压力单位之间的换算关系见表 1-2-1。

表 1-2-1 各种压力单位的换算关系

Pa	bar	kgf/cm²	at	atm	mmH₂O	mmHg
1×10^5	1	1.019 72	1.019 72	0.986 92	$1.019\ 72\times10^4$	$7.500\ 64\times10^2$

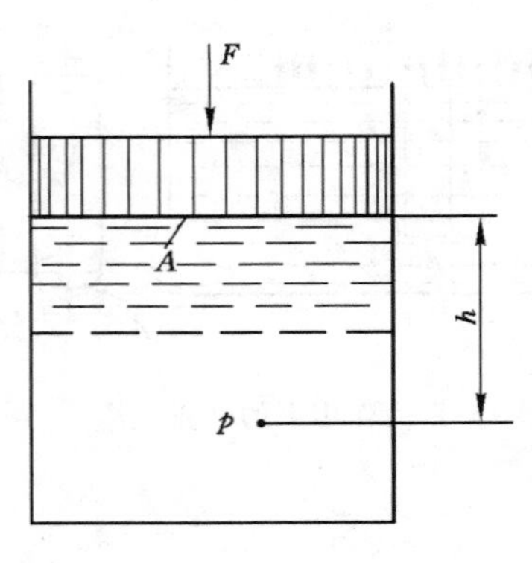

图 1-2-3 静止液体内的压力

【例 1-2-1】 如图 1-2-3 所示，容器内盛有油液。已知油的密度 $\rho=900\ \mathrm{kg/m^3}$，活塞上的作用力 $F=1\ 000\ \mathrm{N}$，活塞的面积 $A=1\times10^{-3}\ \mathrm{m^2}$。假设活塞的重量忽略不计，则活塞下方深度为 $h=0.5\ \mathrm{m}$ 处的压力等于多少？

解 活塞与液体接触面上的压力为

$$p_0=\frac{F}{A}=\frac{1\ 000\ \mathrm{N}}{1\times10^{-3}\ \mathrm{m^2}}=10^6\ \mathrm{N/m^2}$$

根据式(1-2-1)，深度为 h 处的液体压力为

$$\begin{aligned}p&=p_0+\rho gh=10^6\ \mathrm{N/m^2}+900\times9.8\times0.5\ \mathrm{N/m^2}\\&=1.004\ 4\times10^6\ \mathrm{N/m^2}\approx10^6\ \mathrm{Pa}\end{aligned}$$

由此可见，液体在受压的情况下，其液柱高度所引起的那部分压力相对甚小，在液压系统中常可忽略不计，因而可近似认为整个液体内部的压力是相等的。因而对液压传动来说，一般不考虑这部分压力，可以认为静止液体内各部分的压力都是相等的。

三、帕斯卡原理

如图 1-2-3 所示密闭容器内的液体，当外加压力 F 变化引起 p_0 发生变化时，只要液体仍保持原来的静止状态不变，则液体内任一点的压力将发生同样大小的变化。这就是说，在密闭容器内，施加于静止液体的压力可以等值地传递到液体各点。这就是帕斯卡原理，或称静压传递原理。

在图 1-2-3 中，活塞上的作用力 F 是外加负载，A 为活塞横截面面积，根据帕斯卡原理，容器内液体的压力 p 与负载 F 之间总是保持着正比关系

$$p=\frac{F}{A} \tag{1-2-3}$$

可见，液体内的压力是由外界负载作用所形成的，即压力决定于负载，这是液压传动中的一个重要基本概念。图 1-2-4 所示为帕斯卡原理应用实例，很好地体现了静压传递原理。

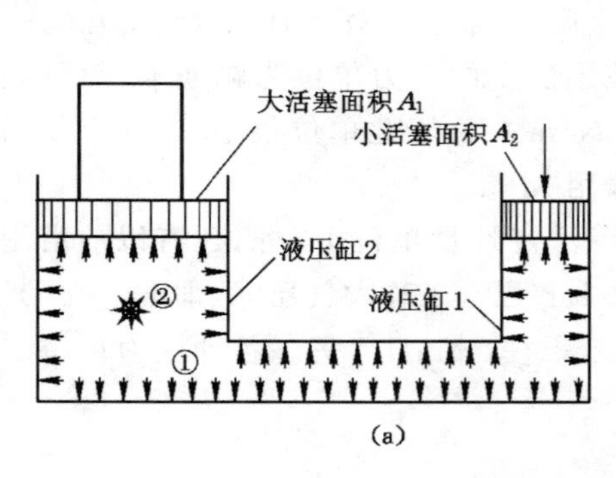

(a)

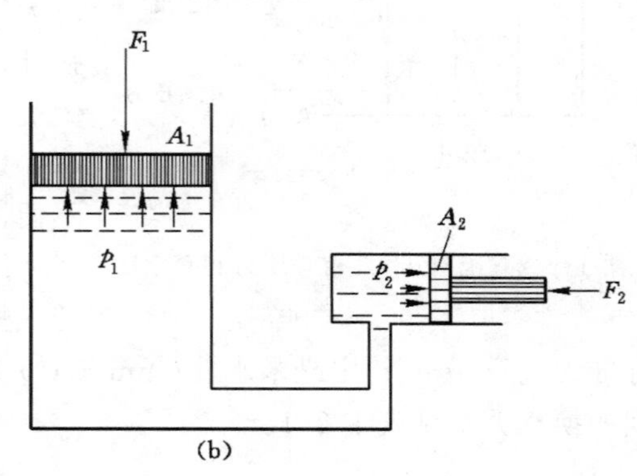

(b)

图 1-2-4 帕斯卡原理应用实例

(a) 结构示意图；(b) 受力分析

四、液体对固体壁面的作用力

液体和固体壁面相接触，固体壁面将受到总液压力的作用。

当固体壁面为一平面时，液体压力在该平面上的总作用力 F 等于液体压力 p 与该平面面积 A 的乘积，其作用方向与该平面垂直，即

$$F=pA$$

图 1-2-5　液体作用在平面上的受力分析

如图 1-2-5 所示液压缸，活塞受液压力的作用，即

$$F=pA=\frac{\pi D^2}{4}p$$

当固体壁面为一曲面时，液体压力在该曲面某 x 方向上的总作用力 F_x 等于液体压力 p 与曲面在该方向投影面积 A_x 的乘积，即

$$F_x=pA_x \tag{1-2-4}$$

如图 1-2-6 所示，液体分别作用在球面和锥面上，均为曲面，则沿竖直向上的液压力与 F 相等，即

$$F=pA=\frac{\pi d^2}{4}p$$

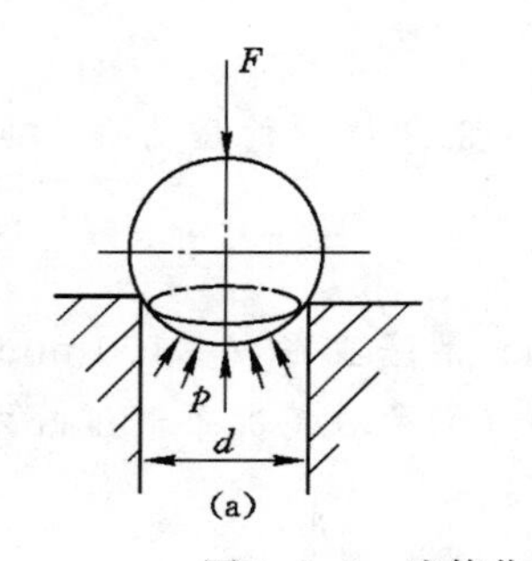

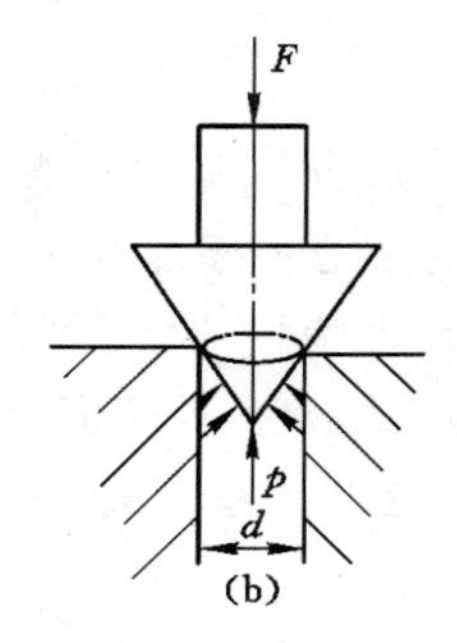

图 1-2-6　液体作用在曲面上的受力分析

任务实施

【实施实例】某压力控制阀如图 1-2-7 所示，当 $p_1=6$ MPa 时，阀动作。若 $d_1=10$ mm，$d_2=15$ mm，$p_2=0.5$ MPa，试求：(1) 弹簧的预压力 F_S；(2) 当弹簧刚度 $k=10$ N/mm 时弹簧的预压缩量 x。

分析：从图中可以看出，此阀水平放置，以阀芯与阀座相接触的交线圆为界，阀芯左侧受压力油 p_1 的作用，阀芯右侧受到压力油 p_2 和弹簧弹力 F_S 的作用。

(1) 由阀芯受力平衡关系得

$$\frac{\pi d_1^2}{4}p_1=\frac{\pi d_1^2}{4}p_2+F_S$$

则

$$F_S=\frac{\pi d_1^2}{4}(p_1-p_2)$$

$$= \frac{3.14 \times 10 \times 10 \times 10^{-6}}{4} \times (6 - 0.5) \times 10^{6}$$

$$= 431.75\ (\mathrm{N})$$

（2）弹簧的预压缩量 $F_S = kx$，则

$$x = \frac{F_S}{k} = \frac{431.75}{10} = 43.175\ (\mathrm{mm})$$

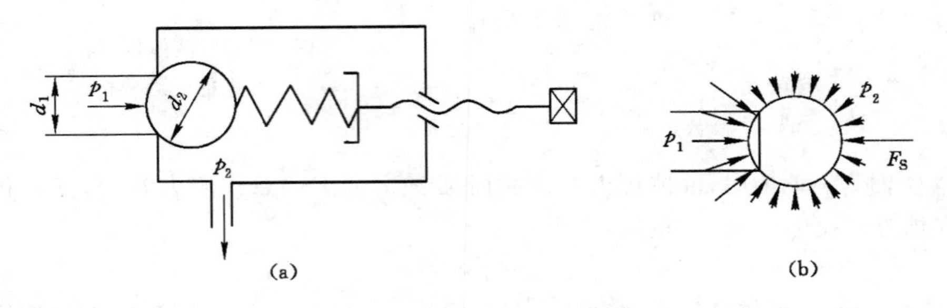

图 1-2-7　某压力控制阀受力分析

(a) 压力控制；(b) 阀芯受力图

思考与练习

1. 什么是压力？压力有哪几种表示方法？静止液体内的压力是如何传递的？如何理解压力决定于负载这一基本概念？

2. 液体压力的两大特性是什么？

3. 如图 1-2-8 所示，液压缸直径 $D=150$ mm，活塞直径 $d=100$ mm，负载 $F=5\times10^4$ N。若不计液压油自重及活塞或缸体重量，求(a)、(b)两种情况下液压缸内的压力。

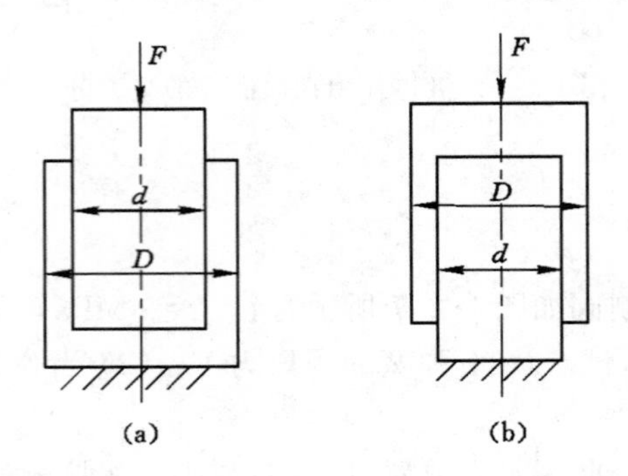

图 1-2-8　题 3 图

4. 如图 1-2-9 所示液压千斤顶，柱塞的直径 $D=34$ mm，活塞的直径 $d=13$ mm，杠杆的长度如图所示。试求操作者在杠杆端所加的力 $F=200$ N 时，柱塞缸处所产生的起重力有多少。

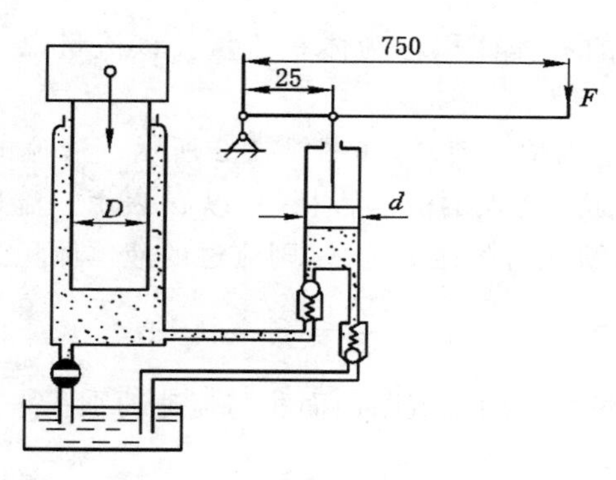

图 1-2-9　题 4 图

任务三　液体动力学基础

任务概述

一、任务描述

在液压传动中，油总在不断地流动。本节主要讨论液体的流动状态、运动规律、能量转换等问题，这些内容不仅构成了液体动力学基础，而且还是液压技术分析问题和设计计算的理论依据。

二、任务要求

（1）知识要求：理解液体的不同流态；掌握实际液体伯努利方程中各参数的确定方法；理解液体流动时产生损失的原因；理解液压冲击和气穴现象产生的原因。

（2）能力要求：能够判断液体的不同流态；能够熟练应用连续性方程和伯努利方程解决实际问题；能够采取正确措施防止产生液压冲击与气穴现象。

相关知识

一、基本概念

（一）理想液体和恒定流动

研究液体流动时必须考虑黏性的影响，但由于这个问题非常复杂，所以在开始分析时可以假设液体没有黏性，然后再考虑黏性的作用，并通过实验验证的办法对理想结论补充或修正。这种办法同样可以用来处理液体的可压缩性问题。一般把既无黏性又不可压缩的假想液体称为理想液体。

液体流动时，若液体中任一点处的压力、速度和密度都不随时间而变化，则这种流动称为恒定流动（亦称稳定流动或定常流动）。反之，只要压力、速度或密度中有一个随时间变化，就称非恒定流动。如图 1-3-1 所示，图 1-3-1(a)中水平管内液流为恒定流动，图 1-3-1(b)中水平管内液流为非恒定流动。

（二）过流断面、流量和平均流速

液体在管道中流动时，其垂直于流动方向的截面称为过流断面（或称通流截面）。单位时间内流过某一过流断面的液体体积称为体积流量。该流量以 q_V 表示,单位为 m^3/s 或 L/min。

假设理想液体在一直管内恒定流动,如图 1-3-2 所示。液流的过流断面面积即为管道截面积 A。液流在过流断面上各点的流速皆相等,以 u 表示。流过截面Ⅰ—Ⅰ的液体经时间 t 后到达截面Ⅱ—Ⅱ处,所流过的距离为 l,则流过的液体体积为 $V=Al$,因此流量即为

$$q_V=\frac{V}{t}=\frac{Al}{t}=Au \tag{1-3-1}$$

式(1-3-1)表明,液体的流量可以用过流断面面积与流速的乘积来计算。

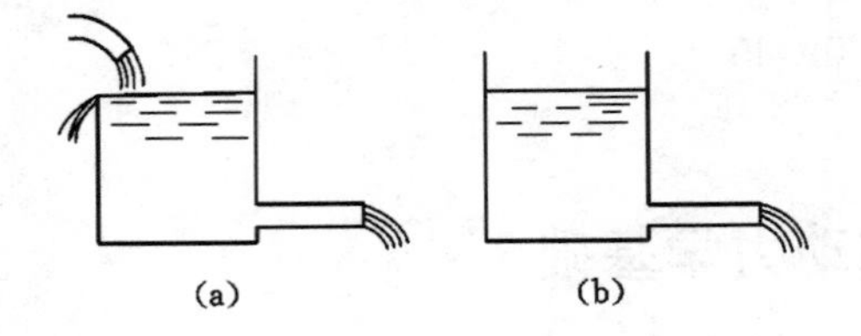

图 1-3-1　恒定流动和非恒定流动

(a) 恒定流动;(b) 非恒定流动

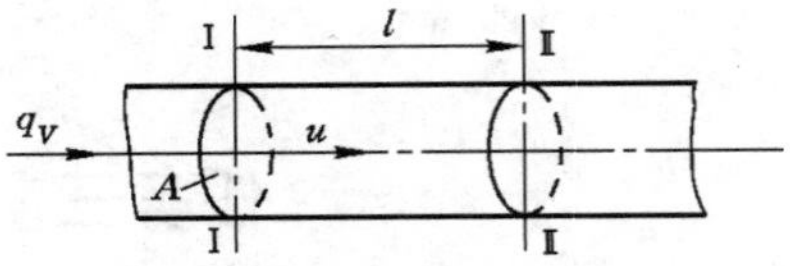

图 1-3-2　理想液体在直管中流动

对于实际液体,当液流通过微小的过流断面 $\mathrm{d}A$ 时[图 1-3-3(a)],液体在该断面各点的流速可以认为是相等的,所以流过该微小断面的流量为

$$\mathrm{d}q_V=u\,\mathrm{d}A$$

则流过整个过流断面 A 的流量为

$$q_V=\int_A u\,\mathrm{d}A \tag{1-3-2}$$

实际液体在流动时,由于黏性力的作用,整个过流断面上各点的速度 u 一般是不等的,其分布规律亦难知道[图 1-3-3(b)],故按式(1-3-2)积分计算流量是不便的。因此,提出一个平均流速概念,即假设过流断面上各点的流速均匀分布,液体以此平均流速 v 流过此断面的流量等于以实际流速流过的流量,即

$$q_V=\int_A u\,\mathrm{d}A=vA$$

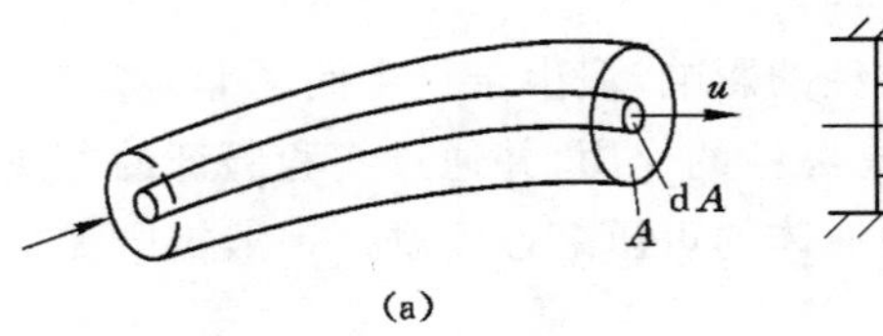

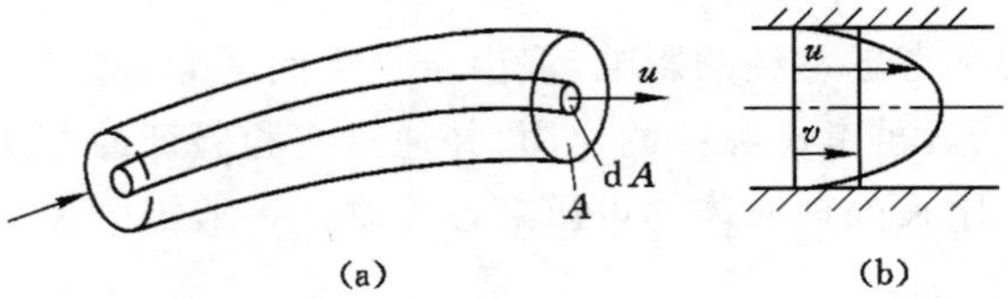

图 1-3-3　流量和平均流速

(a) 各点流速相等;(b) 平均流速

由此得出过流断面上的平均流速为

$$v=\frac{q_V}{A} \tag{1-3-3}$$

在工程实际中，平均流速 v 才具有应用价值。液压缸工作时，活塞运动的速度就等于缸内液体的平均流速，因而可以根据式(1-3-3)建立起活塞运动速度 v 与液压缸有效面积 A 和流量之间的关系，当液压缸有效面积一定时，活塞运动速度决定于输入液压缸的流量。

（三）层流、紊流、雷诺数

液体的流动有两种状态，即层流和紊流。两种流动状态的物理现象可以通过一个实验观察出来，这就是雷诺实验。

实验装置如图 1-3-4(a)所示。水箱 6 由进水管 2 不断供水，并由溢流管 1 保持水箱水面高度恒定。水杯 3 内盛有红颜色水，将开关 4 打开后，红色水即经细导管 5 流入水平的玻璃管 7 中。当调节阀门 8 的开度使玻璃管中流速较小时，红色水在管 7 中呈一条明显的直线，与清水不相混杂，如图 1-3-4(b)所示，这表明管中的水流是分层的，层与层之间互不干扰；当调节阀门 8 使玻璃管中流速逐渐增大至某一值时，可看到红线开始抖动而呈波纹状，如图 1-3-4(c)所示，这表明层流状态受到破坏，液流开始紊乱；若使管中流速进一步加大，红色水流便和清水完全混合，红色便完全消失，如图 1-3-4(d)所示，表明管中液流完全紊乱，这时的流动状态称为紊流。如果将阀门 8 逐渐关小，就会看到相反的过程。

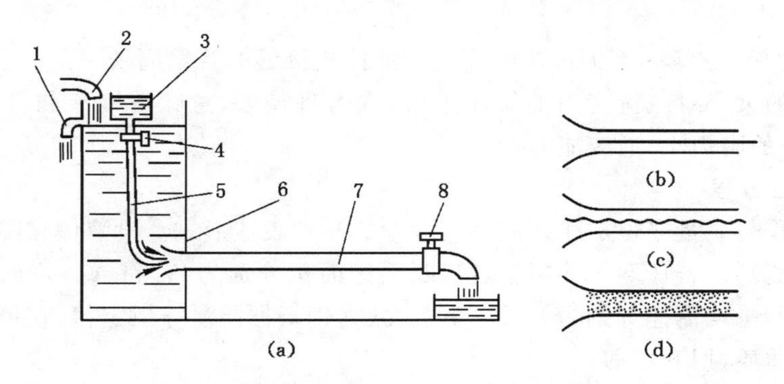

图 1-3-4　雷诺实验装置

(a) 实验装置；(b) 层流状态；(c) 开始紊乱；(d) 紊流状态

1——溢流管；2——进水管；3——水杯；4——开关；

5——细导管；6——水箱；7——玻璃管；8——阀门

实验还可证明，液体在圆管中的流动状态不仅与管内的平均流速动 v 有关，还和管道内径 d、液体的运动黏度 ν 有关。实际上，判定液流状态的是上述三个参数所组成的一个称为雷诺数 Re 的无量纲数，即

$$Re=\frac{vd}{\nu} \tag{1-3-4}$$

这就是说，液流的雷诺数 Re 如果相同，它的流动状态也就相同。

液流由层流转变为紊流时的雷诺数和由紊流转变为层流时的雷诺数是不相同的，后者的数值小，所以一般都用后者作为判断液流状态的依据，称为临界雷诺数，记作 Re_c。当液流的实际雷诺数 Re 小于临界雷诺数 Re_c 时，为层流；反之，为紊流。常见液流管道的临界雷诺数由实验求得，见表 1-3-1。

表 1-3-1　　常见液流管道的临界雷诺数

管　道	Re_c	管　道	Re_c
光滑金属圆管	2 320	带环槽的同心环状缝隙	700
橡胶软管	1 600～2 000	带环槽的偏心环状缝隙	400
光滑的同心环状缝隙	1 100	圆柱形滑阀阀门	260
光滑的偏心环状缝隙	1 000	锥阀阀门	20～100

雷诺数的物理意义：雷诺数是液流的惯性力对黏性力的无因次比，当雷诺数较大时，说明惯性力起主导作用，这时液体处于紊流状态；当雷诺数较小时，说明黏性力起主导作用，这时液体处于层流状态。

对于非圆截面的管道，Re 可用下式计算

$$R=\frac{vd_H}{\nu} \tag{1-3-5}$$

式中，d_H为过流断面的水力直径，可按下式求出

$$d_H=\frac{4A}{\chi} \tag{1-3-6}$$

式中，A 为过流断面面积；χ 为过流断面上与液体相接触的管壁周长。

水力直径的大小对通流能力的影响很大，水力直径大，意味着液流和管壁的接触周长短，管壁对液流的阻力小，通流能力大。

二、连续性方程

连续性方程是质量守恒定律在流体力学中的一种表达形式。设液体在图 1-3-5 所示的管道中做恒定流动。若任取 1、2 两个过流断面的面积分别为 A_1 和 A_2，并且在这两个断面处的液体密度和平均流速分别为 ρ_1、v_1 和 ρ_2、v_2，则根据质量守恒定律，在单位时间内流过两个断面的液体质量相等，即

$$\rho_1 v_1 A_1=\rho_2 v_2 A_2$$

当忽略液体的可压缩性时，$\rho_1=\rho_2$，则得

$$v_1 A_1=v_2 A_2 \tag{1-3-7}$$

或写成

$$q_V=vA=\text{常数}$$

这就是液流的连续性方程。它表明液体在定常流动条件下，流过各个断面的流量是相等的(即流量是连续的)，它是质量守恒定律的具体体现。由式(1-3-7)还可得出，流速和过流断面面积成反比，一定的流量，过流面积越大，流速就越慢。

三、伯努利方程

伯努利方程是能量守恒定律在流体力学中的一种表达形式。

(一) 理想液体伯努利方程

设理想液体在如图 1-3-6 示的管道内做恒定流动。任取一段液流 ab 作为研究对象，设 a、b 两断面中心到基准面的高度分别为 h_1 和 h_2，过流断面面积分别为 A_1 和 A_2，压力分别为 p_1 和 p_2，由于是理想液体，断面上的流速可以认为是均匀分布的，故设 a、b 断面的流速分别为 v_1 和 v_2。

根据能量守恒定律得理想液体伯努利方程为

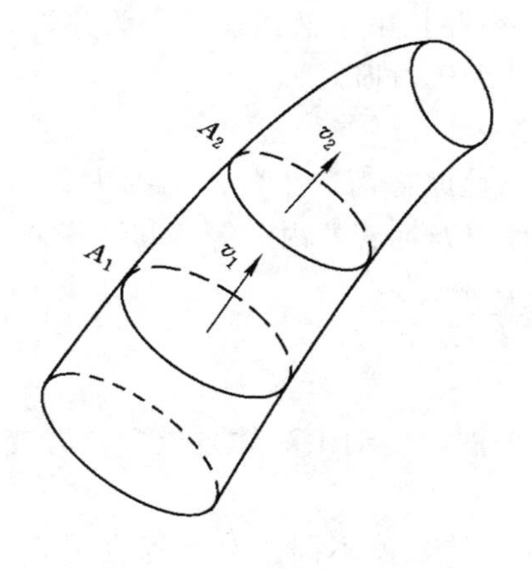

图 1-3-5　液流的连续性

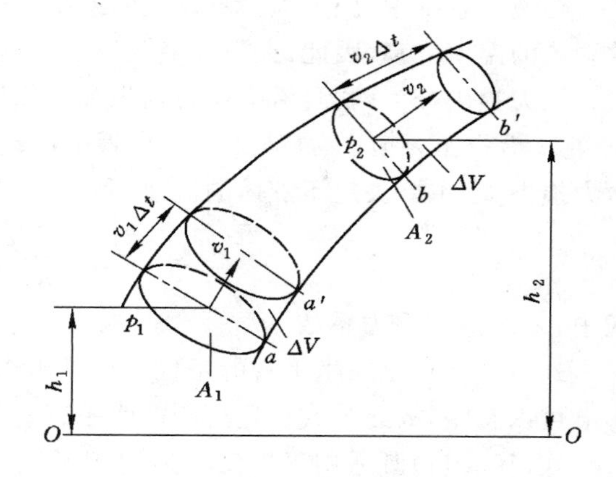

图 1-3-6　理想液体伯努利方程的推导

$$p_1+\rho g h_1+\frac{1}{2}\rho v_1^2=p_2+\rho g h_2+\frac{1}{2}\rho v_2^2 \tag{1-3-8}$$

或写成

$$p+\rho g h+\frac{1}{2}\rho v^2=\text{常数} \tag{1-3-9}$$

式(1-3-9)等号左边各项分别是单位体积液体的压力能、位能、动能。因此，上述伯努利方程的物理意义是：在密闭管道内做恒定流动的理想液体具有三种形式的能量，即压力能、位能和动能。在流动过程中，三种能量可以相互转化，但各个过流断面上三种能量之和恒为定值。

（二）实际液体伯努利方程

实际液体在管道内流动时，由于液体存在黏性，会产生内摩擦力，消耗能量；同时，管道局部形状和尺寸的骤然变化，使液流产生扰动，也消耗能量。因此，实际液体流动有能量损失存在，设单位体积液体在两断面间流动的能量损失为 Δp_W。

另一方面，由于实际液体在管道过流断面上的流速分布是不均匀的，在用平均流速代替实际流速计算动能时，必然会产生误差。为了修正这个误差，需引入动能修正系数 α。

因此，实际液体的伯努利方程为

$$p_1+\rho g h_1+\frac{1}{2}\rho\alpha_1 v_1^2=p_2+\rho g h_2+\frac{1}{2}\rho\alpha_2 v_2^2+\Delta p_W \tag{1-3-10}$$

式中，动能修正系数 α_1、α_2 的值，当紊流时取 $\alpha=1$，层流时取 $\alpha=2$。

伯努利方程揭示了液体流动过程中的能量变化规律，因此它是流体力学中的一个特别重要的基本方程。伯努利方程不仅是进行液压系统分析的理论基础，而且还可用来对多种液压问题进行研究和计算。应用伯努利方程时必须注意：

(1) 通流断面 1、2 需顺流向选取(否则 Δp_W 为负值)，且应选在缓变的过流断面上。

(2) 断面中心在基准面以上时，h 取正值；反之，取负值。通常选取特殊位置的水平面作为基准面。

(3) 实际液体具有黏性，流动时会有阻力产生，为了克服阻力，流动液体需要损耗一部分能量，这种能量损失就是实际液体伯努利方程中的 Δp_W，见式(1-3-10)。Δp_W 具有压力的量纲，通常称为压力损失。

在液压系统中，压力损失不仅表明系统损耗了能量，并且由于液压能转变为热能，将导致系统的温度升高，因此，在设计液压系统时，要尽量减少压力损失。

压力损失分为两类：沿程压力损失和局部压力损失。

① 沿程压力损失：液体在等径直管中流动时，因黏性摩擦而产生的压力损失称为沿程压力损失，它主要决定于液体的流速、黏度、管路的长度以及油管的内径等。其计算公式为

$$\Delta p_{\lambda}=\frac{64}{Re}\frac{l}{d}\frac{\rho v^2}{2}=\lambda\frac{l}{d}\frac{\rho v^2}{2} \tag{1-3-11}$$

式中，λ 为沿程阻力系数。

式(1-3-11)是在水平管的条件下推导出来的，由于液压传动中液体自重和位置变化的影响可以忽略，故此公式也适用于非水平管。

式(1-3-11)既适用于层流又适用于紊流，只是选取的数值不同。对于等直圆管层流，理论值 $\lambda=64/Re$。考虑到实际圆管界面可能有变形，靠近管壁处的液层可能冷却，黏度增大，引起阻力系数增加，在实际计算时，对金属管道取 $\lambda=75/Re$，橡胶管道 $\lambda=80/Re$。对于直圆管紊流，λ 值可根据雷诺数 Re、管道内径 d 和内壁粗糙度等，从有关图表中查出。

【例 1-3-1】 某液压系统中，管长为 25 m，内径为 20 mm，油液密度为 900 kg/m^3，运动黏度为 40×10^{-6} m^2/s。当流量 $q_V=18$ L/min 时，试计算沿程压力损失。

解 计算雷诺数 Re

$$v=\frac{4q_V}{\pi d^2}=\frac{4\times18\times10^{-3}}{3.14\times0.02^2}=0.955\ (\mathrm{m/s})$$

$$Re=\frac{vd}{\nu}=\frac{0.955\times0.02}{40\times10^{-6}}=477.5$$

查表 1-3-1 知，光滑金属圆管 $Re_c=2\ 320>Re=477.5$，故流动状态为层流。

故沿程压力损失为

$$\begin{aligned}\Delta p_{\lambda}&=\lambda\frac{l}{d}\frac{\rho v^2}{2}\\&=\frac{75}{Re}\cdot\frac{l}{d}\cdot\frac{\rho v^2}{2}=\frac{75}{477.5}\cdot\frac{25}{0.02}\cdot\frac{900\times0.955^2}{2}\\&=80\ 578\ (\mathrm{Pa})\approx0.081\ (\mathrm{MPa})\end{aligned}$$

② 局部压力损失：液体流经管道的弯头、接头、突变截面以及阀口、滤网等局部装置时，液流会产生漩涡，并发生强烈的紊动现象，由此而造成的压力损失称为局部压力损失。当液体流过上述各种局部装置时，流动状况极为复杂，影响因素较多，局部压力损失不易从理论上进行分析计算，因此，局部压力损失的阻力系数一般要依靠实验来确定。局部压力损失 λ 的计算公式为

$$\Delta p_{\zeta}=\zeta\frac{\rho v^2}{2} \tag{1-3-12}$$

式中，ζ 为局部压力损失系数，各种局部装置结构的 ζ 值可查有关手册。

液体流过各种阀类的局部压力损失也服从式(1-3-12)，但因阀内的通道结构复杂，按此式计算比较困难，故阀类元件局部压力损失 Δp_V 的实际计算常用以下公式

$$\Delta p_V=\Delta p_n\frac{q_V}{q_{Vn}} \tag{1-3-13}$$

式中，q_{Vn} 为阀的额定流量；Δp_n 为阀在额定流量 q_{Vn} 下的压力损失(可从阀的产品样本或设计手册中查出)；q_V 为通过阀的实际流量。

③ 管路系统的总压力损失：整个管路系统的总压力损失应为所有沿程压力损失和所有局部压力损失之和，即

$$\sum \Delta p_W = \sum \Delta p_\lambda + \sum \Delta p_\zeta + \sum \Delta p_V = \sum \lambda \frac{l}{d}\frac{\rho v^2}{2} + \sum \zeta \frac{\rho v^2}{2} + \sum \Delta p_n \frac{q_V}{q_{Vn}} \tag{1-3-14}$$

【例 1-3-2】 液压泵装置如图 1-3-7 所示，油箱和大气相通。试分析吸油高度 H 对泵工作性能的影响。

解 设以油箱液面为基准面，对截面 1—1 和泵的进口处管道截面 2—2 之间列伯努利方程

$$p_1 + \rho g h_1 + \frac{1}{2}\rho \alpha_1 v_1^2 = p_2 + \rho g h_2 + \frac{1}{2}\rho \alpha_2 v_2^2 + \Delta p_W$$

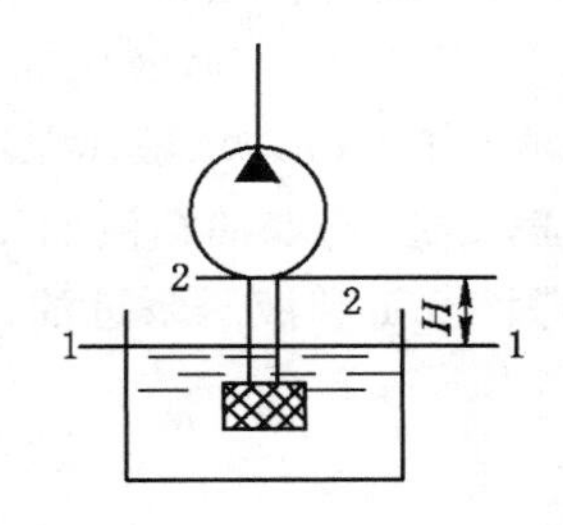

图 1-3-7　液压泵吸油示意图

式中，$p_1=0$，$h_1=0$，$v_1\approx 0$，$h_2=H$，代入后可写成

$$p_2 = -(\rho g H + \frac{1}{2}\rho \alpha_2 v_2^2 + \Delta p_W)$$

当泵安装于液面之上时，$H>0$，则有 $\rho g H + \frac{1}{2}\rho \alpha_2 v_2^2 + \Delta p_W > 0$，故 $p_2 < 0$。此时，泵进口绝对压力小于大气压力，形成真空，油靠大气压力压入泵内。

当泵安装于液面以下时，$H<0$，而当 $|\rho g H| > \frac{1}{2}\rho \alpha_2 v_2^2 + \Delta p_W$ 时，$p_2>0$，泵进口处不形成真空，油自行灌入泵内。

由上述情况分析可知，泵吸油高度 H 值越小，泵越易吸油。在一般情况下，为便于安装维修，泵应安装在油箱液面以上，依靠进口处形成的真空度来吸油。泵吸油口的真空度由三部分组成：

(1) 产生一定流速所需的压力；

(2) 把油液提升到高度 h 处所需的压力；

(3) 吸油管内压力损失。

但工作时的真空度也不能太大，当 p_2 的绝对压力值小于油液的空气分离压时，油中的气体就要析出；当 p_2 小于油液的饱和蒸气压时，油还会汽化。油中有气体析出，或油液发生汽化，油流动的连续性就受到破坏，并产生噪声和振动，影响泵和系统的正常工作。为使真空度不致过大，需要限制泵的安装高度，一般泵的 H 值不大于 0.5 m。

四、液压泵出口压力的确定

在液压技术中，研究液体传动中产生压力损失的主要目的就是为了保证液压泵向液压缸提供所需的工作压力，因此，要仔细计算油液由液压泵向液压缸供油时在管道流动过程中产生的压力损失。但是，计算沿程压力损失和局部压力损失是非常烦琐的，一般不详细计算，而是采用估算的方法。通常将液压泵出口压力设定为液压缸工作压力的 1.3～1.5 倍，或者根据液压泵到液压缸之间采用的液压元件估算总压力损失 $\sum \Delta p$，那么液压泵的出口

工作压力为液压缸所需的工作压力 p_W 与估算的总压力损失 $\sum\Delta p$ 之和，即

$$p_{泵}=p_W+\sum\Delta p \tag{1-3-15}$$

式中，$p_{泵}$ 为动力元件所需工作压力；p_W 为驱动负载所需的油液压力；$\sum\Delta p$ 为管路系统总压力损失。

任务实施

【实施实例 1】 如图 1-3-7 所示的液压泵的流量 $q=25$ L/min，液压油的密度 $\rho=900$ kg/m^3，吸油管直径 $d=25$ mm，液压泵吸油口距液面高度为 $H=1$ m，吸油口过滤器压力降 $\Delta p_\zeta=0.01\times10^6$ Pa，液压油工作温度下运动黏度 $\nu=14.2$ mm^2/s，油液的空气分离压为 $\Delta p_d=0.04\times10^6$ Pa。求液压泵吸油口的真空度，并判断是否会发生空穴现象。

解 ① 选取油箱液面 1—1 为基准面，因液面位置基本不变，所以 $v_1\approx0$，$h_1=0$，列出基准面 1—1 和液压泵进油口处 2—2 截面的伯努利方程

$$p_1+\rho gh_1+\frac{1}{2}\rho\alpha_1v_1^2=p_2+\rho gh_2+\frac{1}{2}\rho\alpha_2v_2^2+\Delta p_W$$

因为 $$p_1=p_a, h_1=0, v_1\approx0, h_2=H=1\text{ m}$$

所以有 $$p_a=p_2+\rho gH+\frac{1}{2}\rho\alpha_2v_2^2+\Delta p_W$$

② 计算吸油管中的流速 v_2，判别液体流动状态，求出沿程压力损失和管路系统总压力损失

$$v_2=\frac{q}{\frac{\pi}{4}d^2}=\frac{\frac{25\times10^{-3}}{60}}{\frac{\pi}{4}\times(25\times10^{-3})^2}\approx0.85\ (\text{m/s})$$

$$Re=\frac{vd}{\nu}=\frac{0.85\times25\times10^{-3}}{14.2\times10^{-6}}\approx1\ 500<2\ 300$$

因此，流动状态为层流。

沿程阻力系数 $$\lambda=75/Re=75/1\ 500=0.05$$

计算沿程损失

$$\Delta p_\lambda=\lambda\frac{l}{\mathrm{d}}\frac{\rho v^2}{2}=0.05\times\frac{1}{25\times10^{-3}}\times\frac{900\times(0.85)^2}{2}=0.000\ 65\times10^6(\text{Pa})$$

则总压力损失为

$$\sum\Delta p_W=\sum\Delta p_\lambda+\sum\Delta p_\zeta=0.000\ 65\times10^6+0.01\times10^6=0.010\ 65\times10^6(\text{Pa})$$

③ 计算真空度

$$\begin{aligned}p_a&=p_2+\rho gH+\frac{1}{2}\rho\alpha_2v_2^2+\Delta p_W\\&=\left[p_2+900\times9.8\times1+\frac{1}{2}\times900\times2\times(0.85)^2+0.010\ 65\times10^6\right]\\&=p_2+0.02\times10^6(\text{Pa})\end{aligned}$$

$$真空度=p_a-p_2=0.02\times10^6\ (\text{Pa})$$

绝对压力 $p_2 = p_a - 0.02 \times 10^6 = (0.1 \times 10^6 - 0.02 \times 10^6) = 0.08 \times 10^6 (\text{Pa})$

因油液的空气分离压为 0.04×10^6 Pa，而绝对压力大于空气分离压，所以不会发生空穴现象。

【实施实例 2】 推导图 1-3-8 所示的文丘里流量计的流量公式。

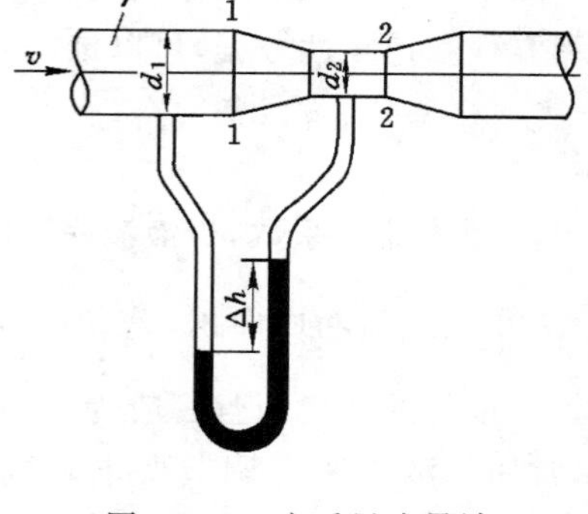

图 1-3-8　文丘里流量计

解　根据伯努利方程的应用条件，选取 1—1 和 2—2 两个通流断面，设其面积、平均流速和压力分别为 A_1、v_1、p_1 和 A_2、v_2、p_2。若对通过此流量计的液流采用理想液体的伯努利方程，其中 $h_1 = h_2$，$\alpha_1 = \alpha_2 = 1$，则有

$$p_1 + \frac{\rho \alpha_1 v_1{}^2}{2} = p_2 + \frac{\rho \alpha_2 v_2{}^2}{2}$$

根据液流的连续性方程

$$A_1 v_1 = A_2 v_2 = q$$

设液体和水银的密度分别为 ρ 和 ρ_1，则 U 形管内的静压力平衡方程为

$$p_1 + \rho g \Delta h = p_2 + \rho_1 g \Delta h$$

将以上三式联立整理得

$$q = A_2 v_2 = \frac{A_2}{\sqrt{1 - \left(\frac{A_2}{A_1}\right)^2}} \sqrt{\frac{2}{\rho}(p_1 - p_2)}$$

$$= \frac{A_2}{\sqrt{1 - \left(\frac{A_2}{A_1}\right)^2}} \sqrt{\frac{2g(\rho_1 - \rho)}{\rho} \Delta h} = c\sqrt{h}$$

即流量可直接由水银差压计读数换算得到。

拓展知识

一、孔口和缝隙流量

在液压传动系统中，常遇到油液流经小孔或缝隙的情况，例如节流阀调速中的节流小孔、液压元件相对运动表面间的各种缝隙。研究小孔和缝隙的流量计算，了解其影响因素，对于合理设计液压系统，正确分析液压元件和系统的性能，是很有必要的。

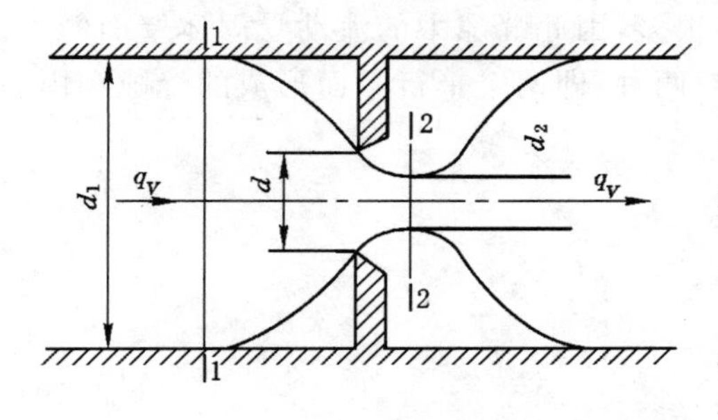

图 1-3-9　液体在薄壁小孔中流动

（一）孔口流量

孔口根据直径和长度的关系可分为三种：当长径比 $l/d \leqslant 0.5$ 时，称为薄壁孔；当 $l/d > 4$ 时，称为细长孔；当 $0.5 < l/d \leqslant 4$ 时，称为短孔。

1. 流经薄壁小孔的流量计算

如图 1-3-9 所示，液体流经薄壁小孔，由于惯性作用，液流通过小孔时要发生收缩现象，在靠近孔口的后方出现收缩最大的过流断面。液流收缩的程度取决于雷诺数 Re、孔口及边缘形状、孔口离管道内壁的距离等因素。对于圆孔，当管道直径 d_1 与小孔直径 d 之比 $d_1/d \geqslant 7$ 时，液流的收缩作用不受管壁的影响，称为完全收缩；反之，管壁对收缩程度有影响，则称为不完全收缩。

图 1-3-9 所示的液体流过薄壁小孔，对孔前通道断面 1—1 和收缩断面 2—2 之间列伯努利方程和连续性方程，可以推得通过薄壁孔的流量为

$$q_V = C_q A_T \sqrt{\frac{2}{\rho}\Delta P} \tag{1-3-16}$$

式中，C_q 为流量系数，当液流完全收缩时 $C_q = 0.6 \sim 0.62$，当不完全收缩时 $C_q = 0.7 \sim 0.8$；A_T 为小孔过流断面面积，$A_T = \frac{\pi}{4}d^2$；Δp 为小孔两端压力差。

薄壁孔的孔口短且一般为刃口形，通过的流量受温度和黏度变化的影响很小，流量稳定，常用于液流速度调节要求较高的调速阀中。但薄壁孔加工困难，实际应用较多的是短孔。

2. *液流流经短孔和细长孔的流量*

短孔的流量公式依然是式(1-3-16)，但流量系数不同，一般取 $C_q = 0.82$。

液体流经细长小孔时，一般都是层流状态，当孔口直径为 d 时，其流量公式为

$$q_V = \frac{\pi d^4 \Delta p}{128 \mu l} \tag{1-3-17}$$

式中，μ 为液体的动力黏度。

由式(1-3-17)可以看出，细长孔的流量和油液的黏度有关，当油温变化时，油的黏度变化。这一点与薄壁小孔特性大不相同。为了分析方便起见，将式(1-3-16)和式(1-3-17)一并用下式表示，即

$$q_V = C A_T \Delta p^m \tag{1-3-18}$$

式中，C 为油孔的形状、尺寸和液体性质决定的系数，对细长孔 $C = d^2/(32\mu l)$，对薄壁孔和短孔 $C = C_q\sqrt{2/\rho}$；m 为由孔的长径比决定的指数，薄壁孔 $m = 0.5$，细长孔 $m = 1$。

（二）缝隙流量

液压系统内各零件之间有相对运动，必须要有适当缝隙。缝隙过大，会造成泄漏；缝隙过小，会使零件卡死。泄漏是由压差和缝隙造成的。内泄漏的损失转换为热能，使油温升高，外泄漏污染环境，两者均影响系统的性能和效率，因此研究液体流经缝隙时的泄漏规律，对提高元件性能及保证系统的正常工作是必要的。

流体流经缝隙的大小相对其长度和宽度小得很多，因此缝隙中的流动受固体壁面的影响很大，其流动状态一般均为层流。常见的缝隙有两种，即两个平行平面形成的缝隙和内、外圆柱表面形成的环状缝隙。

1. *平行平板缝隙的流量*

(1) 流过固定平行平板缝隙的流量

图 1-3-10 所示为固定平行板缝隙内的液流。

$$q_V = \frac{b\delta^3}{12\mu l}\Delta p \tag{1-3-19}$$

式中，Δp 为缝隙两端的压力差，$\Delta p = p_1 - p_2$；μ 为液压油的动力黏度；l、b、δ 分别为缝隙

的长度、宽度和高度。

(2) 流过相对运动平行平板缝隙的流量

在一般情况，相对运动平行平板缝隙中既有压差流动，又有剪切流动。因此，流过相对运动平行平板缝隙的流量为压差流量和剪切流量二者的代数和。

$$q_V = \frac{b\delta^2}{12\mu l}\Delta p \pm \frac{u_0}{2}b\delta \qquad (1\text{-}3\text{-}20)$$

式中，u_0为平行平板间的相对运动速度，当长平板相对于短平板移动的方向和压差方向相同时取"＋"，方向相反时取"－"。

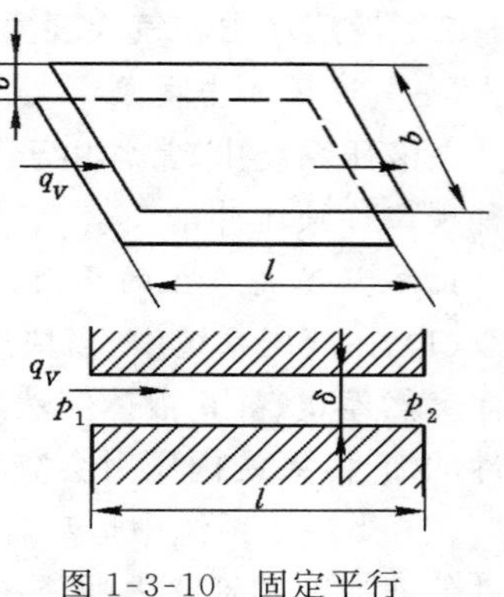

图 1-3-10　固定平行平板缝隙的液流

2. 圆环缝隙流量

在液压元件中，如液压缸的活塞和缸孔之间，液压阀的阀芯和阀孔之间，都存在圆环缝隙。圆环缝隙有同心和偏心两种情况，它们的流量公式是有所不同的。

(1) 流过同心圆环缝隙的流量

图 1-3-11 所示为同心圆环缝隙的液流。其圆柱体直径为 d，缝隙厚度为 δ，缝隙长度为 l。如果将圆环缝隙沿圆周方向展开，就相当于一个平行平板缝隙。因此，只要用 πd 替代式(1-3-20)中的 b，就可得到内、外表面之间有相对运动的同心圆环缝隙流量公式

$$q_V = \frac{\pi d\delta^3}{12\mu l}\Delta p \pm \frac{\pi d\delta u_0}{2} \qquad (1\text{-}3\text{-}21)$$

(2) 流过偏心圆环缝隙的流量(图 1-3-12)

$$q_V = \frac{\pi d\delta^3}{12\mu l}\Delta p(1+1.5\varepsilon^2) \pm \frac{\pi d\delta u_0}{2} \qquad (1\text{-}3\text{-}22)$$

式中，δ 为内、外圆同心时的缝隙厚度；ε 为相对偏心率，即两圆偏心距 e 和同心环缝隙厚度 δ 的比值：$\varepsilon = e/\delta$。

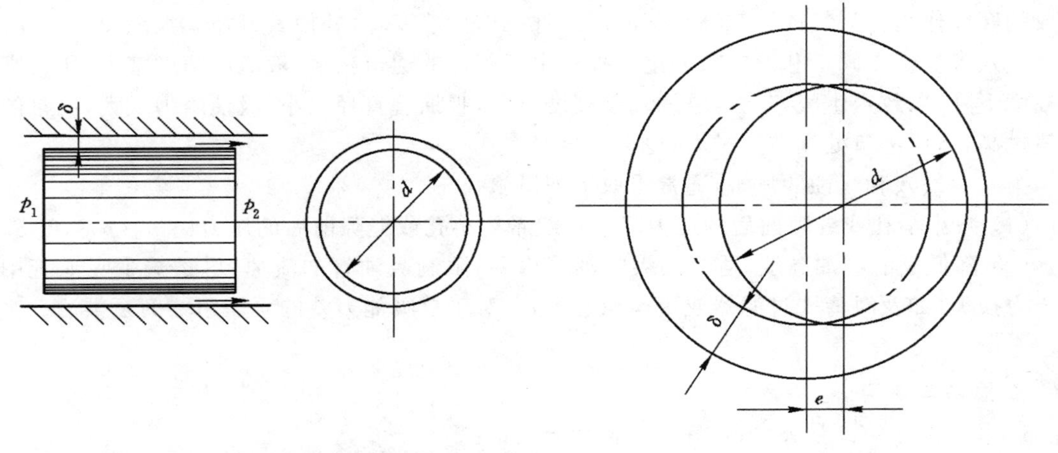

图 1-3-11　同心圆环缝隙的液流　　　　图 1-3-12　偏心圆环缝隙

二、液压冲击和气穴现象

(一)液压冲击现象

在液压系统中,常常由于某些原因而使液体压力突然急剧上升,形成很高的压力峰值,这种现象称液压冲击。

1. 液压冲击产生的原因

(1)在液压系统中,当快速换向或关闭液压回路时,液流速度急速地改变,出现了流动液体突然停止、静止液体突然运动、流动液体突然变向等现象。由于流动液体的惯性或运动部件的惯性,系统内压力会突然升高或降低,最终导致液压冲击。

(2)当液压系统中运动着的工作部件突然制动或换向时,工作部件的动能将引起液压元件的回油腔和管路内油液产生液压冲击。

2. 液压冲击的危害

系统中出现液压冲击,液压瞬时压力峰值可以比正常工作压力大好几倍。液压冲击会损坏密封装置、管道或液压元件,还会引起设备振动,产生很大噪声。有时,液压冲击使某些液压元件如压力继电器、顺序阀等产生误动作,影响系统正常工作。

3. 减小液压冲击的措施

(1)延长阀门关闭和运动部件制动换向的时间。

(2)限制管道流速及运动部件速度。

(3)适当加大管道直径,尽量缩短管路长度。

(4)采用软管,以增加系统的弹性。

(二)气穴现象

在液压系统中,如果某处的压力低于空气分离压,原先溶解在液体中的空气就会分离出来,导致液体中出现气泡的现象,称为气穴。如果液体中压力进一步降低到饱和蒸气压时,液体将迅速汽化,产生大量蒸气泡,这时的气穴现象将会更加严重。

当液压系统中出现气穴现象时,大量的气泡破坏了液流的连续性,造成流量和压力脉动,气泡随液流进入高压区时又急剧破坏,以致引起局部液压冲击,产生噪声并引起振动。当附着在金属表面上的气泡破灭时,它所产生的局部高温和高压会使金属剥蚀,这种由气穴造成的腐蚀作用称为气蚀。气蚀会使液压元件工作性能变坏,并使其寿命大大缩短。

气穴多发生在阀口和液压泵的进口处。由于阀口的通道狭窄,液流的速度增大,压力则大幅度下降,以致产生气穴。当泵的安装高度过大,吸油管直径太小,吸油阻力太大,或泵的转速过高,造成进口处真空度过大,也会产生气穴。

为减少气穴和气蚀的危害,通常采取下列措施:

(1)减小小孔或缝隙前后的压力降。一般希望小孔或缝隙前后的压力比 $p_1/p_2<3.5$。

(2)降低泵的吸油高度,适当加大吸油管内径,限制吸油管的流速,尽量减少吸油管中的压力损失(如及时清洗过滤器或更换滤芯等)。对于自吸能力差的泵需用辅助泵供油。

思考与练习

1. 写出液体的流量公式,解释各参数的含义。

2. 液体的流态有哪两种形式?写出液体在圆管中流动时雷诺数的表达式,并说明各参数的含义。

3. 伯努利方程的物理意义是什么？该方程的理论式和实际式有什么区别？

4. 管路中的压力损失有哪几种？各受哪些因素影响？

5. 如图 1-3-13 所示，液压缸装置中 $d_1=20$ mm，$d_2=40$ mm，$D_1=75$ mm，$D_2=125$ mm，$q_{V1}=25$ L/min。求 v_1、v_2 和 q_{V2} 各为多少。

6. 如图 1-3-14 所示，油管水平放置，截面 1—1、2—2 处的内径分别为 $d_1=5$ mm、$d_2=20$ mm，在管内流动的油液密度 $\rho=900$ kg/m³，运动黏度 $\nu=20$ mm²/s。不计油液流动的能量损失。

(1) 截面 1—1 和 2—2 哪一处压力较高？为什么？

(2) 若管内通过的流量 $q_V=30$ L/min，求两截面间的压力差 Δp。

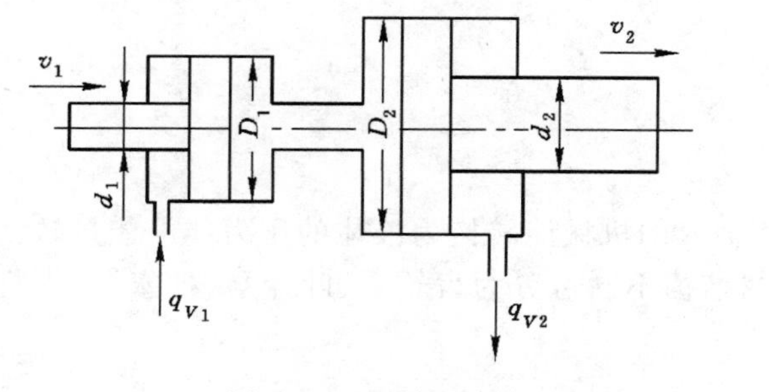

图 1-3-13　题 5 图

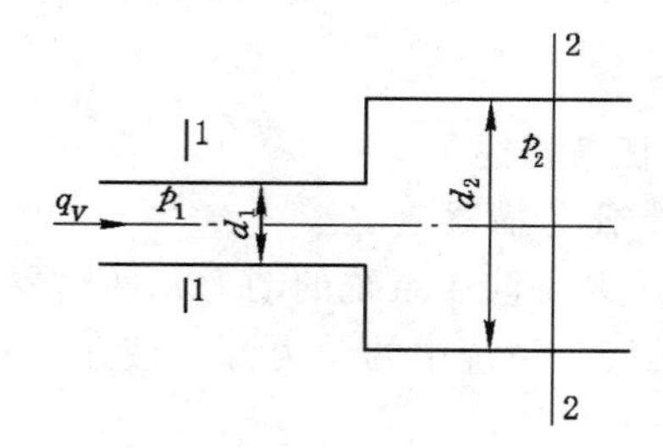

图 1-3-14　题 6 图

7. 如图 1-3-15 所示，液压泵的流量 $q_V=60$ L/min，吸油管的直径 $d=25$ mm，管长 $L=2$ m，过滤器的压力降 $\Delta p_\zeta=0.01$ MPa（不计其他局部损失）。液压油在室温时的运动黏度 $\nu=142$ mm²/s，密度 $\rho=900$ kg/m³，空气分离压 $P_d=0.04$ MPa。求泵的最大安装高度 H_{max}。

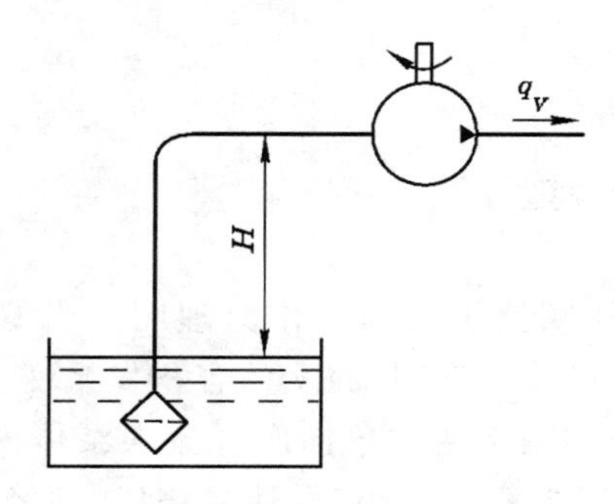

图 1-3-15　题 7 图

项目二　液压动力、执行与辅助元件

任务一　液压动力元件

任务概述

一、任务描述

液压泵是液压系统的动力元件，它是将输入的机械能转换为液体的压力能的能量转换装置，是液压系统中的动力源。液压泵根据结构不同可分为齿轮泵、叶片泵、柱塞泵、螺杆泵等。

二、任务要求

(1) 知识要求：熟悉液压泵的基本参数；掌握齿轮泵、叶片泵、柱塞泵的工作原理和结构特点；掌握单作用叶片泵和柱塞泵的调排量原理；掌握各种液压泵的使用特性。

(2) 能力要求：熟悉齿轮泵、叶片泵、柱塞泵的结构组成；能正确拆装各种液压泵；能正确选用各种液压泵。

子任务一　液压泵概述

相关知识

一、液压泵的工作原理及类型

(一) 液压泵的工作原理

如图 2-1-1 所示为一单柱塞液压泵的工作原理图。当偏心轮 1 由原动机带动旋转时，柱塞 2 便在泵体 3 内往复移动，使密封腔 a 的容积发生变化。密封容积增大时造成真空，油箱中的油便在大气压力作用下通过单向阀 6 流入泵体内，实现吸油。此时，单向阀 5 关闭，防止系统油液回流。密封容积减小时，油受挤压，便经单向阀 5 压入系统，实现压油。此时，单向阀 6 关闭，避免油液流回油箱。若偏心轮不停地转动，泵就不断地吸油和压油。

上述液压泵是通过密封容积的变化来完成吸油和压油的，其排油量大小取决于密封腔的容积变化值，因而这种液压泵又称容积泵。

分析上述液压泵工作过程可知，液压泵正常工作必备的条件是：

(1) 应具有密封容积。

(2) 密封容积的大小能交替变化。

(3) 应有配流装置。配流装置的作用是保证密封容积在吸油过程中与油箱相通，同时关闭供油通路；压油时与供油管路相通，而与油箱切断。上述单向阀 5 和单向阀 6 便是配流装置的一种。

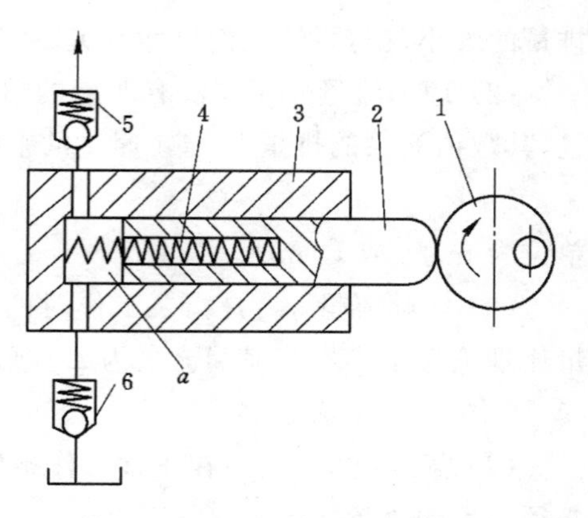

图 2-1-1　液压泵工作原理图

1——偏心轮；2——柱塞；3——泵体

4——弹簧；5，6——单向阀

由上述分析还可看出，液压泵每分钟所排出的油液量决定于密封容积变化量的大小和单位时间内容积变化的次数；液压泵的排油压力取决于泵的负载，即取决于液压系统中阻止油液流动的工作阻力。液压传动所使用的液压泵都属于容积式的，即都是靠密封容积的变化进行工作的。

（二）液压泵的类型

按照结构形式的不同，液压泵分为齿轮式、叶片式、柱塞式和螺杆式等类型；按照输出的油液流量可否调节，液压泵又有定量泵和变量泵之分；按输出液流方向，又有单向泵和双向泵之分。常用液压泵的图形符号如图 2-1-2 所示。

二、液压泵的主要性能参数

液压泵的质量表现为液压泵的性能参数。输入给液压泵的能量形式是泵轴上扭矩 T 和转速 n，输出的能量形式是高压油液的压力 p 和流量 q。

（一）液压泵的压力

(1) 工作压力 p：是指泵实际工作时的输出压力，其数值决定于负载的大小。

(2) 额定压力：是指泵在正常工作条件下按试验标准规定的连续运转的最高压力，它是按实验标准规定在产品出厂前必须达到的铭牌压力。

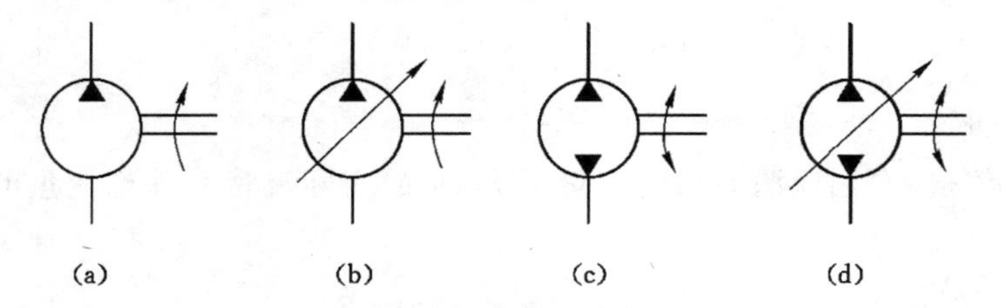

图 2-1-2　常用液压泵的图形符号

(a) 单向定量泵；(b) 单向变量泵；(c) 双向定量泵；(d) 双向变量泵

(3) 最高压力：泵在短时间内正常工作的压力极限。

液压传动的用途不同，系统所需要的压力也不相等，液压泵的压力等级见表 2-1-1。

表 2-1-1　压力分级

压力等级	低压	中压	中高压	高压	超高压
压力/ MPa	≤2.5	＞2.5～8	＞8～16	＞16～32	＞32

（二）液压泵的排量和流量

(1) 排量 V：泵轴转过一转时理论上液压泵所能排出液体的体积，其单位一般为mL/r。

排量的大小仅与泵的几何尺寸有关。

(2) 理论流量 q_{Vt}:在没有泄漏的情况下,泵单位时间内所输出油液的体积称为理论流量,其数值为泵的排量 V 与转速 n 的乘积,即

$$q_{Vt}=Vn \tag{2-1-1}$$

单位为 m^3/s 或 L/min。

(3) 实际流量 q_V:是指泵工作时的实际输出流量。由于存在泄漏,泵实际能提供的流量比理论流量小。若泄漏流量为 Δq,则实际流量为

$$q_V=q_{Vt}-\Delta q \tag{2-1-2}$$

(4) 额定流量 q_n:泵在正常工作条件下,按试验标准规定(如在额定压力和额定转速下)必须保证的流量。

由于泵存在泄漏,所以泵的实际流量或额定流量都小于理论流量。

(三) 液压泵的功率和效率

1. 液压泵的功率

(1) 液压泵的输入功率 P_i:驱动液压泵的原动机(如电动机)输出功率,其值为

$$P_i=T_i\omega=\frac{2\pi n}{60}T_i=\frac{\pi n}{30}T_i \quad (W) \tag{2-1-3}$$

式中,n 为原动机(或泵轴)转速,r/min;T_i 为原动机转矩,N·m。

(2) 液压泵的输出功率 P_o:泵的实际工作压力 p 和实际排出流量 q_V 的乘积,即

$$P_o=pq_V \quad (W) \tag{2-1-4}$$

p 的单位为 Pa,q_V 的单位为 m^3/s。在工程实际中,p 的单位一般用 MPa,流量的单位一般用 L/min,则液压泵的输出功率可表示为

$$P_o=\frac{pq_V}{60}\times 10^3 (W) \tag{2-1-5}$$

2. 液压泵的效率

(1) 容积效率 η_V:泵因泄漏而引起流量损失,泵的实际流量和理论流量的比值称为容积效率。

$$\eta_V=\frac{q_V}{q_{Vt}}=\frac{q_{Vt}-\Delta q_V}{q_{Vt}}=\frac{q_V}{Vn} \tag{2-1-6}$$

(2) 机械效率 η_m:液压泵在工作时存在机械摩擦(相对运动零件之间的摩擦及液体黏性摩擦),因此驱动泵所需的实际输入转矩 T_i,必然大于理论转矩 T_t。理论转矩与实际输入转矩的比值称为机械效率。

$$\eta_m=\frac{T_t}{T_i} \tag{2-1-7}$$

(3) 液压泵的总效率 η:液压泵的实际输出功率与输入功率之比值。

$$\eta=\frac{P_o}{P_i}=\frac{pq_V}{T_i\omega}=\frac{pq_V}{T_i\omega}\frac{T_t\omega}{pq_{Vt}}=\eta_m \cdot \eta_V \tag{2-1-8}$$

式(2-1-8)说明,液压泵的总效率等于容积效率和机械效率的乘积。

任务实施

【实施实例】 某液压系统，泵的输出压力 $p=10$ MPa，电动机转速 $n=1\ 450$ r/min，泵的排量 $V=46.2$ mL/r，泵容积效率 $\eta_V=0.95$，总效率 $\eta=0.9$。求液压泵的输出功率和驱动泵的电动机功率各为多大。

解 (1) 泵的输出功率

液压泵输出的实际流量为

$$q_V=q_{Vt}\eta_V=Vn\eta_V=46.2\times10^{-3}\times1\ 450\times0.95=63.64\ (\text{L/min})$$

液压泵的输出功率为

$$P_o=\frac{pq_V}{60}\times10^3=\frac{10\times63.64}{60}\times10^3\ \text{W}=10.6\times10^3\ \text{W}=10.6\ (\text{kW})$$

(2) 驱动泵的电动机的功率

$$P_i=\frac{P_o}{\eta}=\frac{10.6}{0.9}=11.7\ (\text{kW})$$

子任务2 齿 轮 泵

相关知识

齿轮泵是液压系统中广泛采用的一种液压泵，一般做成定量泵。按结构不同，齿轮泵分为外啮合齿轮泵和内啮合齿轮泵，以外啮合齿轮泵应用最广。

一、外啮合齿轮泵

(一) 外啮合齿轮泵的工作原理

如图 2-1-3 所示，在泵体内有一对齿数相同的外啮合渐开线齿轮，齿轮的两端皆由端盖罩住。泵体、端盖和齿轮之间形成了密封容腔，并由两个齿轮的齿面接触线将左、右两腔隔开，形成了吸、压油腔。当齿轮按图示方向旋转时，右侧吸油腔内的轮齿相继脱开啮合，使密封容积增大，形成局部真空，油箱中的油在大气压力作用下进入吸油腔，并被旋转的轮齿带入左侧。左侧压油腔的轮齿则不断进入啮合，使密封容积减小，油液被挤出，通过压油口排油。

(二) 外啮合齿轮泵的排量和流量

齿轮泵的排量可看作两个齿轮的齿槽容积之和。假设齿槽容积等于轮齿体积，那么其排量就等于一个齿轮的齿槽容积和轮齿体积的总和，即相当于以有效齿高($h=2$ m)和齿宽构成的平面所扫过的环形体积，如图 2-1-4 所示。若齿轮齿数为 z、模数为 m、分度圆直径为 D、齿宽为 B，则齿轮泵的排量近似为

$$V=\pi DhB=2\pi zm^2B \tag{2-1-9}$$

实际上，齿槽容积比轮齿体积稍大一些，所以通常取

$$V=6.66zm^2B \tag{2-1-10}$$

齿轮泵的实际输出流量为

$$V=6.66zm^2Bn\eta_V \tag{2-1-11}$$

式(2-1-11)中的流量是指泵的平均流量，实际上随着啮合点位置的不断改变，吸、排油腔每一瞬时的容积变化率是不均匀的，因此齿轮泵的输出流量是脉动的，并且齿数越少，流

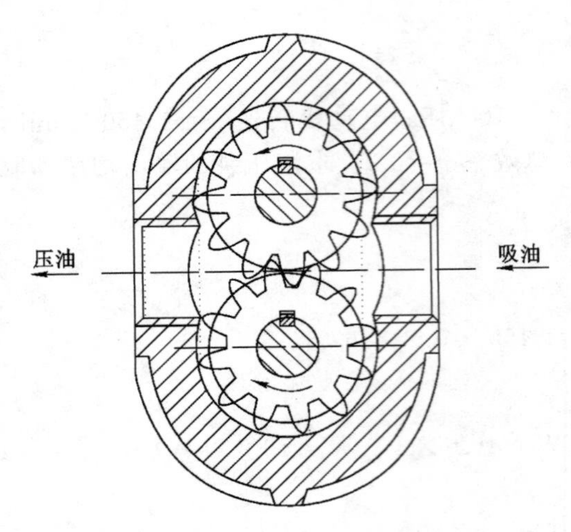

图 2-1-3 外啮合齿轮泵的工作原理

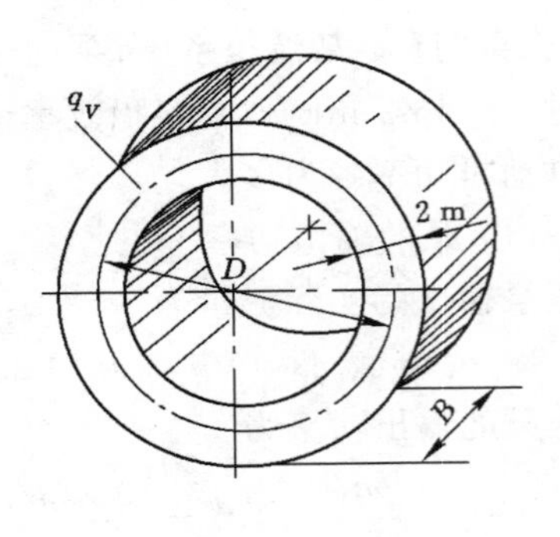

图 2-1-4 齿轮油泵排量示意图

量脉动越大。

（三）外啮合齿轮泵的缺点

外啮合齿轮泵的困油、径向液压力不平衡和泄漏是影响齿轮泵性能指标和寿命的三大问题。

1. 困油

齿轮泵要平稳地工作，齿轮啮合的重合度必须大于 1，也就是说要求在前一对齿轮即将脱开啮合前，后面的一对齿轮已进入啮合。这样就出现了有两对轮齿同时啮合的情况，此时就有一部分油液被围困在两对轮齿所形成的封闭腔之内，如图 2-1-5 所示。这个封闭容积

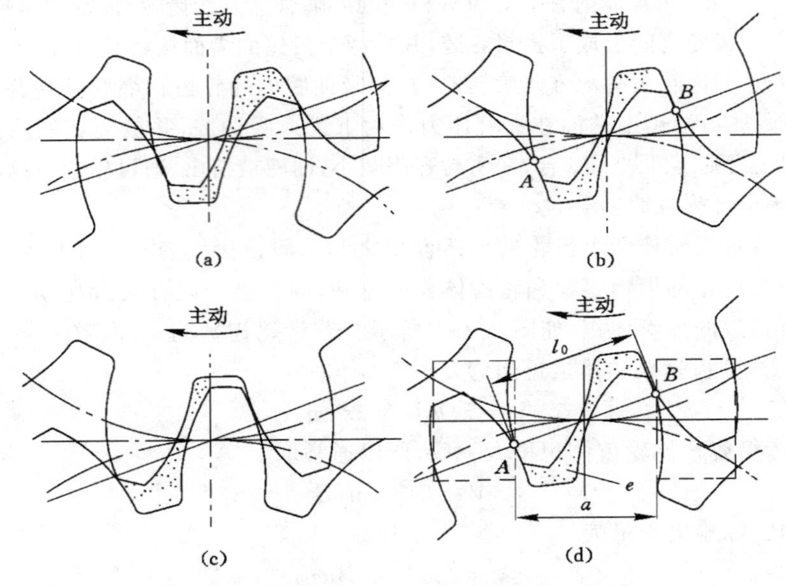

图 2-1-5 齿轮泵的困油现象

(a) 两对齿轮啮合瞬间；(b) 两啮合点处于节点两侧对称位置；(c) 容积最大位置；(d) 开卸荷槽消除困油

会随齿轮转动逐渐减小以后又逐渐增大,减小会使被困油液受挤而产生高压,油液从零件接合面的缝隙被挤出,使齿轮和轴承受到很大的附加不平衡负载作用,同时导致油液发热,泄漏增加。封闭容积增大又会造成局部真空,使溶于油中的气体分离出来,产生气穴,引起噪声、振动和气蚀,这就是齿轮泵的困油现象。

消除困油的方法,通常是在齿轮的两端盖板上开卸荷槽,使封闭容积减小时与压油腔相通,封闭容积增大时与吸油腔相通。一般的齿轮泵两卸荷槽是非对称布置的,往往向吸油腔偏移,但无论怎样,两槽间的距离必须保证在任何时候都不能使吸油腔和压油腔相互串通。

2. 径向作用力不平衡

如图 2-1-6 所示,在齿轮泵中,液体作用在齿轮外缘的压力是不平衡的,在齿轮和壳体内孔的径向间隙中,可以认为压油腔压力逐渐下降到吸油腔压力,这就相当于沿齿轮外缘形成了不相等的径向力。因此,齿轮和轴受到径向不平衡力的作用。工作压力越高,径向不平衡力越大。径向不平衡力很大时能使泵轴弯曲,导致齿顶接触泵体,产生摩擦;同时也加速轴的磨损,降低轴承使用寿命。为了减小径向不平衡力的影响,常采取缩小压油口的方法,使压油腔的压力油仅作用在一个到两个的范围内;同时适当增大径向间隙,使齿顶不和泵体接触。

3. 泄漏

齿轮泵存在着三个可能产生泄漏的部位:齿轮端面和端盖间;齿轮啮合处的间隙;泵体内表面和齿顶圆间的径向间隙。其中对泄漏量影响最大的是齿轮端面和端盖间的轴向间隙,约占总泄漏量的 75%～80%。泵的压力越高,间隙泄漏量越大,会使容积效率降低;但间隙过小,齿轮端面和端盖之间的机械摩擦损失增加,泵的机械效率也降低。因此,设计和制造时必须严格控制泵的轴向间隙。一般齿轮泵只适用于低压,且其容积效率也很低。为减小泄漏量,用设计较小间隙的方法并不能取得好的效果,因为泵在经过一段时间运转后,由于磨损而使间隙变大,泄漏量又会增加。为使齿轮泵能在高压下工作,并具有较高的容积效率,需要从结构上采取措施对端面间隙进行自动补偿。

通常采用的端面间隙自动补偿装置有浮动轴套式和弹性侧板式两种,其原理都是引入压力油使轴套或侧板紧贴齿轮端面,压力越高,贴得越紧,因而自动补偿端面磨损和减小间隙。图 2-1-7 所示为采用浮动轴套的中高压齿轮泵的一种典型结构,轴套 1 和 2 是浮动安装的,轴套左侧的空腔均与泵的压油腔相通。当泵工作时,轴套 1 和 2 受左侧油压作用而向右移动,将齿轮两侧面压紧,从而自动补偿了端面间隙。这种齿轮泵的额定工作压力可达 10～16 MPa,容积效率不低于 0.9。

(四) 外啮合齿轮泵的应用范围

一般外啮合齿轮泵具有结构简单、制造方便、重量轻、自吸性能好、价格低廉、对油液污染不敏感等特点,而且工作可靠,便于维护修理。又因齿轮是对称的旋转体,故允许转速较高。其缺点是流量脉动大,噪声大,径向力不平衡及泄漏等。外啮合齿轮泵一般多用于油压不很高(低压和中压),对工作机构运动速度要求不太高的液压传动系统,如负载小、功率小的机床设备及机床辅助装置如送料、夹紧等不重要的场合。另外,采掘机械所用的润滑泵、采煤机牵引部液压传动系统用的辅助泵几乎都是外啮合齿轮泵。

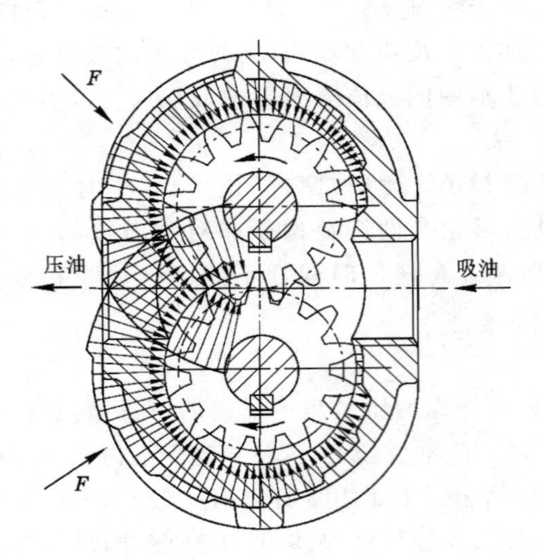

图 2-1-6　齿轮泵径向力不平衡

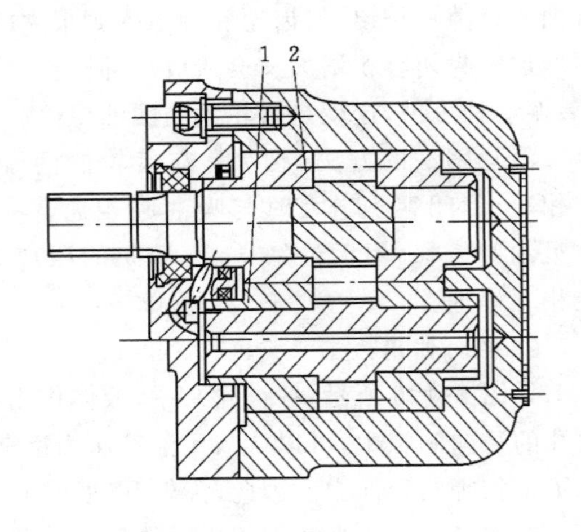

图 2-1-7　采用浮动轴套中高压齿轮泵

1,2——轴套

二、内啮合齿轮泵

内啮合齿轮泵有渐开线齿形和摆线齿形两种，其结构示意如图 2-1-8 所示。

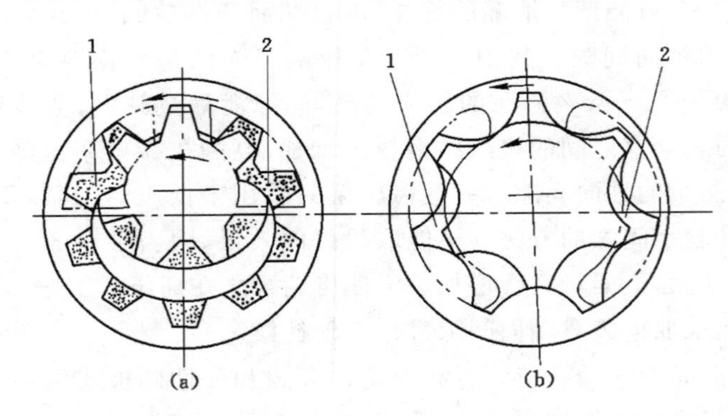

图 2-1-8　内啮合齿轮泵

(a) 渐开线齿形；(b) 摆线齿形

1——吸油腔；2——压油腔

(一) 渐开线齿形内啮合齿轮泵

该泵由小齿轮、从动外齿圈、月牙形隔板组成。当小齿轮为主动轮按图 2-1-8(a)所示方向旋转时，左半部轮齿退出啮合，吸油腔 1 的容积增大，形成真空吸油，进入齿槽的油液被带到压油腔 2。右半部轮齿进入啮合，压油腔容积减小，从压油口压油。月牙板的作用是把吸油腔和压油腔隔开。

(二) 摆线齿形内啮合齿轮泵

该泵的主要零件是一对内啮合的齿轮，又称内、外转子，工作时内转子带动外转子旋转。当内转子按图 2-1-8(b)所示方向旋转时，轮齿退出啮合时容积增大而吸油，进入啮合时容积减小而压油。由于内转子的齿数比外转子少一个，工作时所有内转子的齿都进入啮合，形成几个独立的密封腔，因而不需设置隔板。

内啮合齿轮泵结构紧凑，尺寸小，重量轻，运转平稳，噪声小，流量脉动小。与外啮合齿轮泵相比，内啮合齿轮泵齿形复杂，加工困难，价格较高。

任务实施

一、实训项目：齿轮泵的拆装与结构分析

（一）实训目的

（1）掌握齿轮泵的拆装方法；

（2）通过实体分析齿轮泵的结构组成及特点；

（3）通过实体演示齿轮泵吸、排油原理；

（4）通过实体分析齿轮泵困油现象形成的原因；

（5）通过实体分析齿轮泵径向力不平衡的原因；

（6）通过实体熟悉齿轮泵漏油的三大途径；

（7）能够通过测量相关参数确定齿轮泵的排量；

（8）能够正确拆装齿轮泵。

（二）实训工具、元件及用品

内六角扳手，活动扳手，螺丝刀，各种量具，CBN-E306 型齿轮泵，耐油橡胶板 1 块，油盆 1 个，润滑油。

（三）实训步骤

（1）用活动扳手松开四个紧固螺栓，分开前端盖和后端盖。

（2）从泵体中取出前轴套、后轴套。

（3）转动主动轴，观察并分析齿轮泵的工作过程及特点。

（4）取出主动齿轮及轴、从动齿轮及轴。

（5）分解端盖与轴承、齿轮与轴、端盖与油封。

（6）用测绘工具测量齿轮相关参数，计算排量。

（7）按照相反顺序装配齿轮泵，装配前要清洗各零件，配合表面要涂润滑油。

（8）填写工作页中实训报告相关内容。

（四）实训注意事项

（1）预先准备好拆卸工具；

（2）螺钉要对称卸松；

（3）拆卸时应注意做好记号；

（4）避免碰伤或损坏零件和轴承等；

（5）紧固件应借助专用工具拆卸，不得任意敲打。

二、外啮合齿轮油泵使用与维护

根据表 2-1-2 分析外啮合齿轮泵常见故障原因与排除方法。

表 2-1-2 外啮合齿轮泵的故障原因与排除方法

故障现象	产生原因	排除方法
不排油或输油量不足、排油压力低	1. 电动机转向错误； 2. 吸油管道或滤油器堵塞； 3. 轴向间隙、径向间隙过大； 4. 各连接处泄漏而引起空气混入； 5. 油液黏度太大或油液温升太高	1. 纠正电动机转向； 2. 疏通管道，清洗滤油器，除去堵物，更换新油； 3. 更换有关零件并调整间隙； 4. 紧固各连接处螺钉，避免泄漏，严防空气混入； 5. 油液应根据温升变化选用
噪声大及压力波动大	1. 吸油管及滤油器部分堵塞或入口滤油器容量小； 2. 从吸油管或泵轴密封处吸入空气，或油中有气泡； 3. 泵与联轴节不同心或擦伤； 4. 齿轮齿形精度不高； 5. CB 型齿轮油泵骨架式油封损坏，或装轴时骨架油封内弹簧脱落	1. 除去脏物，或换用容量合适的滤油器； 2. 拧紧接头处或更换密封圈，检查回油管出口是否符合要求； 3. 调整同心度，排除擦伤； 4. 更换齿轮或对研修整； 5. 检查维修或更换骨架油封
泵旋转不灵活或咬死	1. 轴向间隙及径向间隙过小； 2. 装配不良，CB 型盖板一轴的同心度不好，长轴的弹簧固紧脚太长，滚针套质量较差； 3. 泵和电动机的联轴器同心度不符合要求； 4. 油液中杂质被吸入泵体内	1. 修配有关零件并调整间隙； 2. 根据要求重新进行装配； 3. 调整其同心度； 4. 维修油泵，更换油液

子任务三 叶 片 泵

相关知识

叶片泵有双作用叶片泵和单作用叶片泵两种类型。双作用叶片泵是定量泵，单作用叶片泵往往做成变量泵。

一、单作用叶片泵

（一）单作用叶片泵的工作原理

图 2-1-9 所示为单作用叶片泵工作原理示意图。单作用叶片泵是由转子、定子和装在转子圆周径向槽内的叶片等零件组成的。单作用叶片泵的定子是一个圆形，转子与定子间有一偏心量 e，转子被电动机带动旋转，离心力或液压力的作用，使叶片伸出紧贴在定子的内圆表面上，每两个叶片与定子、转子和泵盖间形成一个密封容积。两端的配油盘上有一个吸油窗口和一个压油窗口。当转子旋转一周时，每一叶片在转子槽内往复滑动一次，每相邻两叶片间的密封腔容积发生一次增大和缩小的变化，容积增大时通过吸油窗口吸油，容积缩小时则通过压油窗口将油压出。由于这种泵在转子每转一转过程中，吸油压油各一次，故称单作用叶片泵。又因这种泵的转子受有不平衡的径向液压力，故又称非平衡式叶片泵。由

于轴和轴承上的不平衡负荷较大，因而使这种泵工作压力的提高受到了限制。

（二）单作用叶片泵的排量和流量

如图 2-1-10 所示，R 为定子的内半径，e 为转子与定子之间的偏心距，B 为定子的宽度，计算时不考虑叶片的厚度，则单作用叶片泵的排量为

$$V = 4\pi ReB \tag{2-1-12}$$

单作用泵实际流量为

$$q_V = 4\pi ReBn\eta_V \tag{2-1-13}$$

单作用叶片泵中，改变定子与转子的偏心距 e 即可改变排量的大小，所以单作用叶片泵是变量泵。

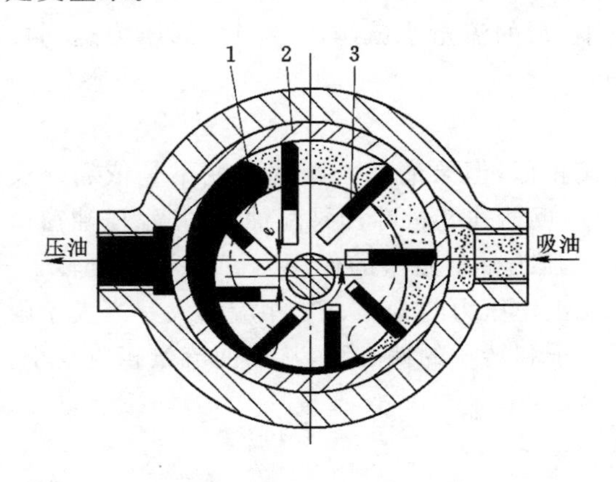

图 2-1-9　单作用叶片泵工作原理示意图

1——转子；2——定子；3——叶片

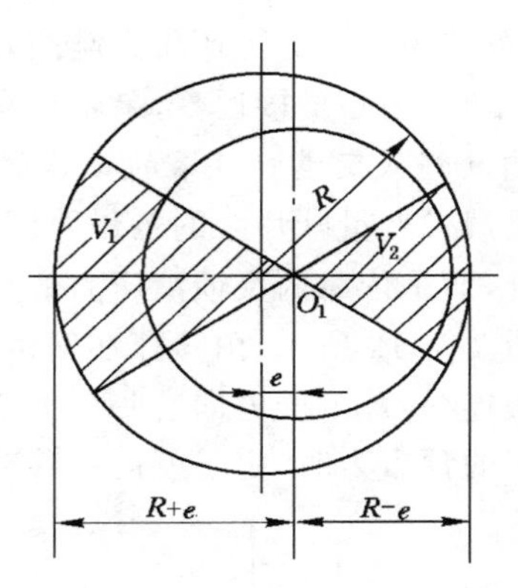

图 2-1-10　单作用叶片泵排量计算

单作用叶片泵的流量是有脉动的，理论分析表明，泵内叶片数越多，流量脉动率越小。此外，奇数叶片泵的脉动率比偶数叶片泵的脉动率小，所以单作用叶片泵的叶片数均为奇数，一般为 13 或 15 片。

（三）单作用叶片泵的结构特点

1. 定子和转子偏心安置

移动定子位置以改变偏心距，就可以调节泵的输出流量。

2. 径向液压力不平衡

单作用叶片泵的转子一边是高压，一边是低压，则转子及轴承上承受着不平衡的径向液压力的作用，因而载荷较大，限制了泵工作压力的提高，故泵的工作压力不超过 7 MPa。

3. 叶片倾角

为了减小叶片与定子间的磨损，叶片底部油槽采取在压油区通压力油、在吸油区与吸油腔相通的结构形式。因而，叶片的底部和顶部所受的液压力是平衡的。这样，叶片的向外运动主要靠旋转时所受到的惯性力。根据力学分析，叶片后倾一个角度更有利于叶片在惯性力作用下伸出。通常，后倾角度为 20°左右。

（四）单作用限压式变量叶片泵

单作用叶片泵的变量方法有手调和自调两种。自调变量泵又根据其工作特性的不同分为限压式、恒压式和恒流量式三类，其中以限压式应用较多。

限压式变量叶片泵是利用泵排油压力的反馈作用实现变量的，它有外反馈和内反馈两种形式，下面分别说明它们的工作原理和特性。

1. 外反馈式变量叶片泵的工作原理

如图 2-1-11 所示，转子 2 的中心 O_1 是固定的，定子 3 可以左右移动，在限压弹簧 5 的作用下，定子被推向左端，使定子中心 O_2 和转子中心 O_1 之间有一初始偏心量 e_0，它决定了泵的最大流量 q_{max}。定子左侧装有反馈液压缸 6，其油腔与泵出口相通。在泵工作过程中，液压缸活塞对定子施加向右的反馈力 pA（A 为活塞有效作用面积）。设泵的工作压力达到 p_B 值时，定子所受的液压力与弹簧力相平衡，则当泵的工作压力小于 p_B 时，此时定子不移动，最大偏心量保持不变，泵输出流量基本上维持最大；当泵的工作压力大于 p_B 时，定子左移，偏心量减小。泵的工作压力越高，偏心量越小，泵的流量也就越小。当泵的压力达到极限压力 p_C 时，偏心量接近零，泵不再有流量输出。

2. 内反馈式变量叶片泵的工作原理

内反馈式变量叶片泵的工作原理与外反馈式相似，但泵的偏心距的改变不是依靠外反馈液压缸，而是依靠内反馈液压力的直接作用。内反馈式变量叶片泵配油盘的吸、压油窗口布置如图 2-1-12 所示，由于存在偏角 θ，压油区的压力油对定子的作用力 F 在平行于转子、定子中心连线 O_1O_2 的方向有一分力 F_x。随着泵工作压力的升高，F_x 相应增大。当大于限压弹簧 5 的预紧力时，定子就向右移动，减小了定子和转子的偏心距，从而使流量相应变小。

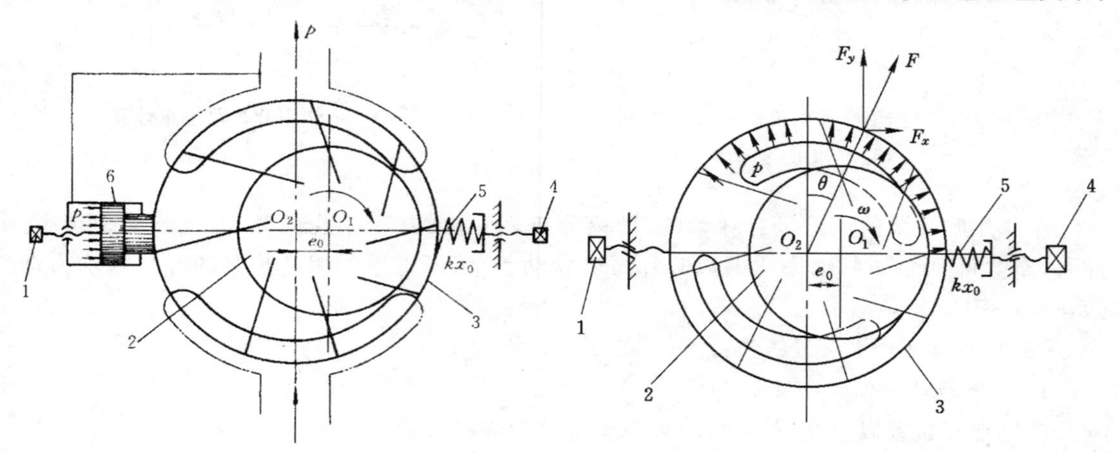

图 2-1-11　外反馈式变量叶片泵的工作原理
1,4——调节螺钉；2——转子；3——定子；
5——限压弹簧；6——反馈液压缸

图 2-1-12　内反馈式变量叶片泵的工作原理
1,4——调节螺钉；2——转子；
3——定子；5——限压弹簧

3. 限压式变量叶片泵的流量压力特性

限压式变量叶片泵的流量压力特性曲线如图 2-1-13 所示。曲线表示了泵工作时流量随压力变化的关系。当泵的工作压力小于 p_B 时，其特性相当于定量泵，用线段 AB 表示，线段 AB 与水平线的差值为泄漏量。B 点为特性曲线的转折点，其对应的压力 p_B 就是限定压力，它表示在初始偏心距 e_0 时，泵可达到的最大工作压力。当泵的工作压力超过 p_B 以后，限压弹簧被压缩，偏心距减小，流量随压力增加而剧减，其变化情况用线段 BC 表示。C 点所对应的压力 p_C 为极限压力（又称截止压力），这时限压弹簧被压缩到最短，偏心距减至最小，泵的实际输出流量为零。

如图 2-1-11、图 2-1-12 所示，泵的最大流量由调节螺钉 1（最大流量调节螺钉）调节，它可改变 A 点的位置，使 AB 线段上下平移。泵的限定压力由调节螺钉 4（限定压力调节螺钉）调节，它可改变 B 点的位置，使 BC 线段左右平移。若改变弹簧刚度 k，则可改变 BC 线段的斜率。

限压式变量叶片泵常用于执行机构需要有快慢速的机床液压系统。

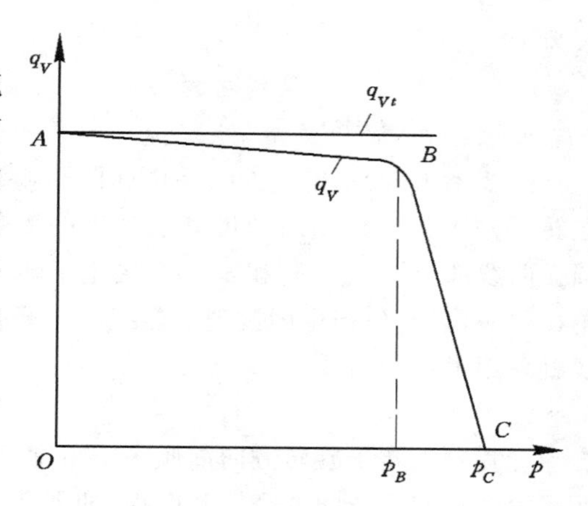

图 2-1-13　限压式变量叶片泵的流量压力特性曲线

二、双作用叶片泵

（一）双作用叶片泵的工作原理

双作用叶片泵的工作原理如图 2-1-14 所示，它主要由定子 1、转子 2、叶片 3 和配油盘组成。转子和定子中心重合，定子内表面近似为椭圆柱形，其椭圆形曲线由两段长半径 R、两段短半径 r 和四段过渡曲线组成。

当转子转动时，叶片在离心力和根部压力油（减压后）的作用下，在转子槽内做径向移动而压向定子内表面，这样在叶片、定子的内表面、转子的外表面和两侧配油盘间就形成若干个密封腔。当转子按图示方向旋转时，处在短半径圆弧上的密封腔经过渡曲线而运动到长半径圆弧的过程中，叶片外伸，密封腔的容积增大，吸入油液；在从长半径圆弧经过渡曲线而运动到短半径圆弧的过程中，叶片被定子内壁逐渐压进槽内，密封腔的容积减小，将油液从压油口压出。从图 2-1-14 可以看出，转子每转一周，每个密封腔完成两次吸油和排油，所以称为双作用叶片泵。又因吸、压油口对称分布，转子和轴承所受的径向液压力相平衡，所以这种泵又称为平衡式叶片泵。这种泵的排量不可调，是定量泵。

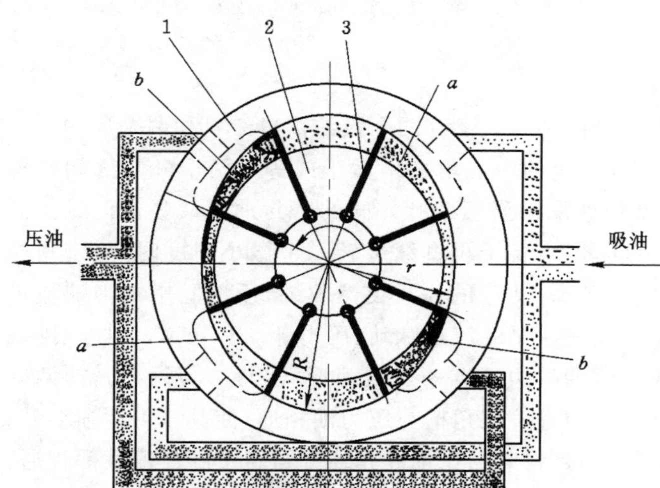

图 2-1-14　双作用叶片泵的工作原理

1——定子；2——转子；3——叶片

（二）双作用叶片泵的排量和流量

设定子曲线的长半径为 R，短半径为 r，叶片宽度为 B，转子转速为 n，若忽略叶片本身所占体积，则泵的排量近似为

$$V = 2\pi B(R^2 - r^2) \quad (2\text{-}1\text{-}14)$$

双作用叶片泵的平均实际流量为

$$q_V = 2\pi B(R^2 - r^2)n\eta_V \quad (2\text{-}1\text{-}15)$$

双作用叶片泵脉动率相对很小，由理论分析可知，流量脉动率在叶片数为 4 的整数倍且大于 8 时最小。故双作用叶片泵的叶片数通常

取为12。

(三) 双作用叶片泵的结构特点

1. 定子曲线

图2-1-15所示定子曲线是由四段圆弧和四段过渡曲线组成的。过渡曲线应保证叶片在转子槽中径向运动时速度和加速度的变化均匀,使叶片对定子内表面的冲击尽可能小。圆弧曲线部分的夹角 α_1 和 α_2 主要决定于转子上的叶片数,并且应该和配油盘上密封区的夹角相适应,以避免产生困油现象。我国自行设计的YB型系列双作用叶片泵的定子过渡曲线就采用了这种曲线。

2. 叶片倾角

叶片顺着转子旋转方向前倾一个角度,可以减少叶片和定子内表面接触时的压力角,从而减少叶片和定子间的摩擦和磨损,如图2-1-16所示。图2-1-16(a)为未倾斜时受力分析图,图2-1-16(b)为叶片前倾后受力分析图,β 角度明显减小,有利于叶片的缩回。不过,当叶片以前倾角度安装时,叶片泵不允许反转。一般倾斜角选取 $\theta=10°\sim14°$ 比较适当。

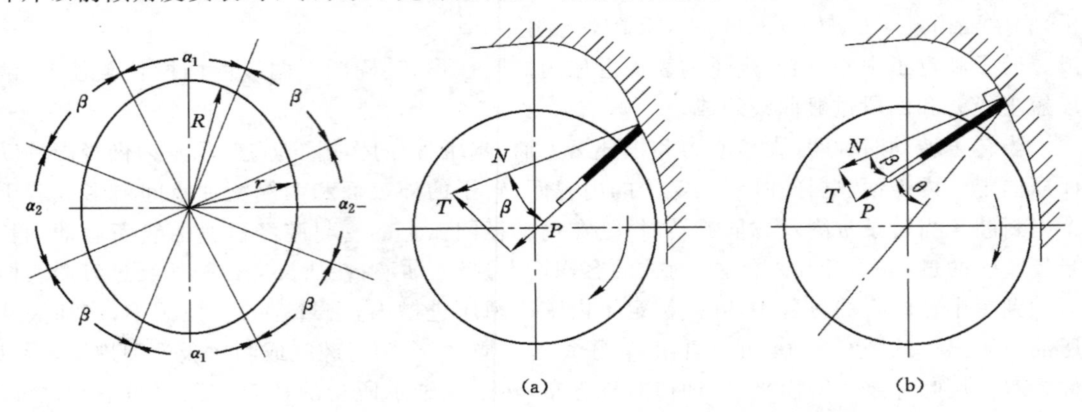

图2-1-15 双作用叶片泵的定子曲线

图2-1-16 双作用叶片泵的叶片倾角及受力分析

(a) 叶片未倾斜;(b) 叶片前倾后

3. 配油盘

双作用叶片泵的配油盘如图2-1-17所示,在盘上有两个吸油窗口2、4和两个压油窗口1、3,窗口之间为封油区,通常应使封油区对应的中心角 α 稍大于或等于两个叶片之间的夹角 β,否则会使吸油腔和压油腔连通,造成泄漏。当两个叶片间的密封油液从吸油区过渡到封油区时,其压力基本上与吸油压力相同,但当转子再继续旋转一个微小角度时,该密封腔突然与压油腔相通,使其中油液压力突然升高,油液的体积突然收缩,压油腔中的油液流进该腔,使液压泵的瞬时流量突然减小,引起液压泵的流量脉动、压力脉动和噪声,为此在配油盘的压油窗口靠叶片从封油区进入压油区的一边开有一个截面形状为三角形的槽,使两叶片之间的封闭油液在未进入压油区之前就通过该三角槽与压力油相通,使其压力逐渐上升,因而减缓了流量和压力脉动,并降低了噪声。槽 c 与压油腔相通并与转子叶片槽底部相通,使叶片的底部作用有压力油。

4. 提高双作用叶片泵压力的措施

一般双作用叶片泵的叶片底部通压力油,使得处于吸油区的叶片顶部和底部的液压作用力不平衡，叶片顶部以很大的压紧力抵在定子吸油区的内表面上，使磨损加剧，影响叶片泵的使用寿命，尤其是工作压力较高时，磨损更严重，因此吸油区叶片两端压力不平衡，限制了双作用叶片泵工作压力的提高。所以在高压叶片泵的结构上必须采取措施，使叶片压向定子的作用力减小。常用的措施有：

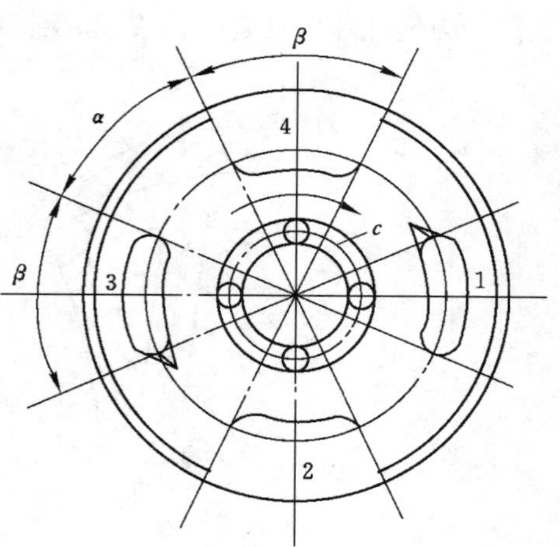

图 2-1-17　配油盘
1,3——压油窗口；2,4——吸油窗口

(1) 减小作用在叶片底部的油液压力。将泵的压油腔的油液通过阻尼槽或内装式小减压阀通到吸油区的叶片底部，使叶片经过吸油腔时，叶片压向定子内表面的作用力不致过大 。

(2) 减小叶片底部承受压力油作用的面积。图 2-1-18(a)所示为复合式叶片(亦称子母叶片)结构，通过配油盘使 K 腔总是接通压力油，并引入母子叶片间的小腔 c 内，而母叶片底部 L 腔则借助于虚线所示的油孔始终与顶部油液的压力相同。这样，当叶片处在吸油腔时，只有 c 腔的高压油作用而压向定子内表面，减小了叶片和定子内表面间的作用力。图 2-1-18(b)所示为阶梯叶片结构，在这里，油室 d 始终和压力油相通，而叶片的底部则和所在油腔相通。这样，叶片 d 室内油液在压力作用下压向定子表面，由于作用面积减小，其作用力不致过大。但这种结构的工艺性较差。

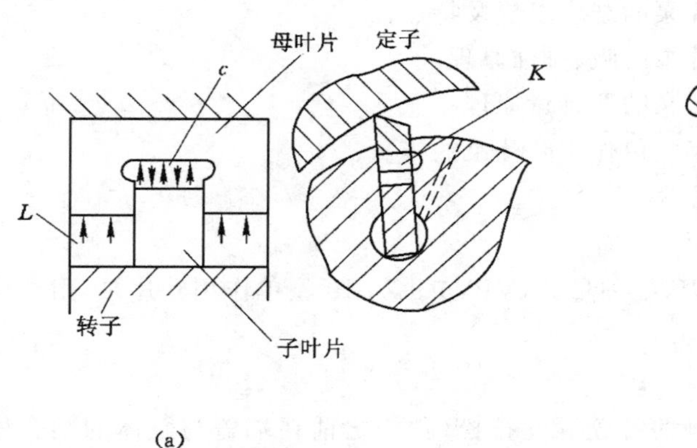

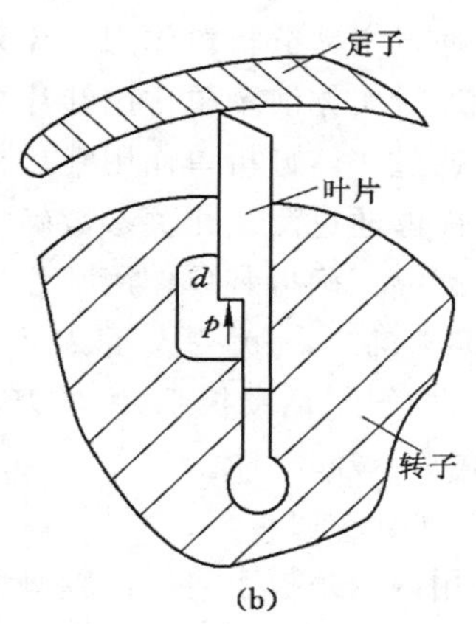

图 2-1-18　减小叶片作用面积的高压叶片泵叶片结构
(a) 复合式叶片；(b) 阶梯叶片

(3) 使叶片顶部和底部的液压作用力平衡。图 2-1-19(a)所示为双叶片结构，叶片槽中有两个可以做相对滑动的叶片 1 和 2，每个叶片都有一棱边与定子内表面接触，在叶片的顶部形成一个油腔 a，叶片底部油腔 b 始终与压油腔相通，并通过两叶片间的小孔 c 与油腔 a 相连通，因而使叶片顶端和底部的液压作用力得到平衡。

图 2-1-19(b)所示为叶片装弹簧的结构，这种结构叶片 1 较厚，顶部与底部有孔相通，叶片底部的油液是由叶片顶部经叶片中的孔引入的，因此叶片上、下油腔油液的作用力基本

平衡。为使叶片紧贴定子内表面,保证密封,在叶片根部装有弹簧。

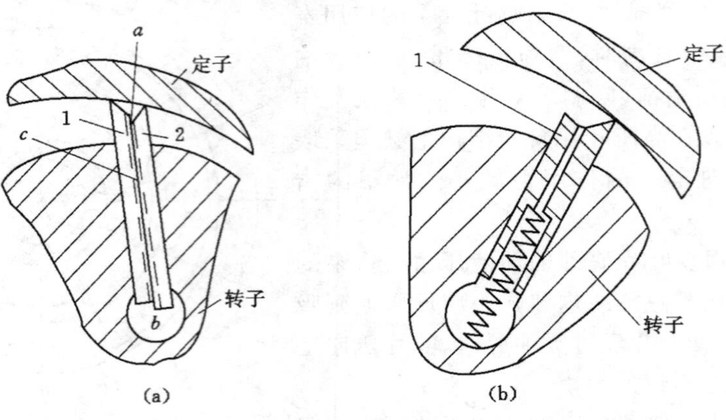

图 2-1-19 叶片液压力平衡的高压叶片泵叶片结构

(a) 双叶片;(b) 叶片装弹簧

1,2——叶片

任务实施

一、实训项目:单作用叶片泵的拆装与结构分析

(一) 实训目的

(1) 掌握单作用叶片泵的拆装方法;

(2) 通过实体分析单作用叶片泵的结构组成及特点;

(3) 通过实体演示单作用叶片泵的吸、排油原理;

(4) 通过实体分析单作用叶片泵的调排量原理;

(5) 能够通过测量相关参数确定单作用叶片泵的排量;

(6) 能够正确拆装单作用叶片泵。

(二) 实训工具、元件及用品

内六角扳手,活动扳手,螺丝刀,各种量具,VPV1-8-20-10 型单作用叶片泵,耐油橡胶板 1 块,油盆 1 个,润滑油。

(三) 实训步骤

(1) 用内六角扳手将输出轴侧的端盖螺丝拧松(拧松之前在端盖与泵体的结合处标上记号)并取出螺钉;

(2) 用螺丝刀轻轻沿端盖与泵体的接合面处将端盖撬松,注意不要撬太深,以免划伤密封面;

(3) 将端盖板拆下,取出泵盖,转动转子,观察并分析叶片泵的工作过程、结构特点与调排量原理;

(4) 取出转子与传动轴、定子、调压弹簧、弹簧座等;

(5) 用测绘工具测量相关参数,计算排量;

(6) 按照相反顺序装配叶片泵,装配前要清洗各零件,配合表面要涂润滑油;

(7) 填写工作页中相关实训报告任务。

（四）实训注意事项

（1）预先准备好拆卸工具；

（2）螺钉要对称卸松；

（3）拆卸时应注意标好记号；

（4）避免碰伤或损坏零件和轴承等；

（5）紧固件应借助专用工具拆卸，不得任意敲打。

二、叶片泵使用与维护

根据表 2-1-3 分析叶片泵所在液压系统常见故障原因与排除方法。

表 2-1-3　　叶片泵常见故障原因与排除方法

故障现象	产生原因	排除方法
吸不上油，没有压力	1. 电动机与泵转向不一致； 2. 油面过低，油液吸不上； 3. 叶片在转子槽内配合过紧； 4. 油液黏度过大，使叶片移动不灵活； 5. 泵体有砂眼，高、低压油互通； 6. 配油盘变形，或与壳体接触不良； 7. 吸入管道或过滤装置堵塞，造成吸油不畅	1. 纠正电动机转向； 2. 定期检查，补充油液； 3. 单配叶片，使各叶片在槽内移动灵活； 4. 更换油液； 5. 更换新的泵体； 6. 修整配油盘的接触面； 7. 清洗管道或过滤装置，除去堵塞物
输油量不足，压力提不高	1. 各连接处密封不严，吸入空气； 2. 个别叶片移动不灵活； 3. 轴向间隙及径向间隙过大； 4. 叶片和转子装反； 5. 定子内环曲面起线，致使接触不良； 6. 配油盘内孔磨损； 7. 转子槽和叶片的间隙过大； 8. 叶片和定子内环曲面接触不良； 9. 吸油不通畅，油液黏度大	1. 检查吸液口并紧固各连接处螺钉； 2. 不灵活的叶片应单槽配研； 3. 修复或更换有关零件，调整间隙； 4. 纠正叶片和转子方向； 5. 修磨定子内环曲面； 6. 维修或更换配油盘； 7. 根据转子叶片槽单配叶片； 8. 定子磨损一般在吸油腔，对于双作用泵，可翻转 180°装上，在对称位置重新加工定位孔； 9. 清洗滤油器，定期更换油液
噪声太大	1. 定子曲面表面拉毛； 2. 配油盘端面与内孔不垂直或叶片本身垂直不好； 3. 配油盘压力油腔的节流槽太短，出现困油现象； 4. 主轴密封圈太紧（用手摸轴和轴盖有烫手现象）； 5. 叶片倒角太小，叶片运动时作用力有突变； 6. 叶片高度尺寸不一致； 7. 吸油管密封不严，空气侵入； 8. 联轴器安装不同心或松动； 9. 电动机转速高于泵额定转速	1. 抛光定子曲面； 2. 修磨配油盘端面或叶片侧面； 3. 维修并消除困油； 4. 适当调整密封圈的松紧程度； 5. 加大叶片倒角或加工成圆弧形； 6. 调整叶片高度并符合要求； 7. 维修吸油管路，更换密封圈，紧固接头； 8. 维修联轴器，调整同心度； 9. 更换电动机，降低转速
外渗漏	1. 密封老化或损伤； 2. 进出油口连接部位松动； 3. 密封面磕碰； 4. 外壳体砂眼	1. 更换密封； 2. 紧固螺钉或管接头； 3. 修磨密封面； 4. 更换外壳体

子任务四 柱 塞 泵

相关知识

柱塞泵依靠柱塞在缸体内往复运动，使密封工作腔容积产生变化来实现吸油、压油。

柱塞泵按柱塞与缸体轴线的相对位置不同，分为轴向柱塞泵和径向柱塞泵。

一、轴向柱塞泵

轴向柱塞泵是将多个柱塞轴向配置在一个共同缸体的圆周上，并使柱塞中心线和缸体中心线平行的一种泵。轴向柱塞泵按其结构特点又可分为斜盘式和斜轴式。

（一）斜盘式轴向柱塞泵

1. 斜盘式轴向柱塞泵的工作原理

如图 2-1-20 所示，泵的传动轴中心线与缸体中心线重合，它主要由斜盘 1、柱塞 2、缸体 3、配油盘 4 等零件所组成。斜盘与缸体间倾斜了一个 γ 角。缸体由轴带动旋转，斜盘和配油盘固定不动，在底部弹簧的作用下，柱塞头部始终紧贴斜盘。当缸体按图示方向旋转时，斜盘和弹簧的共同作用，使柱塞产生往复运动，各柱塞与缸体间的密封腔容积便发生增大或缩小的变化，通过配油盘上窗口 a 吸油，通过 b 压油。如果改变斜盘倾角 γ 的大小，就能改变柱塞的行程长度，也就改变了泵的排量。如果改变斜盘倾角的方向，就能改变吸、压油方向，这时就成为双向变量轴向柱塞泵。

吸、排液窗口两端的间隔称为过渡密封区。为避免柱塞位于过渡密封区，将吸、排液窗口串通，应使柱塞的通液口长度不大于过渡密封区，这种密封区称为正密封区，也就是正封闭。但这会产生困油现象，引起冲击和噪声，所以为消除困油，在吸、排液窗口的端部开有小尖角卸荷槽（还有阻尼孔等其他形式），其间距略小于柱塞通液口的长度，就形成了所谓的负封闭。小尖角卸荷槽可使密封容积内的油逐步与高压腔连通，防止突然增压，减少压力冲击和噪声。

配油盘的结构有对称型和非对称型，图 2-1-21(a)所示为对称型结构，吸、排液窗口两端均有尖角槽，其对称中心线与斜盘垂直中心线的投影相重合，允许泵正反转。图 2-1-21(b)所示为非对称型结构，尖角槽只开在配液口的一端，安装时配油盘的中心线沿缸体旋转方向相对于斜盘垂直中心线旋转一个角度。试验证明：这种非对称的负封闭结构对于减少液压

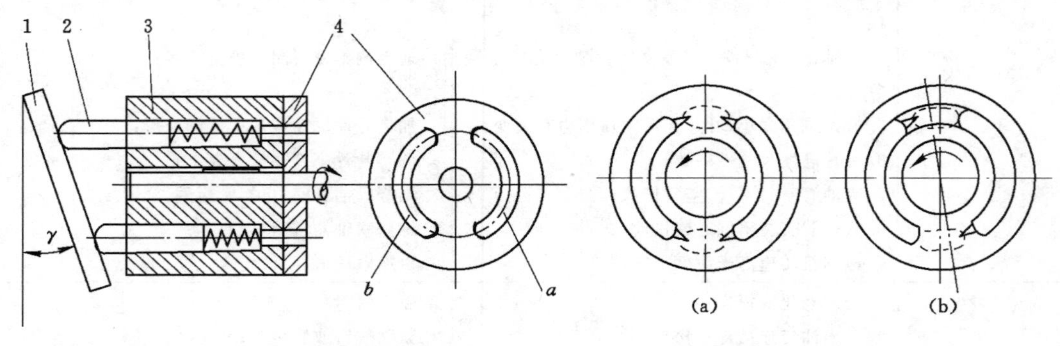

图 2-1-20 斜盘式轴向柱塞泵

1——斜盘；2——柱塞；3——缸体；4——配油盘

图 2-1-21 配油盘结构

(a) 对称型；(b) 非对称型

冲击和噪声的效果比较显著，但泵只能单方向转动，不能反转工作。

2. 斜盘式轴向柱塞泵的排量和流量

若柱塞数目为 z，柱塞直径为 d，柱塞孔的分布圆直径为 D，斜盘倾角为 γ，当缸体转动一周时，泵的排量为

$$V=\frac{\pi}{4}d^2D(\tan\gamma)z \tag{2-1-16}$$

泵输出的实际流量为

$$q_V=\frac{\pi}{4}d^2D(\tan\gamma)zn\eta_V \tag{2-1-17}$$

柱塞泵的流量也是脉动的，不同柱塞数目的柱塞泵，其输出流量的脉动率 δ 是不同的，见表 2-1-4。从表中可以看出，柱塞数较多且为奇数时，脉动率较小，故柱塞数一般为奇数。从结构和工艺考虑，一般取 $z=7$ 或 $z=9$。

表 2-1-4　　柱塞泵的流量脉动率

柱塞数 z	5	6	7	8	9	10	11	12
流量脉动率 δ/%	4.98	14	2.53	7.8	1.53	4.98	1.02	3.45

3. 斜盘式轴向柱塞泵的结构

图 2-1-22 所示为 CY14-1B 型斜盘式轴向柱塞泵的结构。它主要由泵的主体部分和变量机构两部分组成。

(1) 泵的主体部分

如图 2-1-22 所示，回转缸体 5 安装在中间泵体 1 和前泵体 7 内，由传动轴 8 通过花键带动旋转。在回转缸体的柱塞孔中各装一个柱塞 9。柱塞的球形头部装在滑履 12 的孔内并可做相对滑动。中心弹簧 3 通过内套 2、钢球 20 和压盘 14 将滑履紧紧地压在斜盘 15 上，使泵具有自吸能力。当回转缸体由传动轴带动旋转时，柱塞相对于回转缸体做往复运动，于是柱塞与柱塞孔底之间密封油腔的容积发生变化，这时油液可通过柱塞孔底部的孔及配油盘的配油窗口完成吸、压油工作。

(2) 中心弹簧

柱塞头部的滑履必须始终紧贴斜盘才能正常工作。图 2-1-20 中，每个柱塞底部加一个弹簧，这种结构，随着柱塞的往复运动，弹簧易于疲劳损坏。图 2-1-22 中改用中心弹簧 3，通过钢球 20 和压盘 14 将滑履压向斜盘，从而使泵具有较好的自吸能力。这种结构的弹簧只受静载荷，不易疲劳损坏。

(3) 变量机构

在变量轴向柱塞泵中均设有专门的变量机构，用来改变斜盘倾角 γ 的大小以调节泵的排量。轴向柱塞泵的变量方式有多种，其变量机构的结构形式亦多种多样，这里只简要介绍手动变量机构的工作原理，伺服变量机构在伺服系统一章中讲解。

图 2-1-22 中，手动变量机构设置在泵的左侧。变量时，转动手轮 18，丝杠 17 随之转动，在导键的作用下，变量柱塞 16 便上下移动，通过销轴 13 使支承在变量壳体上的斜盘 15 绕其中心转动，从而改变了斜盘倾角 γ。手动变量机构结构简单，但需要手操纵力较大，通

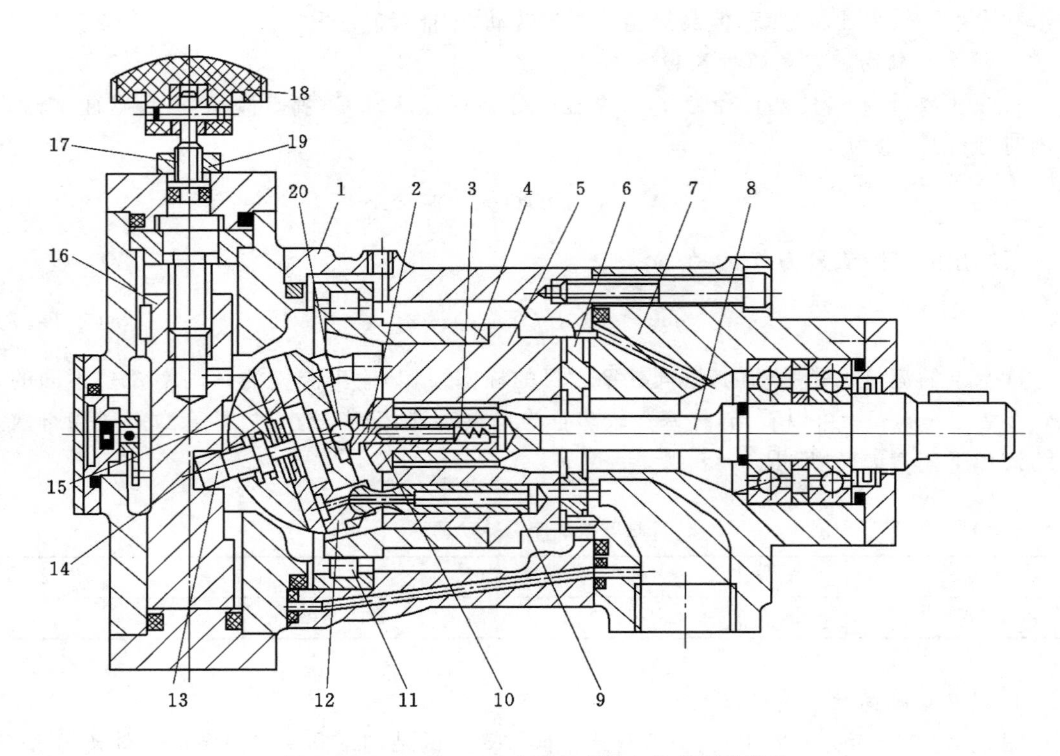

图 2-1-22　CY14-1B 型斜盘式轴向柱塞泵的结构

1——中间泵体；2——内套；3——中心弹簧；4——缸套；5——回转缸体；6——配油盘；7——前泵体；8——传动轴；9——柱塞；10——套筒；11——滚柱轴承；12——滑履；13——销轴；14——压盘；15——斜盘；16——变量柱塞；17——丝杠；18——手轮；19——螺母；20——钢球

常只能在停机或泵压低的情况下才能实现变量。

(4) 缸体端面间隙的自动补偿

由图 2-1-22 可见，使缸体紧压配油盘端面的作用力，除中心弹簧 3 的推力外，还有柱塞孔底部台阶面上所受的液压力，此液压力比弹簧力大得多，而且随泵的工作压力增大而增大。由于缸体始终受力紧贴着配油盘，因此端面间隙得到了自动补偿，提高了泵的容积效率。

(5) 滑履结构

若柱塞头部与斜盘为点接触式，则泵工作时，柱塞头部接触应力大，极易磨损，故一般轴向柱塞泵都在柱塞头部装一滑履 12(图 2-1-22)，改点接触为面接触，并且各相对运动表面之间通过小孔引入压力油，实现可靠的润滑，大大降低了相对运动零件表面的磨损。这样就有利于泵在高压下工作。

柱塞与滑履的受力特点如下：

柱塞与滑履的受力分析如图 2-1-23 所示。柱塞的球形头部放在滑履的球窝内，球头在滑履球窝里不能产生相对滑动，同时又能灵活转动。泵工作时，柱塞和滑履上作用着两个方向相反的力，一是缸体内压力油推动柱塞和滑履使之压向斜盘方向的力，二是中心弹簧通过压盘分担到每个滑履上的弹簧压紧力，这两力的总和使滑履压紧斜盘。与此同时，为降低滑履对斜盘的压紧力，液缸中的压力油可通过柱塞中心小孔流入滑履球窝，润滑球头与球窝的接触面，其中一部分经滑履中心小孔流入滑履底部，使直径为 d_1 的圆腔内充满压力为 p 的压力油，并在直径为 d_1、d_2 的圆环面积上形成油膜。油膜的厚度很薄，所以密封性能很好，泄漏很少，可以近似认为直径 d_1 以内的压力为 p_1，直径 d_2 以外的压力为零，d_1、d_2 之间的压力也近似地按直线规律分布。这样，滑履上的另一个作用力就是直径为 d_1 的圆腔内小油室的液压推力和直径为 d_1、d_2 圆环油膜的作用力之和，这个力使滑履与斜盘分开，叫作推开力。

从受力状况看，压紧力和推开力使得滑履处于一种浮动状态，满足一定条件便处于静压平衡状态。

(6) 配油盘

该泵的配油盘为非对称负封闭型，如图 2-1-24 所示。安装配油盘时使其中心线 $N—N$ 相对斜盘中心线 MM 向缸体旋转方向偏转 6°。在过渡密封区，采用阻尼孔代替尖角槽来消除困油现象。过渡密封区有 5 个盲孔，起储油和润滑作用。

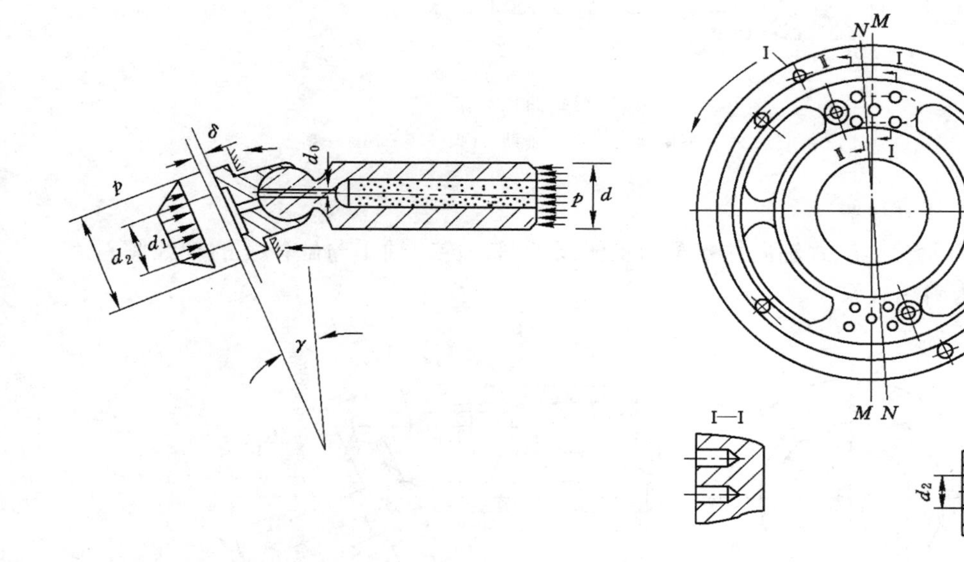

图 2-1-23　柱塞与滑履的受力分析

图 2-1-24　CY14-1B 型泵的配油盘

4. 通轴与非通轴结构

斜盘式轴向柱塞泵有通轴与非通轴两种结构形式。图 2-1-22 所示的泵是一种非通轴型轴柱塞泵。非通轴型泵的主要缺点之一是要采用大型滚柱轴承来承受斜盘施加给缸体的径向力，其受力状态不佳，轴承寿命较低，且噪声大，成本高。

图 2-1-25 所示为通轴型轴向柱塞泵（简称通轴泵）的一种典型结构。与非通轴型泵的主要不同之处在于：通轴泵的主轴采用了两端支承，斜盘通过柱塞作用在缸体上的径向力可以由主轴承受，因而取消了缸体外缘的大轴承；该泵无单独的配油盘，而是通过缸体和后泵盖端面直接配油。通轴泵结构的另一特点是在泵的外伸端可以安装一个小型辅助泵（通常为内齿轮泵），供闭式系统补油之用，因而可以简化油路系统和管道连接，有利于液压系统的集成化。这是近年来通轴泵发展较快的原因之一。

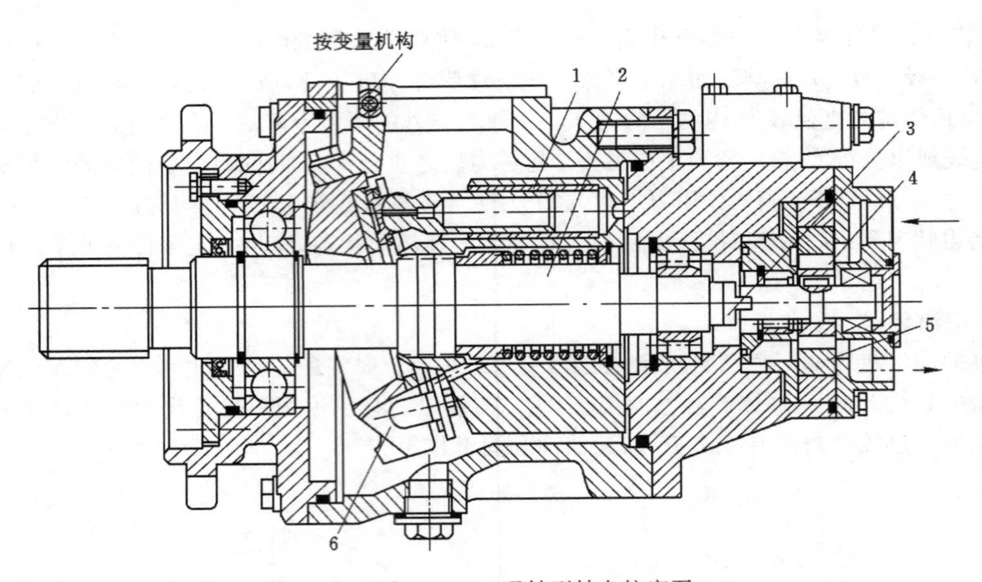

图 2-1-25 通轴型轴向柱塞泵

1——缸体；2——轴；3——联轴器；4，5——辅助泵内、外转子；6——斜盘

（二）斜轴式轴向柱塞泵

图 2-1-26 所示为斜轴式轴向柱塞泵的工作原理图。传动轴 1 与缸体 4 的轴线倾斜一个角度 γ，故称为斜轴式泵。

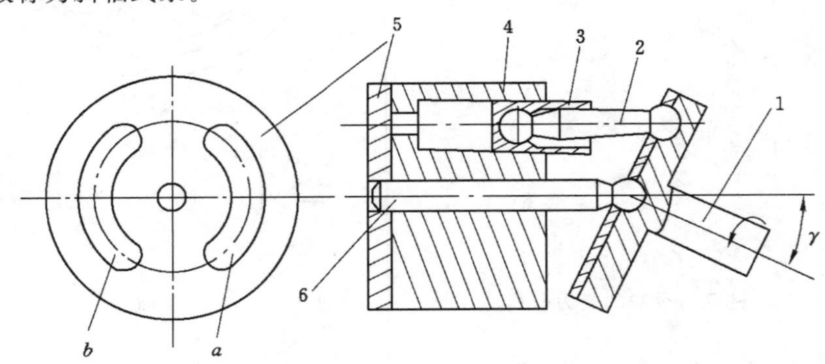

图 2-1-26 斜轴式轴向柱塞泵的工作原理

1——传动轴；2——连杆；3——柱塞；4——缸体；5——配油盘；6——中心轴

传动轴与缸体之间传递运动的连接件是一个两端为球头的连杆，依靠连杆的锥体部分与柱塞内壁的接触带动缸体旋转。配油盘 5 固定不动，中心轴 6 起支承缸体的作用。当传动轴沿图示方向旋转时，连杆就带动柱塞连同缸体一起转动，柱塞同时也在孔内做往复运动，使柱塞底部的密封腔容积不断发生增大和缩小的变化，通过配油盘 5 上的窗口 a 和 b 实现吸油和压油。

与斜盘泵相比较，斜轴式泵由于柱塞及缸体所受的径向作用力较小，故结构强度较高，因而允许的倾角 γ_{max} 较大，变量范围较大。一般斜盘式泵的最大斜盘角度为 20°左右，斜轴式泵的最大倾角可达 40°。但斜轴式泵是靠摆动缸体来改变倾角而实现变量的，因而体积较大。

目前，斜盘式和斜轴式轴向柱塞泵的应用都很广泛。

二、径向柱塞泵

（一）径向柱塞泵的工作原理

径向柱塞泵的工作原理如图 2-1-27 所示。它主要由定子 1、转子（缸体）2、柱塞 3、配油轴 4 等组成，柱塞沿径向均匀布置在转子中。转子和定子之间有一个偏心量 e。配油轴固定不动，上部和下部各做成一个缺口，此两缺口又分别通过所在部位的两个轴向孔与泵的吸、压油口连通。当转子按图示方向旋转时，上半周的柱塞在离心力作用下外伸，通过配油轴吸油；下半周的柱塞则受定子内表面的推压作用而缩回，通过配油轴压油。移动定子改变偏心距的大小，便可改变柱塞的行程，从而改变排量。若改变偏心距的方向，则可改变吸、压油的方向。因此，径向柱塞泵可以做成单向或双向变量泵。

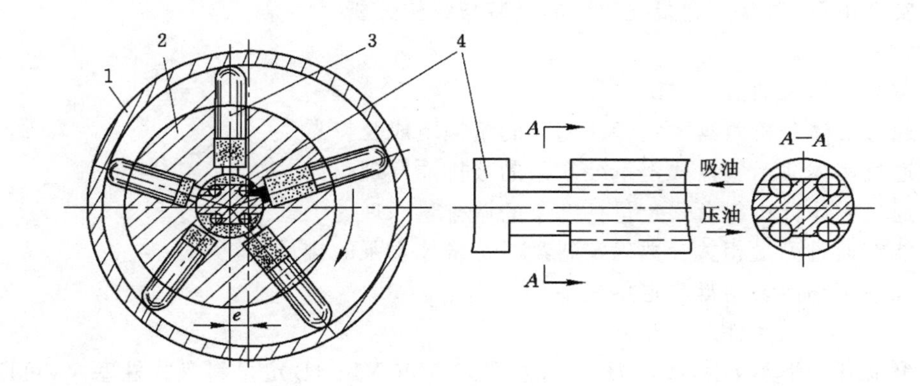

图 2-1-27　径向柱塞泵的工作原理

1——定子；2——转子；3——柱塞；4——配油轴

（二）径向柱塞泵的排量和流量

当转子和定子之间的偏心距为 e 时，则柱塞在缸孔中的行程为 $2e$。设柱塞个数为 z，直径为 d，则排量为

$$V=\frac{\pi}{2}d^2ez \tag{2-1-18}$$

柱塞泵的实际流量为

$$q=\frac{\pi}{2}d^2ezn\eta_V \tag{2-1-19}$$

径向柱塞泵的优点是流量大，工作压力较高，便于做成多排柱塞的形式，轴向尺寸小，工作可靠等。其缺点是径向尺寸大，自吸能力差，且配油轴受到径向不平衡液压力的作用，易于磨损，泄漏间隙不能补偿。这些缺点限制了泵的转速和压力的提高。

三、柱塞泵的特点

根据各种柱塞泵的结构与原理分析，柱塞泵具有以下特点：

(1) 构成密封容积的零件为圆柱形的柱塞和缸孔，加工方便，配合精度高，密封性能好，容积效率高。

(2) 泵主要零件处于受压状态，使材料强度性能得到充分利用，故柱塞泵常做成高压泵，最高可达 70 MPa。另外，柱塞在工作中主要承受轴向力，径向力较小，所以柱塞与缸孔配合表面磨损小而均匀，柱塞泵寿命长，噪声小。

(3) 柱塞泵的排量大，转速也高，可在 500～6 000 r/min 范围内工作，因此输出流量大。而且只要改变柱塞的工作行程就能改变泵的排量，易于实现单向或双向变量。

由于以上特点，柱塞泵多应用于高压大功率的液压系统中，如龙门刨床、拉床、液压机、起重机械以及煤矿采掘机械等设备的液压系统。

柱塞泵的缺点是结构较为复杂，有些零件对材料及加工工艺的要求较高，因而在各类容积式泵中，柱塞泵的价格最高。

任务实施

一、实训项目：斜盘式定量柱塞泵的拆装与结构分析

(一) 实训目的

(1) 掌握柱塞泵的拆装方法。

(2) 通过实体分析斜盘式定量柱塞泵的结构组成及特点。

(3) 通过实体演示斜盘式定量柱塞泵的吸排油原理。

(4) 通过实体分析斜盘式定量柱塞泵的调排量原理。

(5) 能够通过测量相关参数确定斜盘式定量柱塞泵的排量。

(6) 能够正确拆装斜盘式定量柱塞泵。

(二) 实训工具、元件及用品

内六角扳手，活动扳手，螺丝刀，各种量具，2.5MCY14-1B 定量斜盘式柱塞泵(可以是其他排量)，耐油橡胶板 1 块，油盆 1 个，润滑油。

(三) 实训步骤

(1) 用内六角扳手将后泵盖与泵体间的紧固螺钉对称拧松，用手将螺钉旋出缸体外，然后将螺丝刀伸入泵盖与泵体间缝隙中(不要伸入过多，以免破坏密封圈)撬松，卸下后泵盖，后泵盖端装有斜盘。

(2) 将柱塞拔出缸体，应特别注意柱塞是精密零件，柱塞朝天放在橡皮垫上，柱塞、滑靴的表面不要受损伤。此时依次可以取出压盘、铜球铰、定位套、弹簧。

(3) 将缸体慢慢从泵壳中滑出，并放在工作台上，用内六角扳手将前泵体与泵体间的紧固螺钉对称拧松，用手将螺钉旋出缸体外，取出配油盘，此时可清楚地看到配油盘上吸油口、排油口情况。

(4) 将拆下的零件对照装配图加以识别，观察并分析其工作过程与结构特点。

(5) 用测绘工具测量柱塞泵相关参数，计算排量。

(6) 按照相反顺序装配所拆卸柱塞泵。装配前要清洗各零件，配合表面要涂润滑油。

(7) 填写工作页中实训报告相关内容。

(四) 实训注意事项

(1) 预先准备好拆卸工具；

(2) 螺钉要对称卸松；

(3) 拆卸时应注意做好记号；

(4) 避免碰伤或损坏零件和轴承等；

(5) 紧固件应借助专用工具拆卸,不得任意敲打。

二、轴向柱塞泵使用与维护

根据表2-1-5分析轴向柱塞泵所在液压系统常见故障原因与排除方法。

表 2-1-5　　轴向柱塞泵的故障原因与排除方法

故障现象	产生原因	排除方法
流量不够	1. 油箱油面过低,油管及滤油器堵塞或阻力太大以及漏气等。 2. 泵壳内预先没有充满油,留有空气。 3. 泵中心弹簧折断,使柱塞回程不够或不能回程,引起缸体和配油盘之间失去密封性能。 4. 配油盘及缸体或柱塞与缸体之间磨损。 5. 对于变量泵有两种可能:如为低压,可能是油泵内部摩擦等原因,使变量机构不能达到极限位置造成偏角小所致;如为高压,可能是调整误差所致。 6. 油温太高或太低	1. 检查储油量并加油,排除油管堵塞,清洗滤油器,紧固螺纹连接件,排除漏气。 2. 排除泵内空气。 3. 更换中心弹簧。 4. 磨平配油盘与缸体的接触面,单缸研配,更换柱塞。 5. 低压时,使变量活塞及变量头活动自如;高压时,纠正调整误差。 6. 根据温升选用合适的油液
压力脉动	1. 配油盘与缸体或柱塞与缸体之间磨损,内泄或外漏过大。 2. 对于变量泵可能由于变量机构的偏角太小,使流量过小,内漏相对增大,因此,不能连续对外供油。 3. 伺服活塞与变量活塞运动不协调,出现偶尔或经常性的脉动。 4. 进油管堵塞,阻力大以及漏气	1. 磨平配油盘与缸体接触面,单缸研配,更换柱塞,紧固螺纹连接件,排除漏损。 2. 适当加大变量机构的偏角,排除内部漏损。 3. 偶尔脉动,多因油脏,可更换新油;经常脉动,可能是配合件研伤或蹩劲,应拆下修研。 4. 疏通进油管及清洗进口滤油器,紧固进油管段的螺纹连接件
噪声	1. 泵体内留有空气。 2. 油箱油面过低,吸油管堵塞或阻力大,以及漏气等。 3. 泵和电动机不同心,使泵和传动轴受径向力	1. 排除泵内的空气。 2. 按规定加足油液,疏通进油管,清洗滤油器,紧固进油管段的螺纹连接件。 3. 重新调整,使电动机与泵同心
发热	1. 内部漏损过大。 2. 运动件磨损	1. 修研各密封配合面。 2. 修复或更换磨损件
漏损	1. 轴承回转密封圈损坏。 2. 各接合处O形密封圈损坏。 3. 配油盘与缸体或柱塞与缸体之间磨损(会引起回油管外漏增加,也会引起高、低压腔之间内漏)。 4. 变量活塞或伺服活塞磨损	1. 检查密封圈及各密封环节,排除内漏。 2. 更换O形密封圈。 3. 磨平接触面,配研缸体,单配柱塞。 4. 严重时更换
变量机构失灵	1. 控制油道上的单向阀弹簧折断。 2. 变量头与变量壳体磨损。 3. 伺服活塞、变量活塞以及弹簧芯轴卡死。 4. 个别通油道堵塞	1. 更换弹簧。 2. 修刮配研两者的圆弧配合面。 3. 机械卡死时,用研磨的方法使各运动件灵活。 4. 排除油道堵塞,油脏时,更换新油

续表 2-1-5

故障现象	产生原因	排除方法
泵不能转动（卡死）	1. 柱塞与液压缸卡死(可能是油脏或油温变化引起的)。 2. 滑履脱落(可能是柱塞卡死,或带负载启动引起的)。 3. 柱塞球头折断(原因同上)	1. 油脏时更换新油;油温太低时,更换黏度较小的机械油。 2. 更换或重新装配滑履。 3. 更换零件

知识拓展

一、螺杆泵简介

螺杆泵是利用螺杆转动将液体沿轴向压送而进行工作的。螺杆泵内的螺杆可以有两根,也可以有三根。在液压传动中,使用最广泛的是具有良好密封性能的三螺杆泵。图2-1-28所示是三螺杆泵的结构图。在泵体内安装三根螺杆,中间的主动螺杆是右旋凸螺杆,两侧的从动螺杆是左旋凹螺杆。三根螺杆的外圆与泵体的对应弧面保持着良好的配合,螺杆的啮合线把主动螺杆和从动螺杆的螺旋槽分割成多个相互隔离的密封工作腔。随着螺杆的旋转,密封工作腔可以一个接一个地在左端形成,不断从左向右移动。主动螺杆每转一周,每个密封工作腔便移动一个导程。最左面的一个密封工作腔容积逐渐增大,因而吸油;最右面的容积逐渐缩小,则将油压出。螺杆直径愈大,螺旋槽愈深,泵的排量就愈大;螺杆愈长,吸油口和压油口之间的密封层次愈多,泵的额定压力就愈高。

螺杆泵结构简单紧凑,体积小,重量轻,运转平稳,输油量均匀,噪声小,寿命长,自吸能力强,允许采用高转速,容积效率较高(可达 0.95),对油液的污染不敏感。因此,螺杆泵在精密机床及设备中应用日趋广泛。螺杆泵的主要缺点是螺杆齿形复杂,加工较困难,不易保证精度。

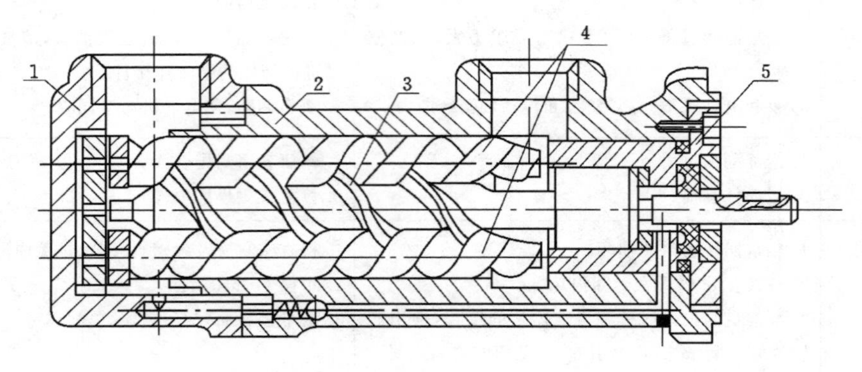

图 2-1-28 三螺杆泵

1——后盖;2——泵体;3——主动螺杆;4——从动螺杆;5——前盖

二、液压泵的选用

在设计液压系统时,应根据设备液压系统的工作情况和其所需要的压力、流量、工作稳定性等来确定泵的类型和具体规格。一般负载小、功率小的液压设备，可用齿轮泵或双作用式定量叶片泵；精度较高的中、小功率的液压设备，可用螺杆泵或双作用式定量叶片泵；负载较大并有快速和慢速工作行程的液压设备（如组合机床等），可选用限压式变量叶片泵；负载大、功率大的液压设备（龙门刨床、拉床、液压压力机等），可选用径向柱塞泵或轴向柱塞泵；机械设备辅助装置的液压系统，如送料、定位、夹紧、转位等装置，可选用造价较低的齿轮泵。

为比较前述各类液压泵的性能，有利于选用，将它们的主要性能及应用场合列于表 2-1-6。

表 2-1-6　　各类液压泵的性能比较及应用

类型 项目	外啮合齿轮泵	螺杆泵	双作用叶片泵	限压式变量叶片泵	柱塞泵	
					轴向式	径向式
输出压力	低压	低压	中压	中压	高压	高压
流量调节	不能	能	不能	能	能	能
效率	低	较高	较高	较高	高	高
输出流量脉动	很大	最小	很小	一般	一般	一般
自吸能力	好	好	较差	较差	差	差
对油液污染敏感性	不敏感	不敏感	较敏感	较敏感	很敏感	很敏感
噪声	大	最小	小	较大	大	大
应用范围	机床、工程机械、农机、航空、一般机械	精密机床、精密机械、食品、化工、石油、纺织等机械	机床、注塑机、液压机、起重运输机械、工程机械、飞机	机床、注塑机	工程机械、锻压机械、起重运输机械、矿山机械、冶金机械、船舶、飞机	机床、液压机、船舶

思考与练习

1. 液压泵的工作压力取决于什么？泵的工作压力与额定压力有何区别？

2. 如何计算液压泵的输出功率和输入功率？液压泵在工作的过程中会产生哪两方面的能量损失？产生损失的原因何在？

3. 齿轮泵压力的提高主要受哪些因素的影响？可以采取哪些措施来提高齿轮泵的压力？

4. 说明叶片泵的工作原理。双作用叶片泵和单作用叶片泵各有什么优缺点？

5. 限压式变量叶片泵的限定压力和最大流量如何调节？调节时，泵的流量压力特性曲线将如何变化？

6. 为什么轴向柱塞泵适用于高压？

7. 各类液压泵中，哪些能实现单向变量或双向变量？画出定量泵和变量泵的符号。

8. 某液压泵的输出油压 $p=10$ MPa，转速 $n=1\ 450$ r/min，排量 $V=100$ mL/r，容积效

率 $\eta_V=0.95$，总效率 $\eta=0.9$。求泵的输出功率和电动机的驱动功率。

9. 某变量叶片泵的转子外径 $d=83$ mm，定子内径 $D=89$ mm，叶片宽度 $b=30$ mm。

(1) 当泵的排量 $V=16$ mL/r 时，求定子与转子间的偏心量。

(2) 泵的最大排量是多少？

10. 某轴向柱塞泵的斜盘倾角 $\gamma=22.5°$，柱塞直径 $d=22$ mm，柱塞分布圆直径 $D=68$ mm，柱塞数 $z=7$。若容积效率 $\eta_V=0.98$，机械效率 $\eta_m=0.9$，转速 $n=960$ r/min，输出压力 $p=10$ MPa，试求泵的理论流量、实际流量和输入功率。

11. 某液压泵在转速为 950 r/ min 时的理论流量为 160 L/ min，在压力 29.5 MPa 和同样的转速下测得的实际流量为 150 L/min，总效率为 0.87。求：

(1) 泵的容积效率；

(2) 泵在上述工况下所需的电动机功率；

(3) 泵在上述工况下的机械效率；

(4) 驱动此泵需多大转矩。

任务二　液压执行元件

任务概述

一、任务描述

液压传动系统中，液压执行元件是把通过回路输入的液压能转变成机械能输出的装置。液压执行元件有液压马达和液压缸两种类型。

二、任务要求

(1) 知识要求：掌握液压马达和液压缸的工作原理和结构组成；掌握液压马达和液压缸的性能参数及相关计算。

(2) 能力要求：能够计算液压马达和液压缸的相关参数；熟悉各种液压马达的使用场合；熟悉单杆活塞式与双杆活塞式液压缸的使用场合；熟悉低速大扭矩马达的结构特点；能够分析液压马达与液压缸的简单故障。

子任务1　液压马达

相关知识

液压马达是将液体的压力能转换为旋转运动机械能的液压执行元件。液压马达和液压泵同样是能量转换装置，但液压泵是在原动机驱动下旋转，输入转矩和转速(即机械能)，输出一定流量的压力油(即液压能)；而液压马达则相反，是在一定流量的压力油推动下旋转，即将液压能转换成机械能。图2-2-1所示为泵和马达的能量转换关系。

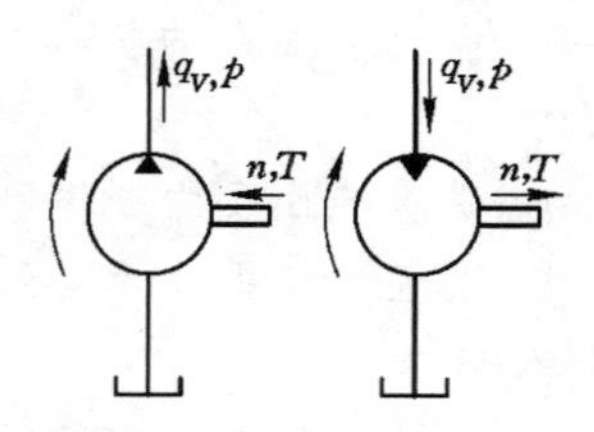

图 2-2-1　泵和马达的能量转换关系

从原理上讲，液压泵和液压马达可互换使用，这叫作液压泵和液压马达的可逆性。但事实上，由于使用目的不一样，对结构的要求有某些差异。例如：

(1) 液压泵的吸油腔压力一般为局部真空，为改善吸油性能和增加抗气蚀能力，通常把吸油口做得比排油口大；液压马达的排油腔压力一般高于大气压力，所以没有上述要求。

(2) 液压马达一般需要正反转，所以内部结构应具有对称性；液压泵一般是单方向旋转，可不考虑上述要求。如叶片马达的叶片要径向布置，而不能向叶片泵那样前倾或后倾。

(3) 液压马达的转速范围要求很宽，变化大，最低稳定转速很低，低转速下必须选择合适的轴承；液压泵的转速高且变化小，没有这个要求。

(4) 要求液压马达有较大的启动扭矩，以便从静止状态带负荷启动；液压泵无此要求。

(5) 液压泵在结构上必须保证有自吸能力；液压马达没有这个要求。

由于上述原因，很多同类型的泵和马达不能互逆使用。

一、液压马达的分类及性能参数

（一）液压马达的分类

液压马达按其额定转速的大小可分为高速液压马达和低速液压马达两类。额定转速高于 500 r/min 的属于高速液压马达；额定转速低于 500 r/min 的属于低速液压马达。

按照排量可否调节，液压马达可分为定量马达和变量马达两大类。变量马达又可分为单向变量马达和双向变量马达。几种典型符号如图 2-2-2 所示。

另外，还有输出是往复摆动的马达，称为摆动液压马达。

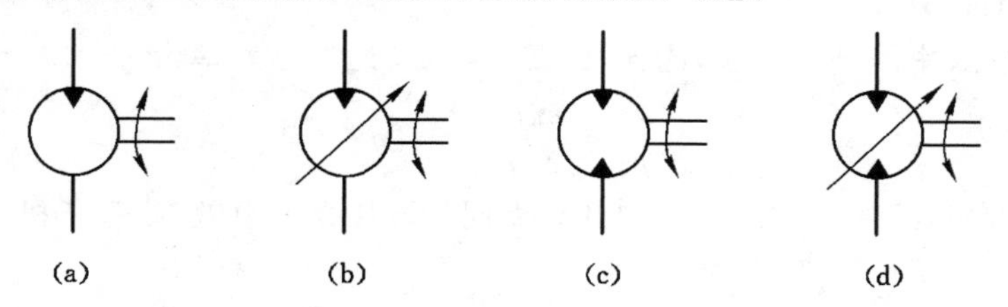

图 2-2-2　液压马达图形符号

(a) 单向定量液压马达；(b) 单向变量液压马达；(c) 双向定量液压马达；(d) 双向变量液压马达

（二）液压马达的性能参数

在液压马达的各项性能参数中，压力、排量、流量等参数与液压泵同类参数有相似的含义，其差别在于：在泵中它们是输出参数，在马达中则是输入参数。

1. 液压马达的容积效率和转速

因为液压马达存在泄漏，输入马达的实际流量 q_V 必然大于理论流量 q_{Vt}，故液压马达的容积效率为

$$\eta_V = \frac{q_{Vt}}{q_V} \tag{2-2-1}$$

将 $q_{Vt} = Vn$ 代入式(2-2-1)，可得液压马达的转速公式为

$$n = \frac{q_V}{V}\eta_V \tag{2-2-2}$$

衡量液压马达转速性能的一个重要指标是最低稳定转速，它是指液压马达在额定负载下不出现爬行(抖动或时转时停)现象的最低转速。液压马达的结构形式不同，最低稳定转

速也不同。实际工作中，一般都希望最低稳定转速越小越好，这样就可以扩大马达的变速范围。

2. 液压马达的机械效率和转矩

因为液压马达工作时存在摩擦，它的实际输出转矩 T 必然小于理论转矩 T_t，故液压马达的机械效率为

$$\eta_m = \frac{T}{T_t} \tag{2-2-3}$$

设马达进、出口间的工作压差为 Δp，则马达的理论功率（当忽略能量损失时）表达式为：

$$P_t = T_t\omega = \frac{2\pi n T_t}{60} = \frac{\Delta p q_{Vt}}{60} = \frac{\Delta p V n}{60} \tag{2-2-4}$$

因而有

$$T_t = \frac{\Delta p V}{2\pi} \tag{2-2-5}$$

将式(2-2-5)代入式(2-2-3)，可得液压马达的输出转矩公式为

$$T = \frac{\Delta p V}{2\pi}\eta_m \tag{2-2-6}$$

3. 液压马达的总效率

根据液压泵总效率的推导方法，同样可得到液压马达的总效率为

$$\eta = \frac{p_o}{p_i} = \frac{2\pi n T}{\Delta p q_V} = \eta_V \eta_m \tag{2-2-7}$$

由上式也可看出，液压马达总效率的计算类同于液压泵的总效率，等于机械效率和容积效率的乘积。

二、高速小转矩液压马达

高速液压马达的基本形式有齿轮式、叶片式、轴向柱塞式、螺杆式等，它们的主要特点是转速高，转动惯量小，便于启动和制动，调速和换向灵敏，通常输出的扭矩不大（仅几十牛·米到几百牛·米），所以又称为高速小扭矩液压马达。

（一）齿轮马达工作原理

图 2-2-3 所示为齿轮式液压马达，壳体中有一对啮合的齿轮，如果压力油进入齿轮马达，则轮齿上就要受到油压的作用。图中 A 为啮合点，齿轮 O_1 的齿廓面Ⅰ、Ⅱ上受到的液压力是对称的，所以对中心 O_1 产生的扭矩大小相等、方向相反，齿轮不会旋转。齿廓面 AB 上受到的液压力则不同，此力将对中心 O_1 产生逆时针方向的扭矩。齿轮 O_2 的齿廓面Ⅲ、Ⅳ上液压力对称，齿面 AC、DE 上液压力也对称，只有 EF 部分上的液压力对中心 O_2 产生顺时针方向的扭矩。如果齿轮 O_1 与输出轴相连，则油压在齿轮 O_2 上产生的扭矩将通过啮合点 A 而传递到 O_1 上。所以，输出轴上的转矩是两个齿轮上的转矩之和。

（二）双作用叶片马达的工作原理

如图 2-2-4 所示，当压力油进入压油腔后，在叶片 1、3、5、7 上，其一面为压力油，另一面为无压力油。由于叶片 1、5 的受力面积小于叶片 3、7，由叶片受力差构成的力矩推动转子和叶片逆时针方向旋转。

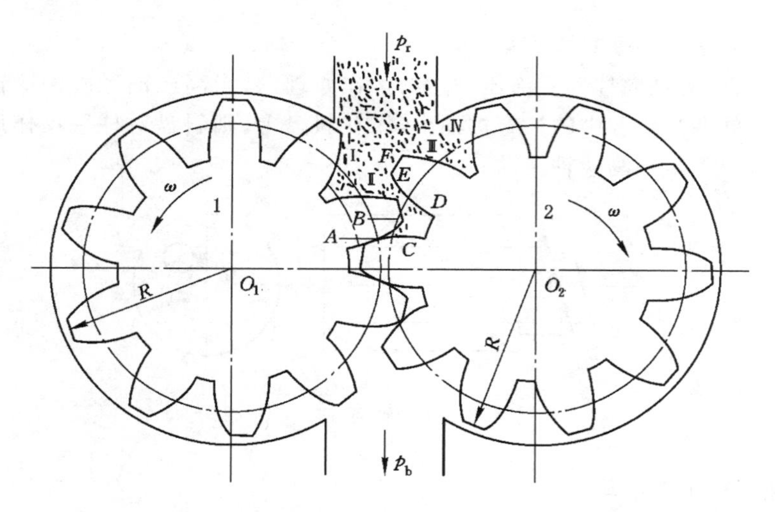

图 2-2-3　齿轮马达的工作原理

图 2-2-5 所示为叶片式液压马达的结构。为使液压马达正常工作，叶片式马达与叶片泵在结构上主要有以下区别：① 叶片槽是径向设置的，这是因为液压马达有双向旋转的要求。② 叶片的底部有蝶形弹簧，以保证在初始条件下叶片贴紧定子内表面，形成密封容积。③ 泵的壳体内有两个单向阀，进、回油腔的油经单向阀后才能进入叶片底部。如图 2-2-5 所示，不论Ⅰ、Ⅱ腔哪个为高压腔，压力油均能进入叶片底部，使叶片与定子内表面压紧。

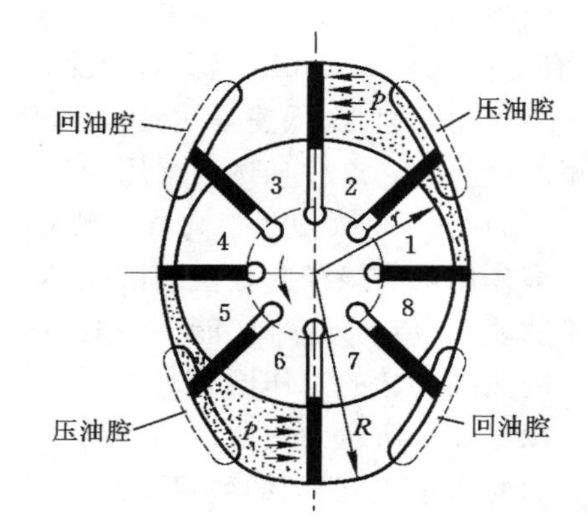

图 2-2-4　双作用叶片马达

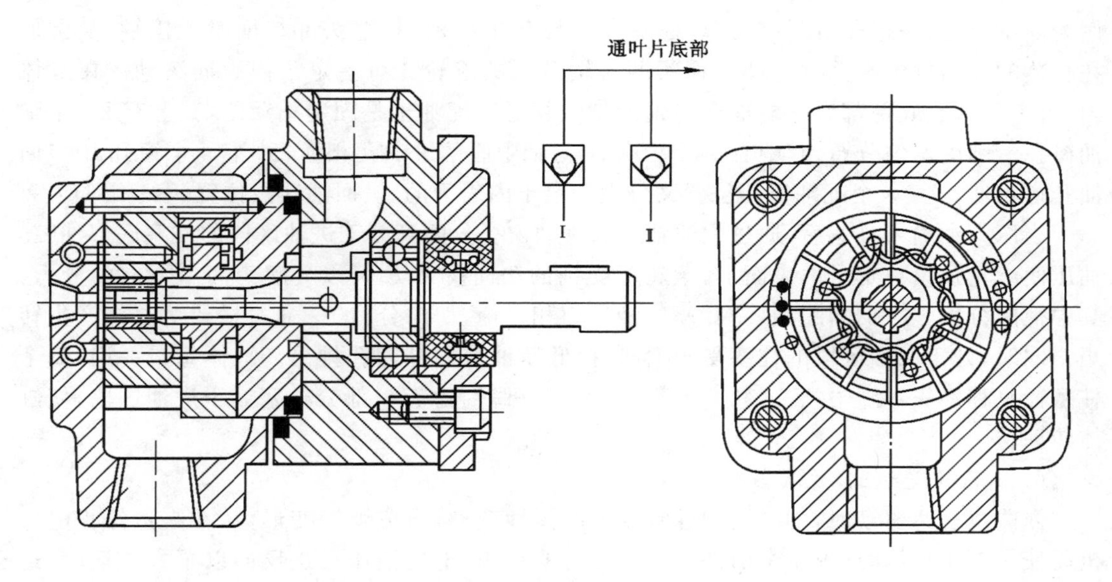

图 2-2-5　叶片式液压马达的结构

（三）轴向柱塞马达的工作原理

图 2-2-6 所示为轴向柱塞式液压马达的工作原理图，当高压油经配油盘窗口进入回转体的柱塞孔时，处在高压腔中的柱塞被顶出，压在斜盘上，则斜盘对柱塞反作用力的分力对回转缸体产生转矩，带动马达轴转动。

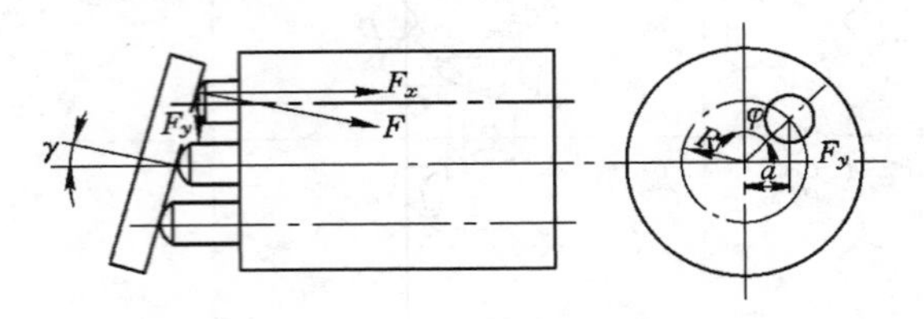

图 2-2-6　轴向柱塞马达

三、低速大转矩液压马达

低速液压马达的基本形式是径向柱塞式，通常分为两种类型，即单作用曲轴型和多作用内曲线型。低速马达的主要特点是排量大、低速稳定性好（一般可在 10 r/min 以下平稳运转，有的可达 0.5 r/min 以下），因此，可以直接与工作机构连接，不需要减速装置，使传动机构大为简化。通常，低速马达的输出转矩较大（可达数千至数万牛·米），所以又称为低速大转矩液压马达。这种马达广泛用于工程、运输、建筑、矿山和船舶等机械上。

（一）多作用内曲线径向柱塞液压马达的工作原理

多作用内曲线径向柱塞式液压马达，简称内曲线马达，它具有尺寸较小、径向受力平衡、转矩脉动小、传动效率高、能在很低转速下稳定工作等优点，因此获得了广泛的应用。下面说明内曲线马达的工作原理。

图 2-2-7 所示为内曲线马达的工作原理图。定子 1 的内表面由 x 段形状相同且均匀分布的曲面组成，曲面的数目 x 就是马达的作用次数（本例 $x=6$）。每一曲面的凹部的顶点处分为对称的两半，一半为进油区段（即工作区段），另一半为回油区段。缸体 2 有 z 个（本例为 8 个）径向柱塞孔沿圆周均布，柱塞孔中装有柱塞 3。柱塞头部与横梁 4 接触，横梁可在缸体的径向槽中滑动。安装在横梁两端轴颈上的滚轮 5 可沿定子内表面滚动。在缸体内，每个柱塞孔底部都有一配油孔与配油轴 6 相通。配油轴是固定不动的，其上有 $2x$ 个配油窗孔沿圆周均匀分布，其中有 x 个窗孔 A 与轴中心的进油孔相通，另外 x 个窗孔 B 与回油孔道相通，这 $2x$ 个配油窗孔位置又分别和定子内表面的进、回油区段位置一一相对应。

当压力油输入马达后，通过配油轴上的进油窗孔分配到处于进油区段的柱塞底部油腔。油压使滚轮顶紧在定子内表面上，滚轮所受到的法向反力 F 可以分解为两个方向的分力，其中径向分力 F_r 和作用在柱塞后端的液压力相平衡，切向分力 F_τ 通过横梁对缸体产生转矩。同时，处于回油区段的柱塞受压缩回，把低压油从回油窗孔排出。缸体每转一周，每个柱塞往复移动 x 次。由于 x 和 z 不等，所以任一瞬时总有一部分柱塞处于进油区段，使缸体转动。

（二）液压马达的“反转敲缸”

内曲线马达驱动时，如牵引构件有较大的弹性变形，形成弹性变形力，在突然停止电动机而使泵停止供油时，由于牵引件弹性变形力的作用，迫使液压马达反向以泵方式运转，这时出现滚轮撞击导轨产生强烈噪声，直到弹性变形能全部释放。严重时会撞坏工作滚轮，损

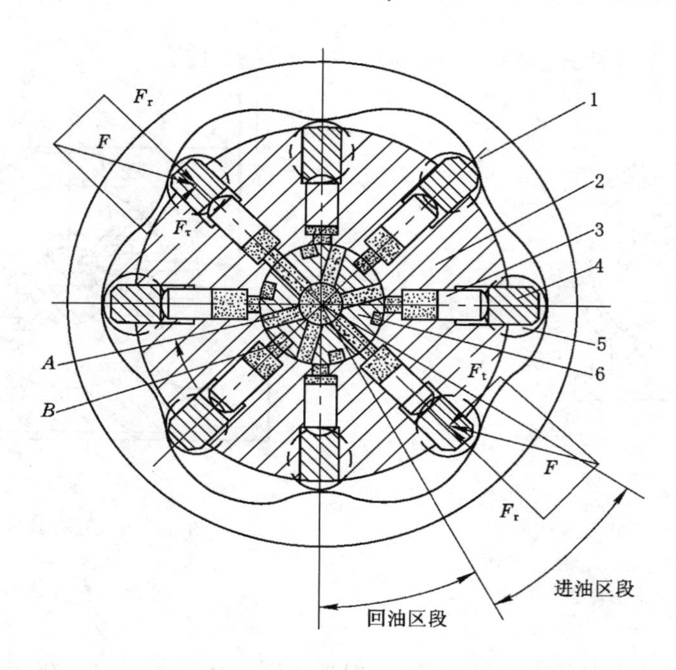

图 2-2-7　内曲线马达的工作原理

1——定子；2——缸体；3——柱塞；4——横梁；5——滚轮；6——配油轴

坏导轨，使整个液压马达严重擦伤而报废，这种现象俗称“反转敲缸”。

理论分析表明，敲缸的外部原因是牵引机构内的弹性变形能引起的马达反转，而内部原因是系统的泄漏和回空柱塞没有油液补充而造成脱轨，所以必须加强制动作用和采取必要的液压回路，以防止反转敲缸。

四、摆动液压马达

摆动液压马达又称摆动液压缸，它是实现往复摆动的执行元件，输入为一定压力和流量的液压油，输出为轴的转矩和角速度。摆动液压马达的结构比连续旋转的液压马达结构简单，以叶片式摆动液压马达应用较多。

叶片式摆动液压马达有单叶片式和双叶片式两种。图 2-2-8(a)所示为单叶片式摆动液压马达原理；图 2-2-8(b)所示为摆动液压马达的图形符号。摆动液压马达的轴 3 上装有叶片 4，叶片和封油隔板 2 将缸体 1 内的密封空间分为两腔。当缸的一个油口接通压力油，而另一油口接通回油时，叶片在油压作用下往一个方向摆动，带动轴偏转一定的角度(小于 360°)。当进、回油的方向改变时，叶片就带动轴往相反的方向偏转。

若 p_1为进口压力、p_2为出口压力、q_V 为输入流量、D 为缸体内径、d 为摆动轴直径、b 为叶片宽度、η_m为摆动缸机械效率、η_V 为摆动缸容积效率，则单叶片式摆动液压马达的输出转矩 T 和角速度 ω 分别为

$$T=\frac{b}{8}(D^2-d^2)(p_1-p_2)\eta_m \qquad (2\text{-}2\text{-}8)$$

$$\omega=\frac{8q_V\eta_V}{b(D^2-d^2)} \qquad (2\text{-}2\text{-}9)$$

图 2-2-9 所示为双叶片式摆动缸，它的理论输出转矩是单叶片式的 2 倍，在同等输入流

量下的角速度则是单叶片式的一半。摆动角一般不超过 150°。

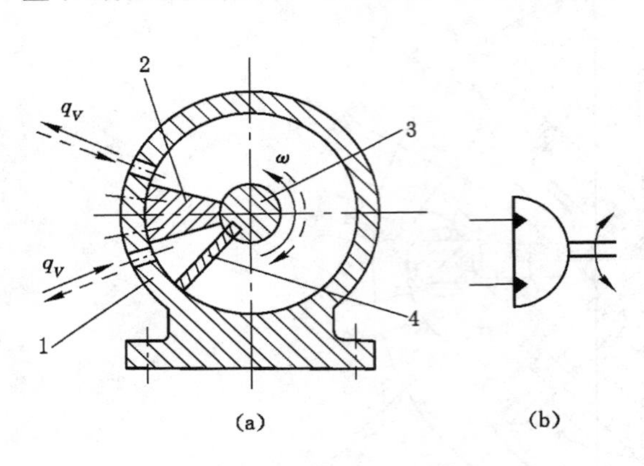

图 2-2-8 摆动液压马达

(a) 结构原理；(b) 图形符号

1——缸体；2——封油隔板；3——轴；4——叶片

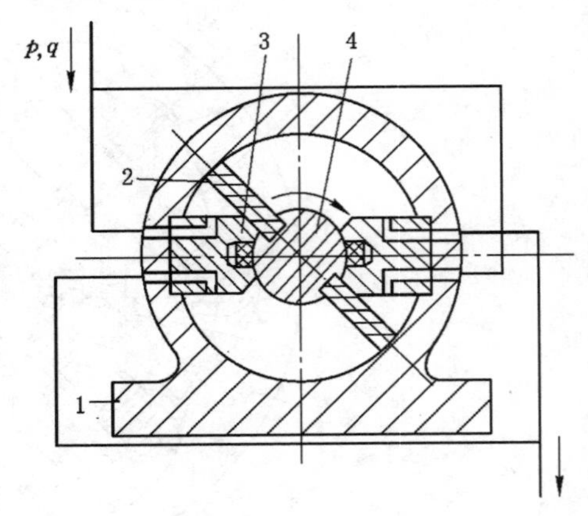

图 2-2-9 双叶片式摆动缸

1——缸体；2——叶片；

3——定位块；4——叶片轴

摆动式液压缸的主要特点是结构紧凑，但加工制造比较复杂。在机床上，可用于回转夹具、送料装置、间歇进刀机构等；在液压挖掘机、装载机上，可用于铲斗的回转机构。

总之，摆动液压马达结构紧凑，输出转矩大，但密封较困难，一般只用于中低压系统。随着结构和工艺的改进，以及密封材料的改善，其应用范围已扩大到中高压系统。

任务实施

一、实训项目：观察与分析液压马达的结构与工作过程

(1) 根据仿真实训装置上配套的液压马达，分析液压马达的结构。

(2) 通过连接简单液压回路，启动运行，分析其性能参数。

(3) 填写工作页中实训报告相关内容。

二、液压马达使用与维护

(1) 根据表 2-2-1 分析叶片式液压马达常见故障的原因与排除方法。

表 2-2-1 叶片式液压马达常见故障的原因与排除方法

故障现象	产生原因	排除方法
转速低，输出功率不足	1. 泵供油量不足，可能是电动机转速不对；吸油口过滤网阻塞；系统中空气侵入；油液黏度大。	1. 参见泵流量不够的排除方法。
	2. 泵输入马达的压力不足，可能是泵效率不足；溢流阀调节系统失灵；液压系统管道过长，通道过小；油液稀薄，内部泄漏量过大。	2. 排除泵故障；检查溢流阀，排除其故障；调整管道长度及孔径；更换黏度大的油液。
	3. 马达接合面泄漏。	3. 参见本表下述外部泄漏的排除方法。
	4. 马达内部泄漏。	4. 参见本表下述内部泄漏的排除方法。
	5. 推配油盘的弹簧疲劳。	5. 更换支承弹簧。
	6. 单向阀座密封失灵或钢球卡住	6. 排除阀和钢球的故障

续表 2-2-1

故障现象	产生原因	排除方法
工作噪声	1. 进油中污物阻塞。 2. 进油管连接处漏气。 3. 油液不清洁和气泡混入。 4. 联轴器与带轮不同心及外来振动。 5. 油液黏度大,油泵吸不上油。 6. 叶片磨损。 7. 定子磨损。 8. 扭力弹簧过软或断裂,弹簧过硬,加快定子磨损。 9. 叶片和定子接触不良	1. 排除污物。 2. 拧紧接头。 3. 拧紧连接接头,更换清洁油液。 4. 校正同心度,排除外来振动。 5. 更换黏度小的油液。 6. 根据磨损程度,修复或更换叶片。 7. 根据磨损程度,修复或更换定子。 8. 更换适当的扭力弹簧。 9. 修复接触面
外部泄漏	1. 输出轴端密封圈磨损。 2. 盖板处密封圈断裂。 3. 接合面处尚未可靠拧紧。 4. 管塞拧得不紧	1. 更换密封圈。 2. 更换密封圈。 3. 拧紧螺钉。 4. 拧紧管塞
内部泄漏	1. 配油盘有故障。 2. 轴向间隙过大	1. 检查修正配油盘的接触面。 2. 调整轴向间隙

(2) 轴向柱塞液压马达常见故障的原因与排除方法见表 2-2-2。

表 2-2-2 轴向柱塞液压马达常见故障的原因与排除方法

故障现象	产生原因	排除方法
转速低,转矩小	1. 泵供油量不足。 2. 泵输入的油压不足,可能是:系统管道长,通道小;油温升高,黏度降低,内部泄漏增加。 3. 马达各接合面严重泄漏。 4. 马达内部零件磨损,内部泄漏严重	1. 参见泵流量不够故障排除。 2. 尽量缩短管道,减小弯角和折角,适当增加通道截面积;更换黏度较大的油液。 3. 紧固各接合面的螺钉。 4. 修配或更换磨损件
噪声大	1. 泵进油处的滤油器被污物堵塞。 2. 密封不严,有空气侵入。 3. 油液不清洁。 4. 联轴器碰擦或不同心。 5. 油液黏度过大。 6. 马达活塞磨损变小,配合间隙变大。 7. 外界振动的影响	1. 清洗滤油器。 2. 紧固各连接处。 3. 更换清洁的油液。 4. 校正同心度并避免碰擦。 5. 更换油液。 6. 研磨转子孔,单配活塞。 7. 隔绝外界振动
外部泄漏	1. 传动轴端的密封圈磨损。 2. 各接合面及管接头的螺钉或螺母未拧紧。 3. 管塞未旋紧	1. 更换密封圈。 2. 拧紧各接合面的螺钉及管接头的螺母。 3. 旋紧管塞
内部泄漏	1. 弹簧疲劳,转子和配油盘端面磨损而使轴向间隙过大。 2. 柱塞外圆与转子孔磨损	1. 更换弹簧,修磨转子和配油盘端面。 2. 研磨转子孔,单配柱塞

三、各类液压马达的选用

各类液压马达为保证正常、高效工作，必须按照实际工况条件进行合理选用。表 2-2-3 所列为各类液压马达的应用范围。

表 2-2-3　　各类液压马达的应用范围

类型			适用工况	应用实例
高速小扭矩马达	齿轮马达	外啮合	适用于高速小扭矩、速度平稳性要求不高、对噪声限制不大的场合	钻床、风扇、工程机械、农业机械、林业机械的回传机构液压系统
		内啮合	适合于高速小扭矩、对噪声限制大的场合	
	叶片马达		适用于扭矩不大、噪声要小、调速范围宽的场合；低速平稳性好，可作伺服马达	磨床回转工作台、机床操纵机构、自动线及伺服机构的液压系统
	轴向柱塞马达		适用于负载速度大、有变速要求或中高速小扭矩的场合	起重机、绞车、铲车、内燃机车、数控机床等的液压系统
低速大扭矩马达	径向马达	曲轴连杆式	适用于低速大扭矩的场合，启动性较差	塑料机械、行走机械、挖掘机、拖拉机、起重机、采煤机牵引部件等的液压系统
		内曲线式	适用于低速大扭矩、速度范围较宽、启动性好的场合	
		摆缸式	适用于低速大扭矩的场合	
中速中扭矩马达	双斜盘轴向柱塞马达		低速性能好，可作伺服马达	适用范围广，但不宜在快速性要求严格的控制系统中使用
	摆线马达		用于中低负载速度、体积要求小的场合	塑料机械、煤矿机械、挖掘机、行走机械等的液压系统

子任务二　液　压　缸

液压缸和液压马达一样，也是液压系统的执行元件。液压缸将液体的压力能转换为机械能，用于驱动工作机构做往复直线运动。

液压缸的种类繁多，分类方法也有多种。按液压缸的作用方式不同，可分为单作用液压缸和双作用液压缸。单作用液压缸指单一方向的运动靠液压力实现，而回程则是由重力、弹簧力或其他力的作用实现，而双作用液压缸是双向运动均靠液压力实现。液压缸按结构不同分为活塞式、柱塞式和组合式三大类。图 2-2-10 所示为几种液压缸的原理简图。

一、液压缸的性能及参数

影响液压缸性能的主要参数是压力 p、流量 q_V、推力 F 和速度 v，也就是液压缸输入的液压参数和输出的机械参数。

（一）活塞式液压缸

活塞式液压缸可分为单杆式和双杆式两种结构。其固定方式可以是缸体固定也可以是活塞杆固定。

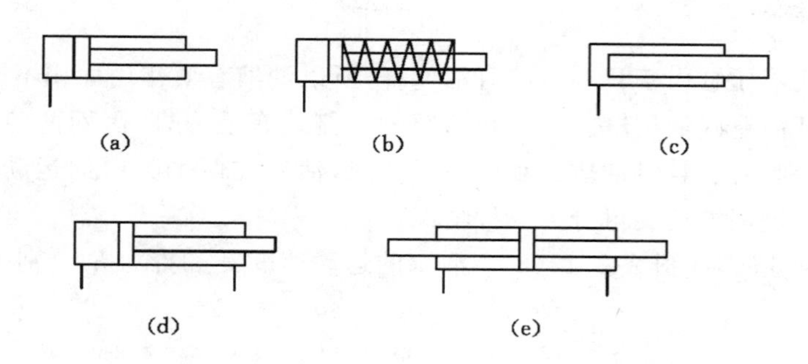

图 2-2-10　几种液压缸的原理简图

(a) 单作用活塞式；(b) 弹簧复位式；(c) 柱塞式；(d) 单杆活塞式；(e) 双杆活塞式

1. 双杆活塞式液压缸

图 2-2-11 所示为双杆活塞式液压缸的原理图。由于双杆活塞缸两端的活塞杆直径通常是相等的，因此它左、右两腔的有效作用面积也相等。当分别向左、右腔输入相同流量油液时，液压缸左、右两个方向的推力和速度相等。当活塞的直径为 D，活塞杆的直径为 d，液压缸进、出油腔的压力为 p_1 和 p_2，输入流量为 q_V 时，双杆活塞缸的推力 F 和速度 v 为

$$v=\frac{q_V}{A}=\frac{4q_V}{\pi(D^2-d^2)} \tag{2-2-10}$$

$$F=(p_1-p_2)A=\frac{\pi}{4}(D^2-d^2)(p_1-p_2) \tag{2-2-11}$$

图 2-2-11(a)所示为缸体固定式结构，缸的左腔进油，推动活塞向右移动，右腔则回油；反之，活塞向左移动。这种液压缸上某一点的运动等于活塞有效行程的 3 倍，一般用于中小型设备。图 2-2-11(b)所示为活塞杆固定式结构，缸的左腔进油，推动缸体向左移动，右腔回油；反之，缸体向右移动。这种液压缸上某一点的运动行程约等于缸体有效行程的 2 倍，常用于大中型设备中。

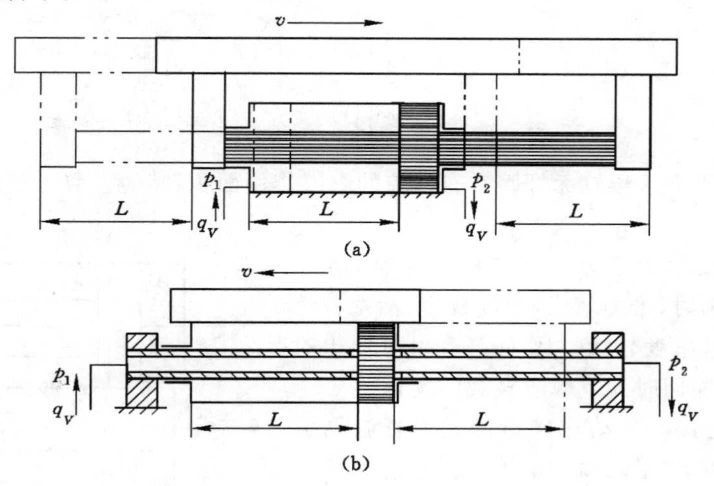

图 2-2-11　双杆活塞式液压缸

(a) 缸体固定；(b) 活塞杆固定

2. 单杆活塞式液压缸

单杆活塞式液压缸由于只有一腔有活塞杆，所以油液有效作用面积不同。图 2-2-12 所示为双作用单杆活塞式液压缸。它只在活塞的一侧装有活塞杆，因而两腔有效作用面积不同，当向两腔分别供油，且供油压力和流量不变时，活塞在两个方向的运动速度和输出推力皆不相等。根据进回油情况可分为三种情况。

(1) 无杆腔进油时[图 2-2-12(a)]，活塞的运动速度 v 和推力 F 分别为

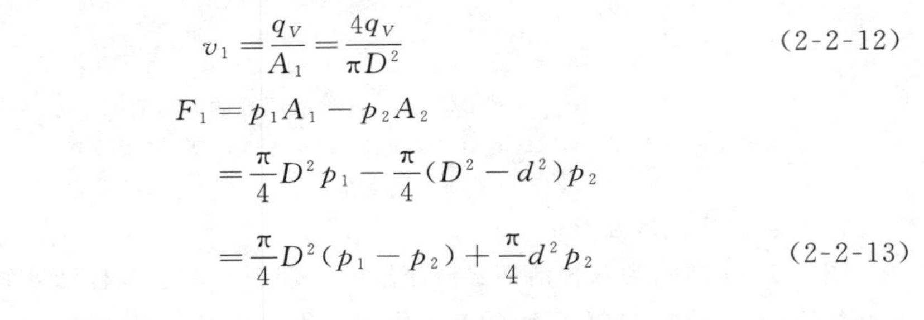

$$v_1=\frac{q_V}{A_1}=\frac{4q_V}{\pi D^2} \tag{2-2-12}$$

$$\begin{aligned}F_1&=p_1A_1-p_2A_2\\&=\frac{\pi}{4}D^2p_1-\frac{\pi}{4}(D^2-d^2)p_2\\&=\frac{\pi}{4}D^2(p_1-p_2)+\frac{\pi}{4}d^2p_2\end{aligned} \tag{2-2-13}$$

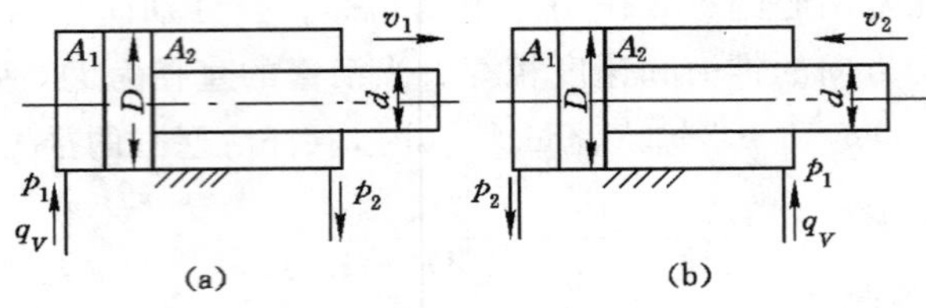

图 2-2-12　单杆活塞式液压缸

(a) 无杆腔进油；(b) 有杆腔进油

(2) 有杆腔进油时[图 2-2-12(b)]，活塞的运动速度和推力分别为

$$v_2=\frac{q_V}{A_2}=\frac{4q_V}{\pi(D^2-d^2)} \tag{2-2-14}$$

$$\begin{aligned}F_2&=p_1A_2-p_2A_1\\&=\frac{\pi}{4}(D^2-d^2)p_1-\frac{\pi}{4}D^2p_2\\&=\frac{\pi}{4}D^2(p_1-p_2)-\frac{\pi}{4}d^2p_1\end{aligned} \tag{2-2-15}$$

式中，A_1、A_2分别为液压缸无杆腔和有杆腔的有效作用面积；其他参数与双杆活塞式液压缸相同。

比较上述各式，由于 $A_1>A_2$，故 $v_1<v_2$，$F_1>F_2$。活塞杆伸出时，推力较大，速度较小；活塞杆缩回时，推力较小，速度较大。因而它适用于伸出时承受工作载荷、缩回时为空载或轻载的场合。

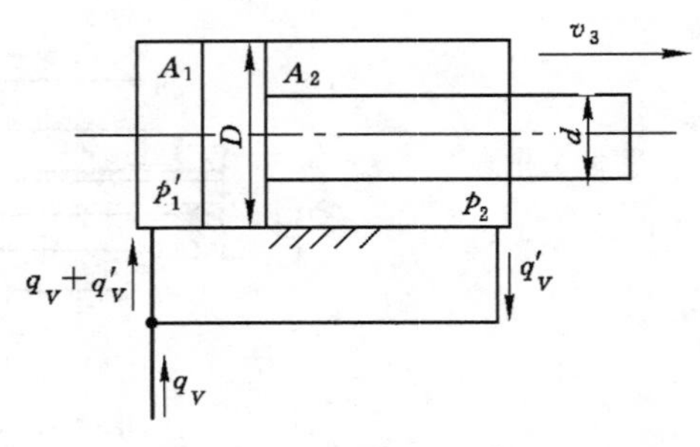

图 2-2-13　差动连接液压缸

(3) 差动连接。差动连接指的是单杆缸两腔同时通入压力油，如图 2-2-13 所示。在忽略两腔连通油路压力损失的情况下，两腔的油液压力相等。但由于无杆腔受力面积大于有杆腔，活塞向右

的作用力大于向左的作用力，活塞做伸出运动，并将有杆腔的油液挤出，流进无杆腔，加快活塞杆的伸出速度。差动连接时，有杆腔排出油液流量为

$$q'_V = v_3 A_2$$

q'_V 进入无杆腔后，则有

$$v_3 A_1 = q_V + v_3 A_2$$

故无杆腔的伸出速度 v_3 为

$$v_3 = \frac{q_V}{A_1 - A_2} = \frac{4q_V}{\pi d^2} \tag{2-2-16}$$

若要使活塞往返速度相等，即 $v_3 = v_2$，则 $D = \sqrt{2}d$。

差动连接时，$p_1 \approx p_2$，活塞推力 F_3 为

$$F_3 = p_1 A_1 - p_2 A_2 \approx \frac{\pi}{4}D^2 p_1 - \frac{\pi}{4}(D^2 - d^2)p_1 = \frac{\pi}{4}d^2 p_1 \tag{2-2-17}$$

由式(2-2-16)和式(2-2-17)可知，差动连接实际起作用的有效面积是活塞杆的横截面积，与非差动连接无杆腔进油工况相比，在输入油液压力和流量相同的情况下，活塞杆伸出速度较大，而推力较小。实际应用中，液压系统常通过控制阀来改变单杆缸的油路连接，使其有不同的工作方式，从而获得快进(差动连接)—工进(无杆腔进油)—快退(有杆腔进油)的工作循环。差动连接是在不增加液压系统流量的前提下实现快速运动的有效办法，它被广泛应用于组合机床的液压动力滑台和各类专用机床中。

（二）柱塞式液压缸

柱塞式液压缸如图 2-2-14 所示，其主要由柱塞 1、缸筒 2、工作台 3 组成。图 2-2-14(a)所示是一种单作用式液压缸。其柱塞 1 和缸筒 2 不直接接触，运动时由缸盖上的导向套来导向，因此缸筒内壁只需要粗加工，而柱塞为外圆表面，容易加工，故加工工艺性好。它特别适用于行程较长的场合，如龙门刨床。此外，常应用于液压升降机、自卸卡车、叉车和轧机平衡系统。为了实现工作台的双向运动，柱塞缸可成对反向布置，如图 2-2-14(b)所示。

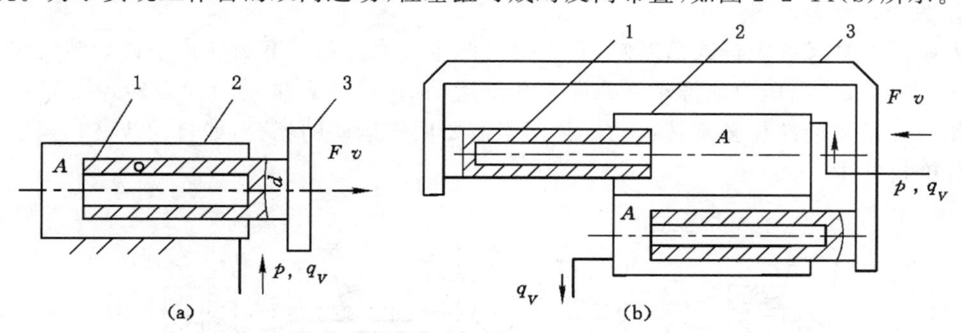

图 2-2-14 柱塞缸

(a) 单向液压驱动；(b) 双向液压驱动

1——柱塞；2——缸筒；3——工作台

柱塞式液压缸柱塞端面受压，为了能输出较大的推力，柱塞一般较粗、较重。水平安装时容易产生单边磨损，故柱塞缸适宜于竖直安装使用。当其水平安装时，为防止柱塞因自重而下垂，常制成空心柱塞并设置支承套和托架。

柱塞缸产生的推力 F 和运动速度 v 分别为

$$F=\frac{\pi}{4}d^2p \tag{2-2-18}$$

$$v=\frac{4q_V}{\pi d^2} \tag{2-2-19}$$

（三）其他液压缸

1. 伸缩缸

伸缩缸又称多级缸，它由两级或两级以上的活塞缸套装而成，图 2-2-15 所示为其示意图。前一级活塞缸的活塞杆内孔是后一级活塞缸的缸筒。伸缩缸逐个伸出时，有效工作面积逐次减小，因此，当输入流量相同时，外伸速度逐次增大；当负载恒定时，液压缸的工作压力逐次增高。空载缩回的顺序一般是从小活塞到大活塞。收缩后液压缸总长度较短，结构紧凑，适用于安装空间受到限制而行程要求很长的场合，如起重机伸缩臂液压缸、自卸汽车举升液压缸等。

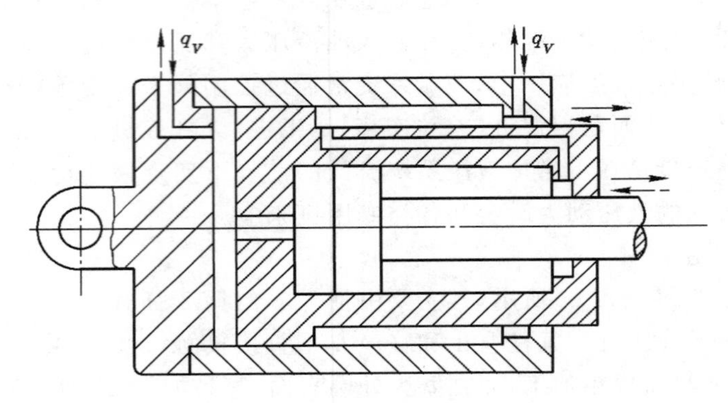

图 2-2-15　伸缩缸

2. 齿条活塞缸

齿条活塞缸又称无杆式活塞缸，它主要由两个柱塞缸和一套齿轮齿条传动装置组成，如图 2-2-16 所示。当压力油推动活塞左右往复运动时，齿条就推动齿轮旋转，从而驱动相应的工作部件做周期性往复旋转运动。常用于需要回转运动的场合，如自动线、组合机床等转位或分度机构中。

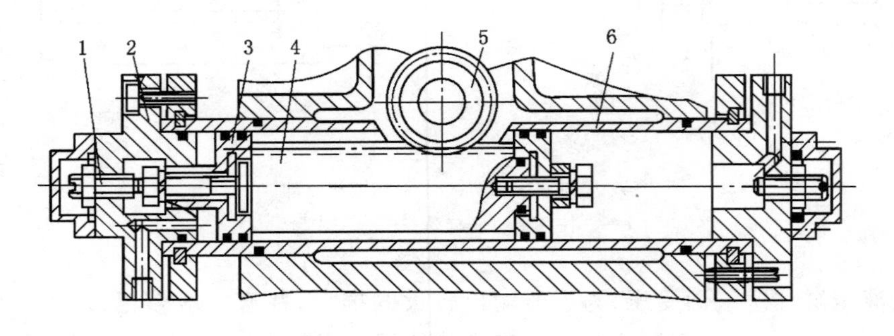

图 2-2-16　齿条活塞缸

1——调节螺钉；2——端盖；3——活塞；4——齿条活塞杆；5——齿轮；6——缸体

3. 增压缸

增压缸能将输入的低压油转变为高压油，供液压系统中的某一支路使用。它主要由大、小直径分别为 D、d 的复合缸筒及有特殊结构的复合活塞等件组成，如图 2-2-17 所示。

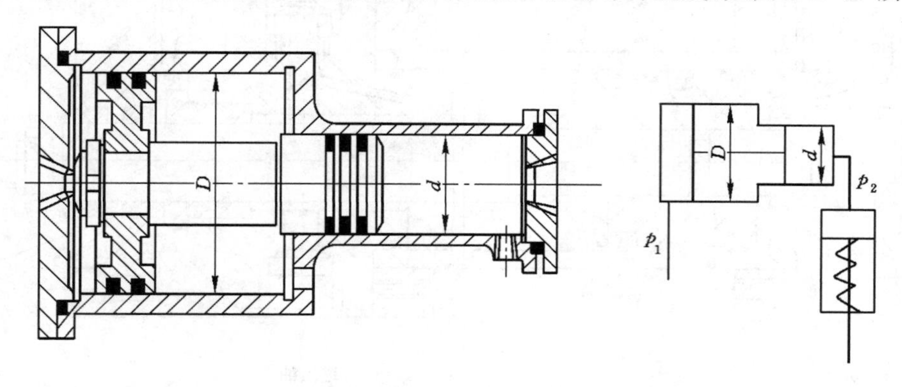

图 2-2-17　增压缸

若输入增压缸大端油的压力为 p_1，由小端输出油的压力为 p_2，且不计摩擦阻力，则根据力学平衡关系有

$$\frac{\pi}{4}D^2 p_1 = \frac{\pi}{4}d^2 p_2$$

故有

$$p_2 = \frac{D^2}{d^2}p_1 \tag{2-2-20}$$

式中，$\frac{D^2}{d^2}$为增压比。

应该指出，增压缸只能将高压端输出油通入其他液压缸以获取大的推力，其本身不能直接作为执行元件，所以安装时应尽量使它靠近执行元件。

增压缸常用于压铸机、造型机等设备的液压系统中。

二、液压缸的结构

（一）液压缸的典型结构举例

图 2-2-18 所示为单杆液压缸的结构图，它主要由缸底 1、缸筒 7、缸头 18、活塞 21、活塞杆 8、导向套 12、缓冲套 6 和 24、缓冲节流阀 11、带放气孔的单向阀 2 以及密封装置等组成。缸筒 7 与法兰 3、10 焊接成一个整体，然后通过螺钉与缸底 1、缸头 18 连接。图中用半剖面的方法表示了活塞与缸筒、活塞杆与缸盖之间的两种密封形式：上为橡塑组合密封，下为唇形密封。该液压缸具有双向缓冲功能，工作时压力油经进油口、单向阀进入工作腔，推动活塞运动，当活塞运动到终点前时，缓冲套切断油路，排油只能经节流阀排出，起节流缓冲作用（图中左端只画了单向阀，右端只画了节流阀）。

（二）液压缸的组成

从上面所述的液压缸典型结构中可以看到，液压缸的结构基本上可以分为缸筒组件、活塞组件、密封装置、缓冲装置、排气装置，共五大部分。

1. 缸筒组件

图 2-2-19 所示为常用的缸筒和缸盖的连接方式，在设计过程中，采用何种连接方式主

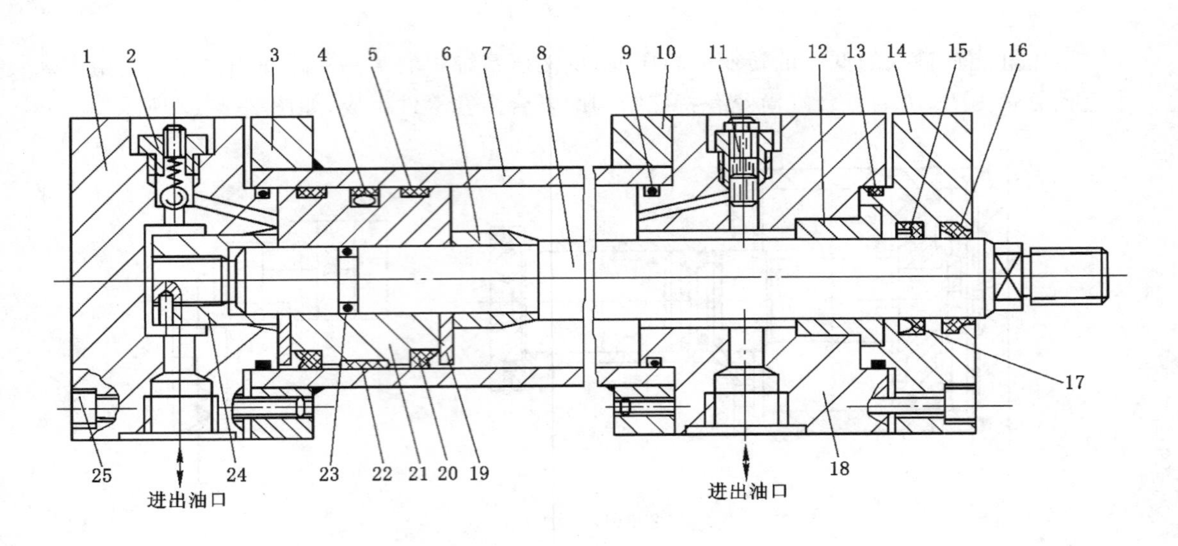

图 2-2-18 单杆液压缸结构

1——缸底；2——单向阀；3，10——法兰；4——格来圈密封；5，22——导向环；6——缓冲套；7——缸筒；8——活塞杆
9，13，23——O 形密封圈；11——缓冲节流阀；12——导向套；14——缸盖；15——斯特圈密封；16——防尘圈；
17——Y 形密封圈；18——缸头；19——护环；20——YX 密封圈；21——活塞；24——无杆端缓冲套；25——连接螺钉

要取决于液压缸的工作压力、缸筒的材料和具体工作条件。当工作压力 $p<10$ MPa 时常使用铸铁缸筒，它的连接方式多用图 2-2-19(a)所示的法兰连接，这种结构易于加工和装拆，但外形尺寸大。

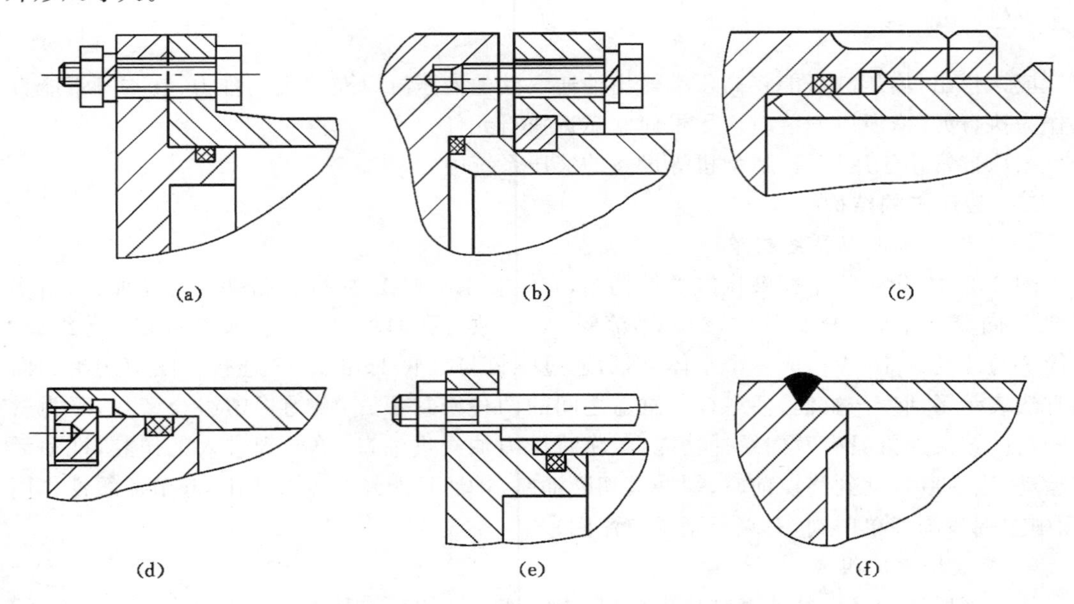

图 2-2-19 缸筒和缸盖的连接形式

(a) 法兰式；(b) 半环式；(c) 外螺纹式；(d) 内螺纹式；(e) 拉杆式；(f) 焊接式

当工作压力 $p<20$ MPa 时常使用无缝钢管，$p>20$ MPa 时常使用铸钢或锻钢。它与缸盖的连接常用图 2-2-19(b)、(c)所示的半环连接和外螺纹连接。采用半环连接装拆方便，但缸筒壁部因开了环形槽而削弱了强度，为此有时要加厚缸壁。采用螺纹连接时，缸筒端部结构复杂，外径加工时要求保证内、外径同心，装卸时要使用专用工具，但外形尺寸和重量均较小，常用于无缝钢管或铸钢制的缸筒上。

拉杆式连接结构通用性好，缸筒加工方便，装拆方便，但端盖的体积较大，重量也较大，拉杆受力后会拉伸变形，影响端部密封效果，只适用于长度不大的中低压缸。

焊接式连接外形尺寸小，结构简单，但焊接时易引起缸筒变形，主要用于柱塞式液压缸。

2. 活塞组件

活塞组件主要由活塞、活塞杆和连接件等组成。随工作压力、安装方式和工作条件的不同，活塞组件有多种连接方式。

活塞和活塞杆连接的方式很多，但无论采用何种连接方式，都必须保证连接可靠。如图 2-2-20 所示，整体式和焊接式结构简单，轴向尺寸紧凑，但损坏后需要整体更换。锥销式[图 2-2-20(c)]加工容易，装配简单，但承载能力小，且需要必要的防脱落措施。螺纹式[图 2-2-20(d)、(e)]结构简单，装拆方便，但一般需备有螺母防松装置。半环式[图 2-2-20(f)、(g)]强度高，但结构复杂。在轻载情况下可采用锥销式连接，一般使用螺纹式连接，高压和振动较大时多用半环式连接，对活塞和活塞杆比值 D/d 较小、行程较短或尺寸不大的液压缸，其活塞与活塞杆可采用整体式或焊接式连接。

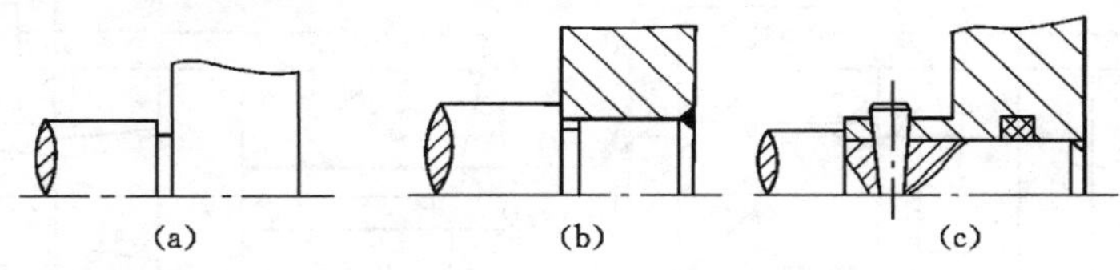

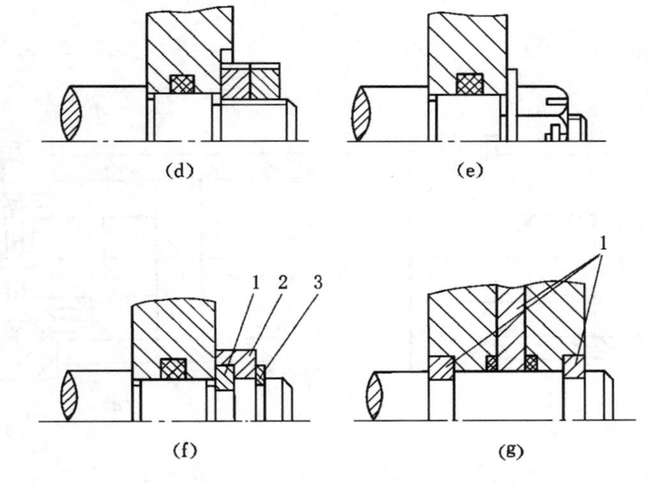

图 2-2-20　活塞与活塞杆的连接形式

(a) 整体式；(b) 焊接式；(c) 锥销式；(d)、(e) 螺纹式；(f)、(g) 半环式

1——半环；2——轴套；3——弹簧圈

3. 密封装置

液压缸的密封装置用于防止油液的泄漏(液压缸一般不允许外泄并要求内泄漏尽可能小)。密封装置设计得好坏对于液压缸的静、动态性能有着重要的影响。一般要求密封装置应具有良好的密封性,尽可能长的寿命,制造简单,拆装方便,成本低。

4. 缓冲装置

液压缸一般都设置缓冲装置,特别是对于大型、高速的液压缸,为了防止活塞在行程终点和缸盖相互撞击,引起噪声、冲击,甚至造成液压系统的损坏,必须设置缓冲装置。缓冲装置的工作原理是利用活塞或缸筒在其行程终端时封住活塞和缸盖之间的部分油液,强迫油液从小孔或缝隙中挤出,以产生很大的阻力,使工作部件受到制动,逐渐减慢运动速度,达到避免活塞和缸盖撞击的目的。

(1) 圆柱形环隙式缓冲装置[图 2-2-21(a)]

当缓冲柱塞 A 进入缸盖上的内孔时,缸盖和活塞间形成环形缓冲油腔 B,被封闭的油液只能经环形间隙 δ 排出,产生缓冲压力,从而实现减速缓冲。这种装置在缓冲过程中,由于节流面积不变,故缓冲开始时,产生的缓冲制动力很大,其缓冲效果较差,液压冲击较大,且实现减速所需行程较长。但这种装置结构简单,便于设计和降低成本,所以在一般系列化的成品液压缸中多采用这种缓冲装置。

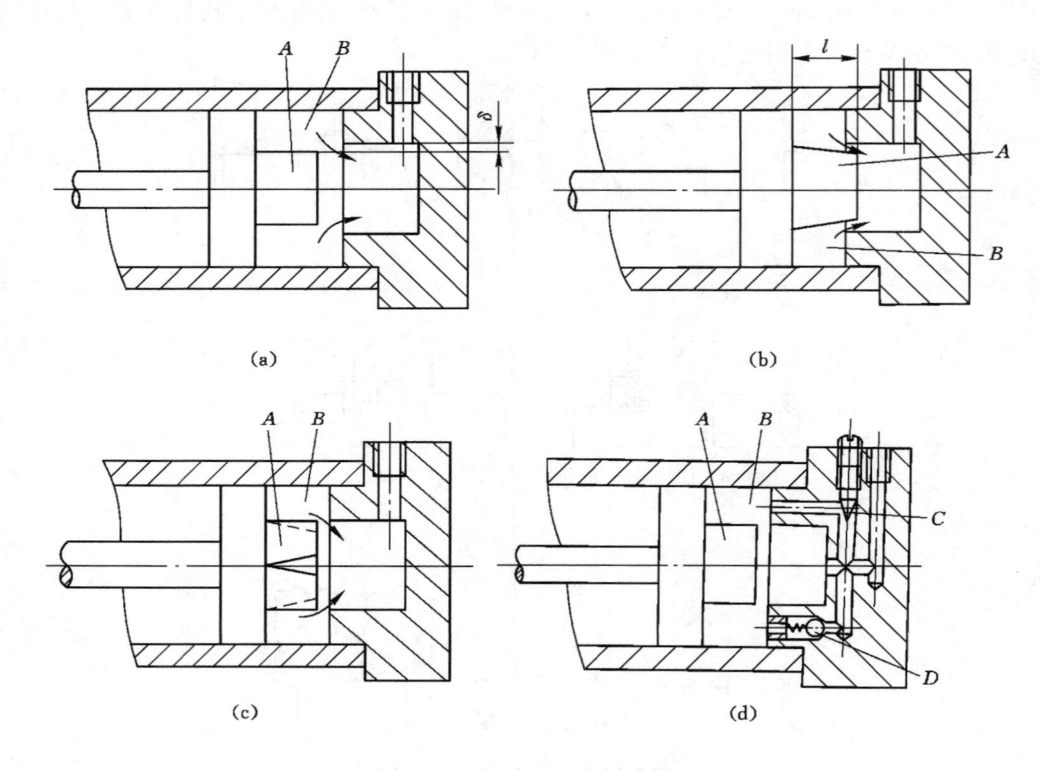

图 2-2-21 液压缸的缓冲装置

(a) 圆柱形环隙式;(b) 圆锥形环隙式;(c) 可变节流槽式;(d) 可调节流孔式

A——缓冲柱塞;B——缓冲油腔;C——节流阀;D——单向阀

(2) 圆锥形环隙式缓冲装置[图 2-2-21(b)]

由于缓冲柱塞 A 为圆锥形，所以缓冲环形间隙 δ 随位移量不同而改变，即节流面积随缓冲行程的增大而减小，使机械能的吸收均匀，其缓冲效果较好，但仍有液压冲击。

(3) 可变节流槽式缓冲装置[图 2-2-21(c)]

在缓冲柱塞 A 上开有三角节流沟槽，节流面积随着缓冲行程的增大而逐渐减小，其缓冲压力变化较平缓。

(4) 可调节流孔式缓冲装置[图 2-2-21(d)]

当缓冲柱塞 A 进入到缸盖内孔时，回油口被柱塞堵住，只能通过节流阀 C 回油，调节节流阀的开度，可以控制回油量，从而控制活塞的缓冲速度。当活塞反向运动时，压力油通过单向阀 D 很快进入到液压缸内，并作用在活塞的整个作用面积上，故活塞不会因推力不足而产生启动缓慢现象。这种缓冲装置可以根据负载情况调整节流阀开度大小，改变缓冲压力的大小，因此适用范围较广。

5. 排气装置

液压系统往往会混入空气，使系统工作不稳定，产生振动、噪声及工作部件爬行和前冲等现象，严重时会使系统不能正常工作。因此，设计液压缸时必须考虑排除空气。

在液压系统安装时或停止工作后又重新启动时，必须把液压系统中的空气排出去。对于要求不高的液压缸往往不设专门的排气装置，而是将油口布置在缸筒两端的最高处，这样也能使空气随油液排往油箱，再从油面逸出；对于速度稳定性要求较高的液压缸或大型液压缸，常在液压缸两侧的最高位置处(该处往往是空气聚积的地方)设置专门的排气装置，如排气塞、排气阀等。图 2-2-22 所示为排气塞的结构。当松开排气塞螺钉后，让液压缸全行程空载往复运动若干次，带有气泡的油液就会排出。然后再拧紧排气塞螺钉，液压缸便可正常工作。

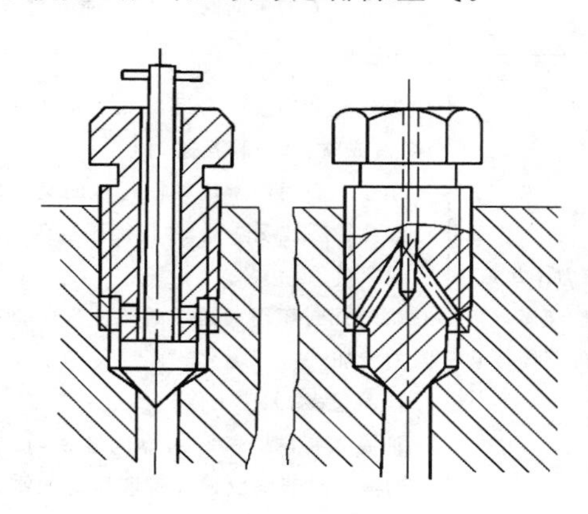

图 2-2-22　排气塞结构

任务实施

一、实训项目：现场观察与分析液压缸的结构与工作过程

(1) 根据实训室仿真实训装置上配套的单杆活塞式和双杆活塞式液压缸，分析液压缸的结构。

(2) 通过连接简单液压回路，启动运行，分析其性能参数。

(3) 填写工作页中实训报告相关内容。

二、液压缸的使用与维护

液压缸常见故障的原因与排除方法见表 2-2-4。

表 2-2-4　　液压缸常见的故障原因与排除方法

故障现象	产生原因	排除方法
爬行	1. 空气侵入。 2. 液压缸端密封圈压得太紧或过松。 3. 活塞杆与活塞不同心。 4. 活塞杆全长或局部弯曲。 5. 液压缸的安装位置偏移。 6. 液压缸内孔圆柱度偏低。 7. 缸内腐蚀、拉毛。 8. 双出杆活塞两端螺帽拧得太紧,同心度偏低	1. 增设排气装置。如无排气装置,可开动液压系统以最大行程使工作部件快速运动,强迫排除空气。 2. 调整密封圈,使松紧适度。 3. 校正。 4. 校直活塞杆。 5. 检查液压缸并校正。 6. 镗磨修复,重配活塞。 7. 轻微者修去锈蚀和毛刺,严重者必须镗磨。 8. 调整螺帽拧紧度,保持活塞杆处于自然状态
冲击	1. 靠间隙密封的活塞和液压缸间隙过大,节流阀失去节流作用。 2. 端头缓冲的单向阀失灵,缓冲不起作用	1. 按规定配活塞调整间隙,减少泄漏现象。 2. 修正研配单向阀与阀座
推力不足或工作速度逐渐下降甚至停止	1. 液压缸和活塞配合间隙太大或 O 形密封圈损坏,造成高、低压腔互通。 2. 由于工作时经常用工作行程的某一段,造成液压缸孔径圆柱度降低,致使液压缸两端高、低压油互通。 3. 缸端油封压得太紧或活塞杆弯曲,使摩擦力或阻力增加。 4. 泄漏过多,无法工作。 5. 油温太高,黏度减小,靠间隙密封或密封质量差的液压缸速度变慢。若液压缸两端高、低压油互通,运动速度逐渐减慢直至停止	1. 单配活塞减小间隙或更换 O 形密封圈。 2. 镗磨修复液压缸孔径,单配活塞。 3. 放松油封,以不漏油为限,校直活塞杆。 4. 寻找泄漏部位,排除故障。 5. 分析发热原因,设法散热降温;如密封间隙过大,则单配活塞或增装密封环

知识拓展

液压缸一般是标准件,但有时需要自行设计。液压缸的主要尺寸包括缸筒内径、活塞杆直径和缸筒长度等。

一、缸筒内径 D 的确定

根据公式 $F=pA$,由活塞所需推力 F 和工作压力 p 即可算出活塞应有的有效面积 A。进一步根据液压缸的不同形式,计算缸筒内径 D。

二、活塞杆直径 d 的确定

直径 d 的值可按表 2-2-5 初步选取。如果液压缸两个方向的运动速度比有一定要求,还需考虑这方面要求。

表 2-2-5　　活塞杆直径的选取

活塞杆受力情况	工作压力 p/MPa	活塞杆直径 d
受拉	—	$(0.3\sim0.5)D$
受拉或受压	$p\leqslant5$	$(0.5\sim0.55)D$
	$5<p\leqslant7$	$(0.6\sim0.7)D$
	$p>7$	$0.7D$

注：实际采用的直径 D 和 d 还应符合国家标准。

三、缸筒长度 L 的确定

液压缸缸筒长度 L 由液压缸最大行程、活塞宽度、活塞杆导向套长度、活塞杆密封长度和特殊要求的其他长度确定。其中，活塞宽度 $B=(0.6\sim1.0)D$；导向套长度 C：当 $D<80$ mm 时，$C=(0.6\sim1.0)D$；当 $D\geqslant80$ mm 时，$C=(0.6\sim1.0)d$。为减小加工难度，一般液压缸缸筒长度不应大于内径的 20～30 倍。

思考与练习

1. 液压马达的定子曲线应满足哪些条件？

2. 什么是液压马达的“反转敲缸”？

3 液压马达的排量 $V=100$ mL/r，入口压力 $p_1=10$ MPa，出口压力 $p_2=0.5$ MPa，容积效率 $\eta_V=0.95$，机械效率 $\eta_m=0.85$，若输出流量 $q_V=50$ L/min，求马达的转速 n、转矩 T、输入功率 P_i 和输出功率 P_o。

4. 一液压马达的排量 $q=80\ \text{cm}^3/\text{r}$，负载转矩为 50 N·m 时，测得其机械效率为 0.85。将此马达作泵使用，在工作压力为 4.62 MPa 时，其机械损失转矩与上述液压马达工况相同，求此泵的机械效率。

5. 一泵当负载压力为 8 MPa 时，输出流量为 96 L/min，而负载压力为 10 MPa 时，输出流量为 94 L/min。用此泵带动一排量 $q=80\ \text{cm}^3/\text{r}$ 的液压马达，当负载转矩为 120 N·m 时，液压马达的机械效率为 0.94，其转速为 1 100 r/min，求此时液压马达的容积效率。（提示：先求马达的负载压力）

6. 已知单杆液压缸缸筒内径 $D=100$ mm，活塞杆直径 $d=50$ mm，工作压力 $p_1=2$ MPa，流量 $q_V=10$ L/min，回油压力 $p_2=0.5$ MPa。试求活塞往返运动时的推力和运动速度。

7. 如图 2-2-23 所示两个结构相同相互串联的液压缸，无杆腔面积 $A_1=100\times10^{-4}\ \text{m}^2$，有杆腔面积 $A_2=80\times10^{-4}\ \text{m}^2$，缸 1 的输入压力 $p_1=0.9$ MPa，输入流量 $q_V=12$ L/min，不计损失和泄漏，求：

(1) 两缸承受相同负载（$F_1=F_2$）时，该负载的数值及两缸的运动速度。

(2) 缸 2 的输入压力是缸 1 的一半（$p_2=0.5p_1$）时，两缸各能承受多少载荷。

(3) 缸 1 不承受负载（$F_1=0$）时，缸 2 能承受多少载荷。

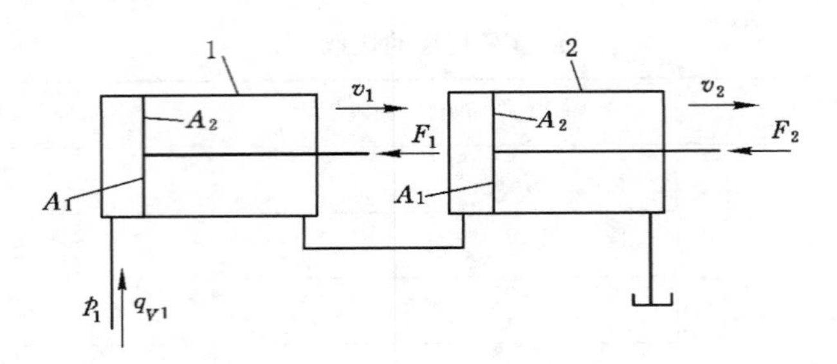

图 2-2-23　题 7 图

任务三　液压辅助元件

任务概述

一、任务描述

液压系统的辅助元件包括油管、管接头、油箱、过滤器、测量仪表、冷却器、蓄能器、密封装置等。这些辅助装置如果选择或使用不当，会对系统的工作性能及元件的寿命有直接的影响。

二、任务要求

(1) 知识要求：了解液压辅助元件的作用；掌握液压辅助元件的使用方法。

(2) 能力要求：能够正确选用液压辅助元件；能够正确地将各辅助元件连接在液压回路中。

相关知识

一、密封装置

密封装置的功用在于防止液压元件和液压系统中液压油的内漏和外漏，保证建立必要的工作压力，提高系统的效率。此外，还可以防止外漏油液污染工作环境，节省油液等。密封装置应具有良好的密封性能，结构简单，维护方便，价格低廉。密封材料的摩擦系数要小、耐磨、寿命长，且磨损后能自动补偿。常见的密封方法及密封元件有以下几种。

(一) 间隙密封

间隙密封是通过精密加工，使相对运动零件间的配合面之间有极微小的间隙(0.01～0.05 mm)，如图 2-3-1 所示。为增加泄露油的阻力，常在圆柱面上加工几条环形小槽(宽 0.3～0.5 mm，深 0.5～1 mm，间距为 2～5 mm)。油在这些槽中形成涡流，能减缓漏油速度，还能起到使两配合件同轴、降低摩擦阻力和避免因偏心而增加漏油量等作用。因此，这些槽也称为压力均衡槽。间隙密封结构简单，摩擦阻力小，能耐高温，是一种简便而紧凑的密封方式，在液压泵、液压马达和各种液压阀中得到了广泛的应用。其缺点是密封效果差，密封性能随工作压力的升高而变差，配合面磨损后无法补偿。尺寸较大的液压缸，要达到间隙密封所需要的加工精度比较困难，也不经济。因此，间隙密封在液压缸中仅用于尺寸较小、压力较低、运动速度较高的活塞与缸体内孔间的密封。

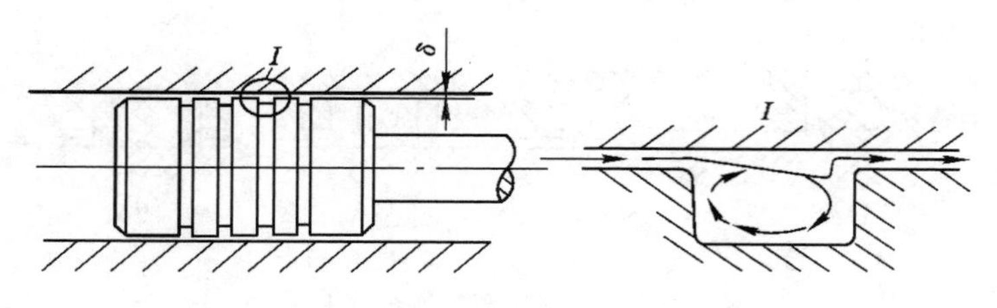

图 2-3-1　间隙密封

（二）活塞环密封

活塞环密封依靠装在活塞环形槽内的弹性金属环紧贴缸筒内壁实现密封，如图 2-3-2 所示。其密封效果较间隙密封好，适应的压力和温度范围很宽，能自动补偿摩擦和温度变化的影响，能在高速条件下工作，摩擦力小，工作可靠，寿命长。但其活塞环与其相对应的滑动面之间为金属接触，故不能完全密封，且活塞环加工复杂，缸筒内表面加工精度要求高，一般用于高压、高速和高温的场合。活塞环的开口有直口式、斜口式和阶梯式三种形式。直口式用于压力为 5 MPa 以下的液压缸，斜口式用于压力为 20 MPa 以下的液压缸，阶梯式用于压力为 50 MPa 以下的液压缸。活塞环在安装时应注意将各环的开口错开一定的角度，以保证密封效果。

（三）密封圈密封

1. O 形密封圈密封

O 形密封圈是一种断面呈圆形的耐油橡胶环，如图 2-3-3 所示。它结构简单，密封性好，应用广泛，可用于静密封和动密封。

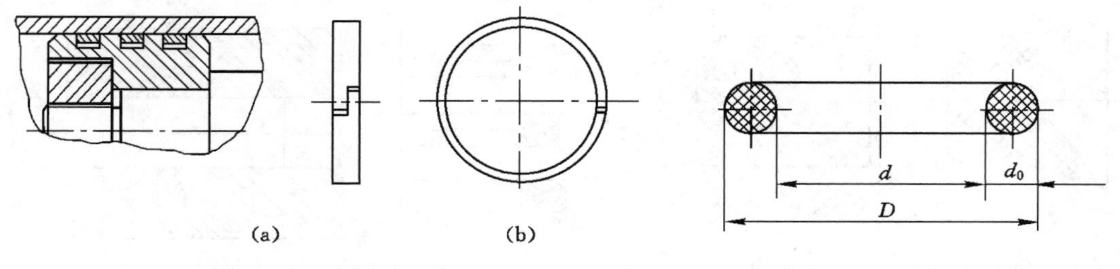

图 2-3-2　活塞环密封

(a) 活塞环的安装；(b) 活塞环

图 2-3-3　O 形密封圈

O 形密封圈的密封原理如图 2-3-4 所示。在自由状态其断面呈圆形，安装好后，断面近似为椭圆形，使密封圈受到预压缩，如图 2-3-4(a)所示，将配合间隙密封。当压力较高时，间隙液压力使密封圈产生附加变形，如图 2-3-4(b)所示，增加了密封圈对配合表面的接触力，增强了密封效果。当压力超过一定限度时，密封圈有可能被挤入间隙，产生破损，降低密封性。所以动密封的压力超过 10 MPa、静密封的压力超过 32 MPa 时，需要加挡圈保护。密封圈单向受压时，在非受压侧加一个挡圈，如图 2-3-4(c)所示；双向受压时，在两侧各加一个挡圈，如图 2-3-4(d)所示。挡圈材料通常是尼龙或聚四氟乙烯塑料。

2. Y 形密封圈

Y 形密封圈是一种断面呈 Y 形的耐油橡胶圆环，其密封性能好，应用较多，一般用于动密封，特别是往复运动的密封，如液压缸的活塞上和缸口处。

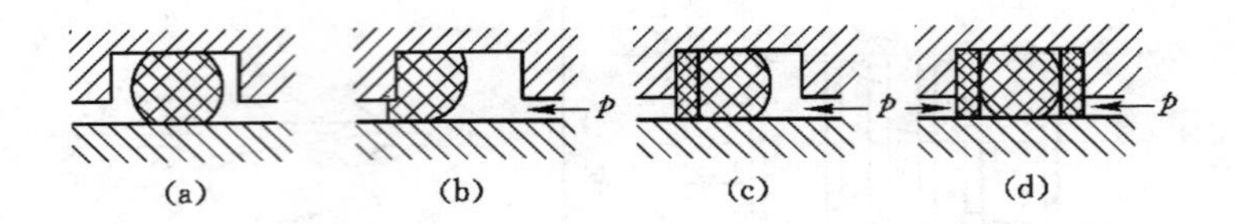

图 2-3-4　O 形密封圈的密封原理

(a) 自由状态；(b) 压力较高；(c) 单向受压；(d) 双向受压

Y 形密封圈的密封原理如图 2-3-5 所示，图 2-3-5(a)所示为自由状态的断面形状，图 2-3-5(b)所示为安装后和工作时的断面形状。Y 形密封圈的唇边靠弹性力和液压力贴紧配合表面，实现密封。唇边的弹性变形，可使密封圈在工作磨损后能自动地补偿，保持密封性能。安装时必须使唇边面对压力腔。使用压力一般小于 20 MPa。

3. V 形密封圈

V 形密封圈是由多层夹织物橡胶压制而成，断面形状呈 V 形。其硬度大、弹性小，所以使用时要求与支撑环、压环配合，组成密封圈组，并用压盖压紧，磨损后可以调紧压盖给予补偿。

图 2-3-6(a)所示为 V 形密封圈组的结构，图 2-3-6(b)所示为安装使用情况。其密封原理与 Y 形相似，用于往复运动件的密封，安装时也必须使唇边面对压力腔。V 形密封圈的数量与工作压力有关，压力越高，使用数量越多，相当于多级密封，其工作压力可达 50 MPa。乳化液泵和喷雾泵的柱塞与缸孔之间就采用这种密封圈。

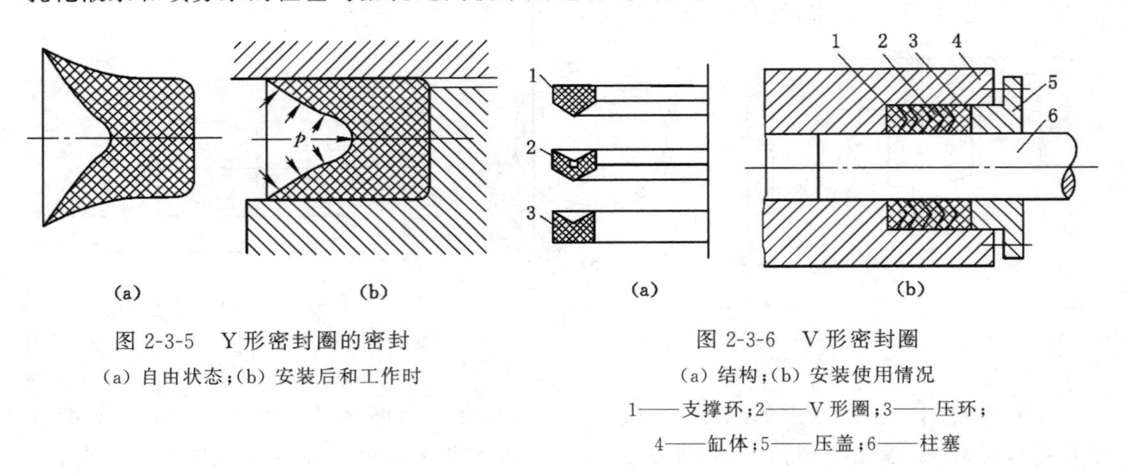

图 2-3-5　Y 形密封圈的密封

(a) 自由状态；(b) 安装后和工作时

图 2-3-6　V 形密封圈

(a) 结构；(b) 安装使用情况

1——支撑环；2——V 形圈；3——压环；

4——缸体；5——压盖；6——柱塞

4. 鼓形和蕾形密封圈

鼓形密封圈的断面呈鼓形，如图 2-3-7 所示，芯部为橡胶，外层为夹布橡胶，由两者压制而成。蕾形密封圈的断面呈花蕾形，如图 2-3-8 所示，也是由橡胶和夹布橡胶层压制而成的，安装时以橡胶层面对压力腔。

鼓形和蕾形密封圈主要用于液压支架的液压缸，适于往复运动件的密封。其中鼓形密封圈用于活塞上，蕾形密封圈用于缸口，工作液体为乳化液。

这两种密封圈的工作压力为 20～60 MPa，当压力超过 25 MPa 时，鼓形圈的两侧应加

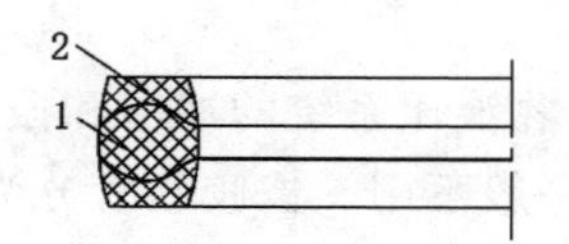

图 2-3-7 鼓形密封圈

1——橡胶；2——夹布橡胶

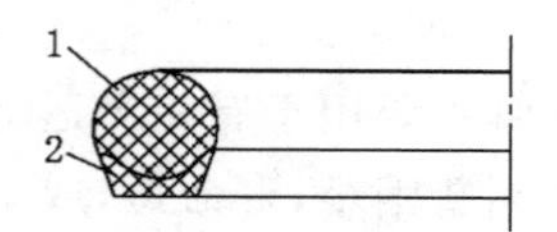

图 2-3-8 蕾形密封圈

1——橡胶；2——夹布橡胶

挡圈，而蕾形圈只在夹布胶层一侧加挡圈(单向受压)。

5. 回转轴用密封圈

回转轴用密封圈是一种用耐油橡胶制成的密封圈，也称油封，图 2-3-9 所示为骨架式油封。它的内部有直角形圆环铁骨架支撑，密封圈的唇边围着一条螺旋弹簧将唇边收紧在轴上，以增强密封效果。该密封圈主要用于泵、马达等回转轴处，防止轴承的润滑油液外漏，又可防止外界灰尘进入，起防尘圈的作用。一般适用于回转轴线速度不超过 5～12 m/s、油液压力不大于 0.2 MPa 的场合。

6. 防尘密封圈

防尘密封圈是一种由丁腈橡胶或聚氨酯橡胶制成的密封圈，一般为唇形，分为无骨架式、骨架式、组合式三种。

防尘密封圈常用于液压缸缸盖、导向套与活塞杆处的密封，如图 2-3-10 所示。它装入密封沟槽后，其唇边贴紧活塞杆表面，当活塞杆缩回时，唇边就能把黏附在活塞杆表面的脏物刮掉，不致进入液压缸，起到防尘作用，而且唇边对活塞杆的摩擦阻力很小。

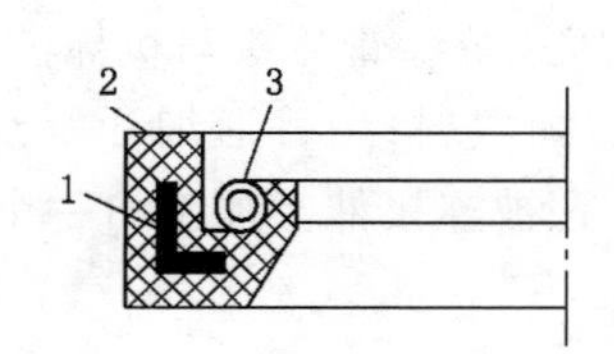

图 2-3-9 骨架式油封

1——骨架；2——橡胶；3——螺旋弹簧

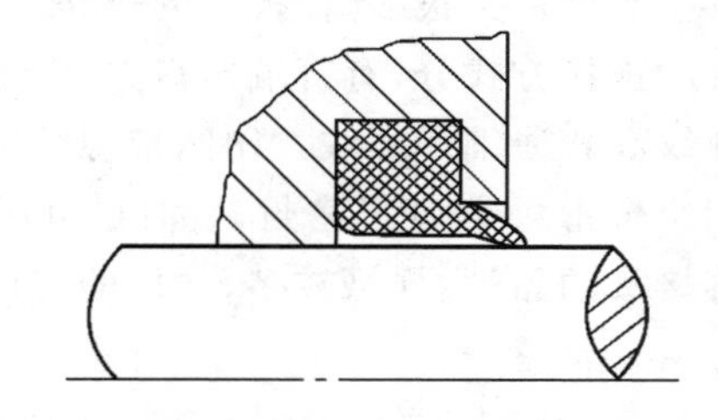

图 2-3-10 防尘密封圈

二、油管和管接头

(一) 油管

液压系统用油管来传送工作液体，油管必须有足够的耐压强度，良好的密封，并且压力损失小，有的还要便于弯曲，甚至在工作中移动。

液压系统中使用的油管种类很多，有无缝钢管、橡胶软管、紫铜管、尼龙管、塑料管等，需根据系统的工作压力及其安装位置正确选用。

1. 无缝钢管

无缝钢管耐压高，变形小，耐油性、耐腐蚀性也较好。装配时不易弯曲，装配后能长期保持原形，在中高压系统中广泛采用。无缝钢管有冷拔和热轧两种，一般多选用 10 号、15 号冷拔无缝钢管。低压系统可采用有缝焊接钢管。

2. 橡胶软管

橡胶软管主要用于有相对运动的部件间的连接，能吸收液压系统的冲击和振动，装配方便。但软管制造困难，寿命短，成本高，刚性差，固定连接一般不用。橡胶软管分为高压和低压两种，高压软管用夹有钢丝的耐油橡胶制成，钢丝有交叉编织和缠绕两种，一般有2～3层。钢丝层数越多，管径越小，耐压力越高。低压软管由夹帆布的耐油橡胶制成，用于工作压力小于1.5 MPa的管路中。

3. 紫铜管

紫铜管较易弯曲，安装方便，且管壁光滑，摩擦阻力小。但耐压力低，抗振能力弱，只用于中低压系统，如仪表和装配不便处。

4. 塑料管

耐油塑料管价格便宜，装配方便，但耐压低，长期使用会老化，用于压力不超过0.5 MPa的回液管或泄液管。

5. 尼龙管

尼龙管一般为乳白色半透明状，国内已生产，可用于中低压系统，有的使用压力可达8 MPa。尼龙管弯曲比较方便。软管安装必须正确，这样才能保证其工作寿命。软管的弯曲半径至少比它的外径大9倍，弯曲点离接头不得小于外径的6倍。

（二）管接头

管接头是油管与油管、油管与液压元件间的可拆卸连接件。它应满足连接牢固，密封可靠，液阻小，结构紧凑，拆装方便等要求。

管接头的种类很多，按接头的通路方向分，有直通、直角、三通、四通、铰接等形式；按其与油管的连接方式分，有管端扩口式、卡套式、焊接式、扣压式等。管接头与机体的连接常用圆锥螺纹和普通细牙螺纹。用圆锥螺纹连接时，应外加防漏填料；用普通细牙螺纹连接时，应采用组合密封或O形密封，有时也可用紫铜垫圈，且应在被连接件上加工出一个小平面。

管接头的品种、规格较多，常用的有以下几种。

1. 焊接式管接头

焊接式管接头的结构如图2-3-11所示，主要由接头体、螺母和接管组成。管接头的接管与被连接管焊接在一起，接头体用螺纹固定在液压元件上，用螺母将接管和接头体相连接。图2-3-11(a)所示为接头与液压元件之间采用组合密封圈实现密封，图2-3-11(b)所示为接管与接头体依靠球面与锥面的接触实现密封。

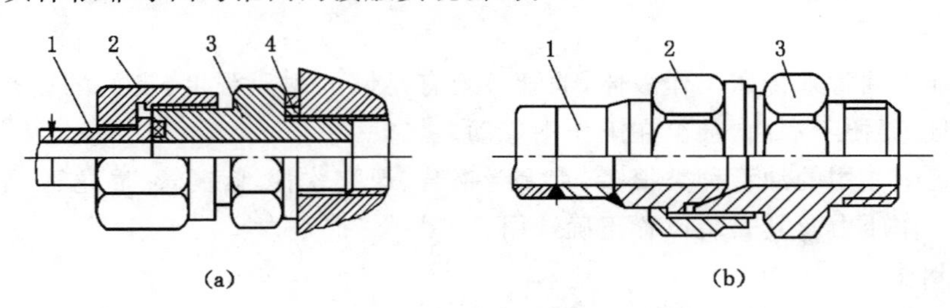

图2-3-11　焊接式管接头的结构

(a) 组合密封圈密封；(b) 球面与锥面接触密封

1——接管；2——螺母；3——接头体；4——组合密封圈

焊接式管接头制造简单，工作可靠，适用于管壁较厚和压力较高的液压系统，承受压力可达 31.5 MPa，应用较多。其缺点是对焊接质量要求较高。

2. 扩口式管接头

扩口式管接头的结构如图 2-3-12 所示，由接头体、套管和螺母等组成。接管时，先依次将螺母和套管套装在油管上，再把油管端口扩成喇叭口，并放在接头体的外锥面上，然后旋紧螺母，将套管连同油管一起压紧在接头体上形成密封。其结构简单，制造安装方便，适于紫铜管和薄壁钢管的连接，也可用来连接尼龙管和塑料管。工作压力一般不超过 8 MPa。

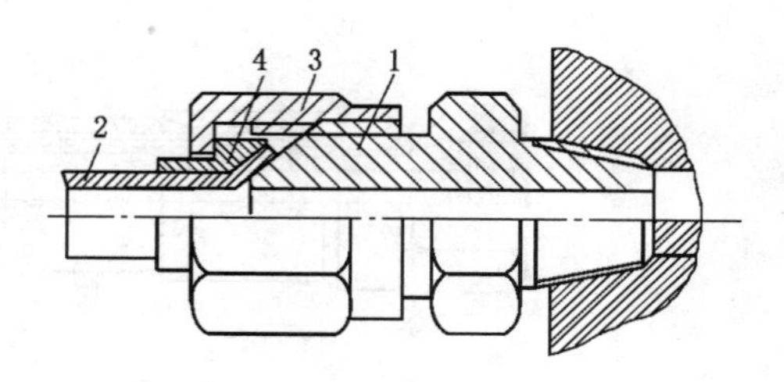

图 2-3-12　扩口式管接头的结构

1——接头体；2——金属油管；
3——螺母；4——套管

3. 卡套式管接头

卡套式管接头的结构如图 2-3-13(a)所示。它由接头体、螺母和卡套等组成。卡套是一个在内圆一端带有锋利刃口的金属环，其形状如图 2-3-13(b)所示。图 2-3-13(c)表示了卡套式管接头的工作原理，接管时，依次将螺母、卡套套装在油管上，然后将油管插入接头体内孔并靠紧，逐渐旋紧螺母，卡套被推进接头体锥孔，形成球面接触密封，同时卡套被接头体锥孔挤压，其内刃切入油管外壁，起到可靠的连接和密封作用。

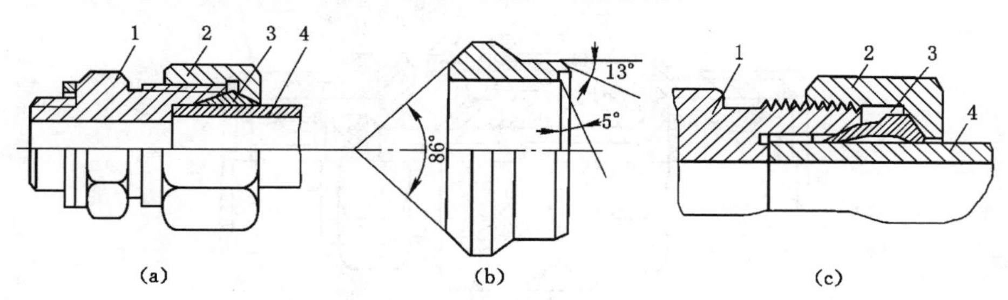

图 2-3-13　卡套式管接头

(a) 整体结构；(b) 卡套；(c) 工作原理

1——接头体；2——螺母；3——卡套；4——金属油管

卡套式管接头工作比较可靠，拆装方便，其工作压力可达 31.5 MPa。它的缺点是卡套制造工艺要求高，仅适用于连接高精度的冷拔钢管。

4. 橡胶管接头

这类管接头利用螺纹将接头芯管与液压元件或其他油管相连接，而软管与接头之间的连接有扣压式和可拆式两种。

扣压式软管接头的结构如图 2-3-14(a)所示，它由接头芯管、外套和螺母组成。在接管时，先将剥去外胶层的橡胶管装入接头外套内，再将接头芯管插入软管内，利用专用设备对外套加压收缩使软管陷入接头芯管与外套间的环形槽中，以达到压紧软管防止拔脱的目的。这种接头工作可靠，适于高压管路。

可拆式软管接头如图 2-3-14(b)所示，在接管时，同样先剥除软管的外胶层，再将外套装

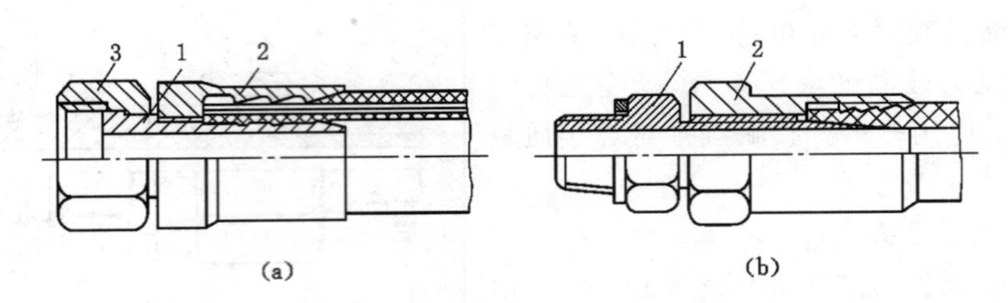

图 2-3-14 螺纹连接的软管接头

(a) 扣压式;(b) 可拆式

1——连接螺栓;2——接头体;3——组合密封圈

在软管上,然后将接头芯管慢慢旋入管内,压紧软管。这种接头装配简单,不需要专门设备,装配后可拆开,但是可靠性较差,只适于中低压管路。

5. 快速装拆管接头

图 2-3-15 所示为快速装拆管接头。当接头连接时两锥阀 1、7 互相顶开,形成油流通道。当卡箍 5 挤压弹簧 3 向左移动时,钢球 4 可以从环槽中向外退出,这时可将接头芯子 6 从接头体 2 中拔出。由于锥阀 1 和 7 在两端弹簧 8 的作用下各自关闭,故分开的两端软管均不漏油。这种接头使用方便,但结构复杂,压力损失较大,常用于各种液压实训台及需要经常断开的场合。

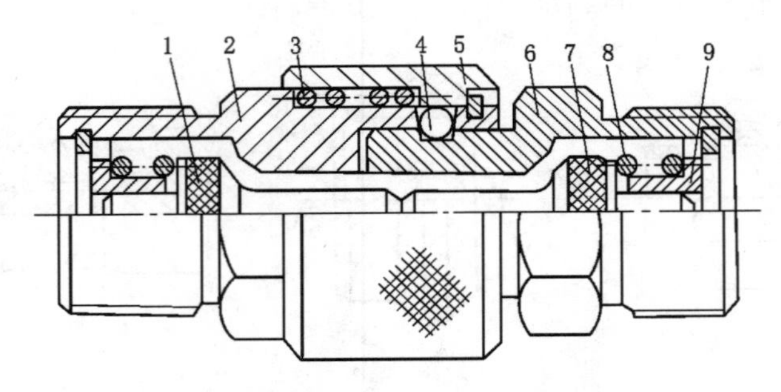

图 2-3-15 快速装拆管接头

1,7——锥阀;2——接头体;3,8——弹簧;4——钢球;5——卡箍;6——接头芯子;9——弹簧座

三、蓄能器

(一) 蓄能器的结构

蓄能器是液压系统的一种储存液压能的装置,它储存多余的压力油,在系统需要的时候释放出来。目前常用的是利用气体膨胀和压缩进行工作的充气式蓄能器。根据结构又可分为活塞式、气囊式和隔膜式三种,下面主要介绍前两种蓄能器。

1. 活塞式蓄能器

活塞式蓄能器的结构如图 2-3-16 所示,是利用气体的压缩和膨胀来储存/释放压力能的,气体和油液在蓄能器中由活塞隔开。活塞式蓄能器结构简单,工作可靠,安装容易,维修方便,但活塞惯性大,活塞和缸壁间有摩擦,反应不够灵敏,密封要求高;不宜用于吸收脉动和液压冲击以及低压系统。此外,活塞的密封问题不能完全解决,密封件损坏后,会使气液混合,影响系统的工作稳定性。

2. 气囊式蓄能器

气囊式蓄能器的气囊惯性小,反应灵敏,与其他蓄能器比较,它的重量轻,尺寸小,安装维护方便,但气囊制造要求高。它在矿山机械中得到广泛应用。

气囊式蓄能器的结构如图 2-3-17 所示。它主要由充气阀、壳体、气囊、菌形阀等组成。气囊用特殊耐油橡胶制成,氮气由氮气瓶经充气阀充入气囊。充气阀实际上是一个单向阀。壳体由高强度无缝钢管制造。压力液体从蓄能器通液口进入,液压能转变为气体的压缩能储存,当系统需要液压能时,气囊膨胀,输出压力液体。菌形阀的作用是压力液体全部排出后,防止气囊膨胀到壳体外。菌形阀的弹簧具有足够的刚度,当蓄能器高速排液时,菌形阀也不致关闭。

根据蓄能器的用途不同,气囊的形状有梨形、折合形、波纹形三种。折合形皮囊容量较大,可用来储存能量;波纹形皮囊适用于吸收冲击,在应用时要根据液压系统的要求来选择气囊的结构形式。

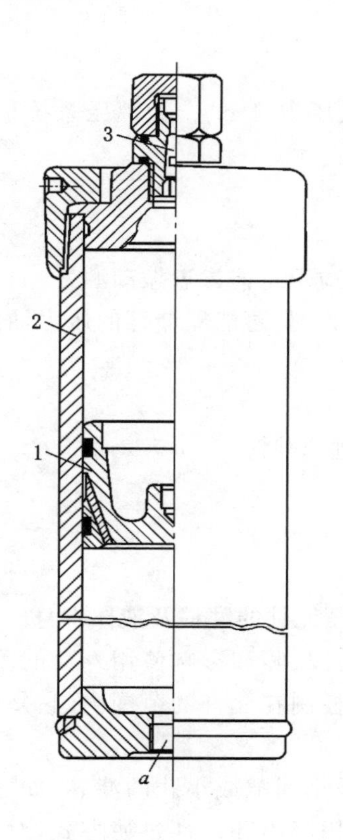

图 2-3-16 活塞式蓄能器

1——活塞;2——缸筒;3——气门

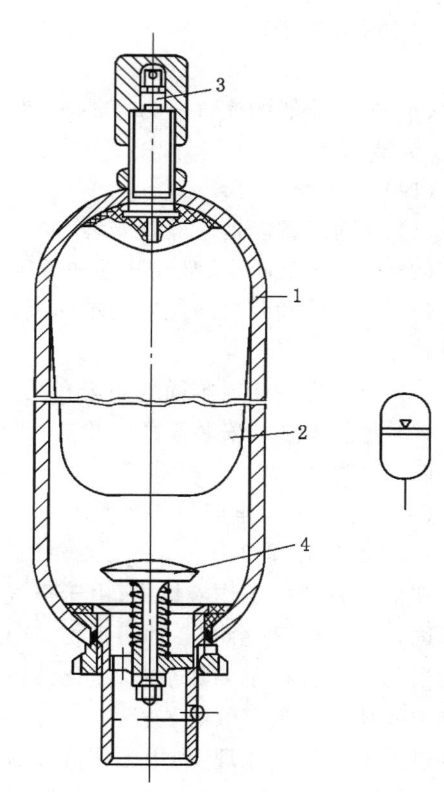

图 2-3-17 气囊式蓄能器

1——壳体;2——气囊;3——充气阀;4——菌形阀

(二) 蓄能器的用途

(1) 作辅助动力源。在间歇工作或实现周期性动作循环的液压系统中,蓄能器可以把液压泵输出的多余压力油储存起来,当系统需要时由蓄能器释放出来。这样可以减少液压泵的额定流量,从而减小电动机功率消耗,降低液压系统温升。

(2) 保压补漏。若液压缸在相当长的一段时间内保压而无动作,可令泵卸荷,用蓄能器保压并补充泄露。

(3) 作应急动力源。有的系统当泵损坏或停电不能正常工作时可能会发生事故,或供油突然中断而执行元件应继续完成必要的动作,均可用蓄能器作为应急动力源。

(4) 吸收系统脉动、缓和液压冲击。蓄能器可用于吸收泵、阀等产生的流量和压力脉动,吸收系统在启动、停止、换向时引起的液压冲击。

(三) 气囊式蓄能器的充气压力

蓄能器的充气压力与其用途有关,一般按以下关系式确定:

用于蓄能时

$$0.25p_2 \leqslant p_0 \leqslant 0.9p_1 \tag{2-3-1}$$

用于缓和冲击时

$$p_0 = 0.9p \tag{2-3-2}$$

用于吸收脉动时

$$p_0 = 0.6p \tag{2-3-3}$$

式中,p_0 为蓄能器的充气压力,Pa;p_1 为液压系统最低压力,Pa;p_2 为液压系统最高压力,Pa;p 为液压系统工作压力,Pa。

(四) 蓄能器的安装

(1) 气囊式蓄能器应竖直安装,油口向下。

(2) 用作降低噪声、吸收脉动和液压冲击的蓄能器应尽可能靠近振动源处。

(3) 蓄能器和泵之间应安装单向阀,以免泵停止工作时,蓄能器储存的压力油倒流而使泵反转。

(4) 必须将蓄能器牢固地固定在托架或基础上。

(5) 蓄能器必须安装于便于检查、维修的位置,并远离热源。

四、过滤器

(一) 过滤器的作用和性能要求

1. 过滤器的作用

在液压系统的工作液体中,由于空气中的灰尘、液压元件的磨损及液体本身的氧化变质等原因,不可避免地会有各种污染物,这是造成液压元件故障和影响使用寿命的重要原因。过滤器的作用就在于滤除杂质,净化液体,将污染程度控制在允许的范围内,它是清除工作液体中固体杂质最有效的装置。

过滤器的工作原理:利用工作液体流经具有无数微小间隙或小孔的滤芯(如网式、线隙式、纸芯式等),将其中的固体杂质滤除。另外,还可利用吸附和磁性过滤方式,对工作液体进行净化。为了便于滤芯的清洗和保证过滤精度稳定,一般过滤器都只能单向使用,即进、出油口不能反用,因此过滤器不能安装在液流方向可能变换的油路上。

2. 过滤器的主要性能参数

(1) 过滤精度

过滤精度是过滤器所能滤除的最小杂质颗粒大小,以颗粒直径 d 的公称尺寸表示。按过滤精度一般将过滤器分为四类:粗过滤器($d \geqslant 100\ \mu m$)、普通过滤器($d \geqslant 10\ \mu m$)、精过滤器($d \geqslant 5\ \mu m$)、特精过滤器($d \geqslant 1\ \mu m$)。

不同的液压元件或不同的系统工况对过滤精度要求也不同，一般要求工作液体中的杂质颗粒尺寸应小于元件运动副间隙的一半，通常高压元件的运动副间隙相对要小，所以过滤精度相对要求高。液体中允许的杂质颗粒尺寸可大致折算成与工作压力的关系，其推荐值见表 2-3-1。

表 2-3-1 过滤精度与压力的关系

系统类别	一般传动系统			伺服系统
压力/MPa	<7	7～35	>35	≤21
过滤精度/μm	25～50	≤25	≤10	≤5

（2）压力差

压力差是指过滤器通过一定流量的液体时，其进口与出口压力的差值。它与液体的流速、黏度和污染程度有关。其最大允许压力差通常由制造厂根据滤芯的强度和元件的结构而给定，一般为 0.3 MPa 左右。在实际使用中希望压力差尽量小，以减少能量损耗。液压泵吸液管的过滤器压力差视情况最好小于 0.015～0.035 MPa，压力管路的过滤器压力差应小于 0.05 MPa。

（3）过滤能力

过滤能力是指过滤器在规定压力差下，允许通过的最大流量。对过滤能力的要求，应结合过滤器在系统中安装的位置来考虑，如安装在液压泵吸液管路的过滤器，其过滤能力应为泵的流量的 2 倍以上；而安装在压力管路或回液管路上的过滤器，其过滤能力只要大于管路中最大的流量即可。

（4）额定压力

额定压力是指过滤器正常工作时所允许的最大压力。它与过滤器的结构和材料强度有关。

（二）常用过滤器的结构与性能

1. 网式过滤器

网式过滤器主要由黄铜滤网，金属骨架和上、下端盖组成，如图 2-3-18 所示。利用滤网滤除杂质，过滤精度随滤网规格而定。网式过滤器结构简单，过滤能力大，压力损失小（小于 0.02 MPa），一般安装于泵的吸液管路上，多为粗滤，保护液压泵。

国产网式过滤器的精度有 3 种：80 μm、100 μm、180 μm。

2. 线隙式过滤器

线隙式过滤器的结构如图 2-3-19 所示，其滤芯通常用直径 0.4 mm 的铜线或铝线（也有用不锈钢丝的）缠绕在开有孔眼的筒形芯架上做成。金属线经特别轧制，每隔一定距离压扁一小段，使缠绕后的金属线之间形成一定的缝隙，从而对液体进行过滤。

线隙式过滤器过滤精度较高，过滤能力较大，其缺点是不易清洗。它可以安装在泵的吸液管路、压力回路和回液管路中。当安装在吸液管路中时，采用 80 μm 和 100 μm 的过滤精度，其压力损失小于 0.02 MPa；当安装在压力回路和回液管路中时，采用 30 μm 和 50 μm 的过滤精度，其压力损失小于 0.06 MPa。

3. 纸芯式过滤器

纸芯式过滤器的结构如图 2-3-20 所示，主要由纸滤芯、铝外壳、压差指示器和滤芯安全

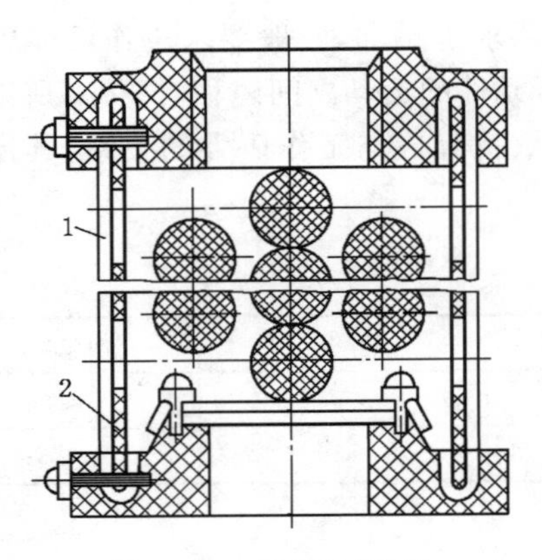

图 2-3-18 网式过滤器

1——骨架；2——过滤网

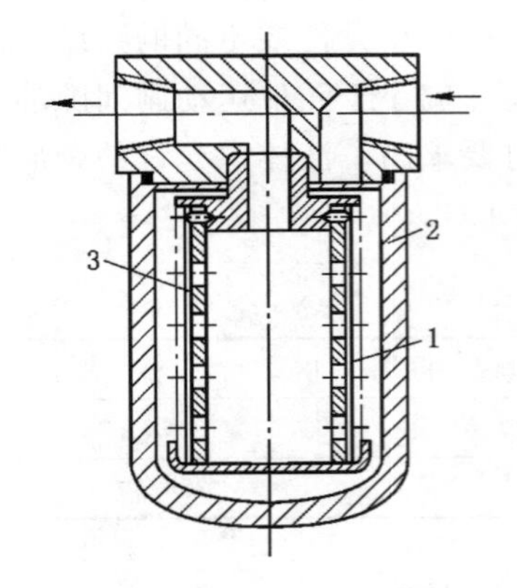

图 2-3-19 线隙式过滤器

1——滤芯；2——外壳；3——筒形芯架

阀组成。滤芯一般分为三层，中层是滤芯的主体，为增大过滤面积，由折叠成辐射状的滤纸围成，外层和内层是带孔金属筒架或金属网增加强度。它的特点是过滤精度高，可达 5～30 μm，通流能力大，有一定的耐压强度，但易堵塞，无法清洗，必须经常更换纸芯。

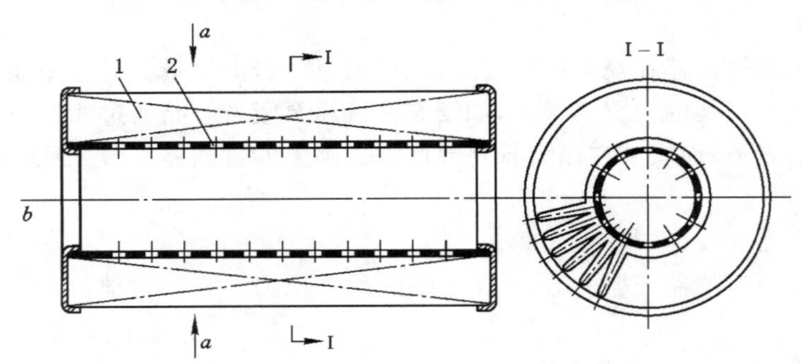

图 2-3-20 纸芯式过滤器

1——纸芯；2——筒形芯架

纸芯式过滤器常用于压力管路上。为防止纸芯堵塞后被击穿，避免未经过滤的液体进入液压系统，可设置压差指示器指示，以便及时更换纸芯。

滤芯安全阀由阀筒和弹簧组成，其阀口是一个 $\phi35.5\times0.5$ 的圆筒端面，当滤芯前后的压力差超过 0.35 MPa 时，阀口即开启，使滤网前后油路串通，以防止纸滤芯破损。

4. 烧结式过滤器

其滤芯可按需要制成不同的形状。选择不同粒度的粉末烧结成不同厚度的滤芯，可以获得不同的过滤精度（10～100 μm）。油液从侧孔进入，依靠滤芯颗粒之间的微孔滤去油液中的杂质，再从孔中流出。烧结式过滤器的过滤精度高，滤芯的强度高，抗冲击性能好，能在较高温度下工作，有良好的抗腐蚀性，且制造简单；缺点是易堵塞，难清洗，使用中烧结颗粒可能会脱落。一般用于要求过滤质量较高的液压系统中。

5. 磁性过滤器

磁性过滤器用于滤除油液中的铸铁末、铁屑等能磁化的杂质，通常与其他过滤器组合使

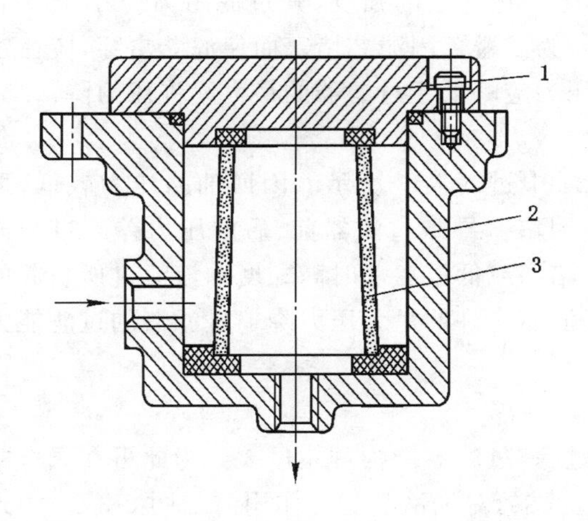

图 2-3-21　烧结式过滤器

1——端盖；2——壳体；3——滤芯

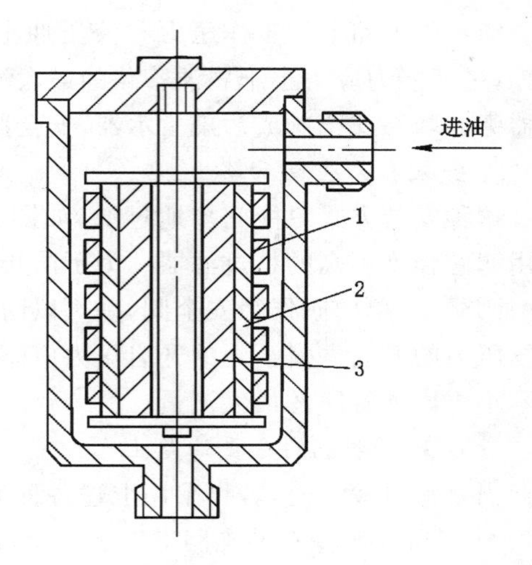

图 2-3-22　磁性过滤器

1——铁环；2——非磁性罩；3——永久磁铁

用。它由圆筒式永久磁铁 3、非磁性罩 2 及罩外的多个铁环 1 等零件组成。铁环之间保持一定距离，并用铜条连接(图中未画出)。当液流流过过滤器时，能磁化的杂质即被吸附于铁环上而起到滤清作用。

过滤器的图形符号如图 2-3-23 所示。

(三) 过滤器的安装位置

过滤器可以安装在液压系统的不同部位，一般有下列几种安装形式。

1. 安装在液压泵的吸油管路上

粗过滤器通常装在泵的吸油管路上，并需浸没在油箱液面以下，用以保护泵，如图 2-3-24中过滤器 1 所示。将粗过滤器安装在泵的吸液管路上是常用的方式，它的通油能力应在液压泵流量的 2 倍以上，并需要经常清洗，其压力损失不得超过 0.035 MPa。

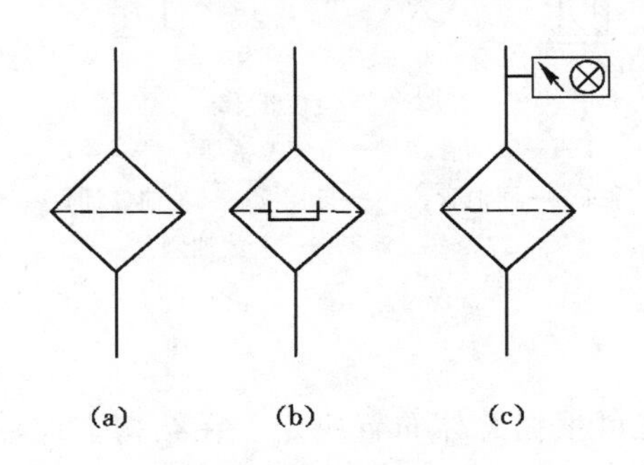

图 2-3-23　过滤器的图形符号

(a) 过滤器(一般符号)；(b) 磁性过滤器；(c) 污染指示过滤器

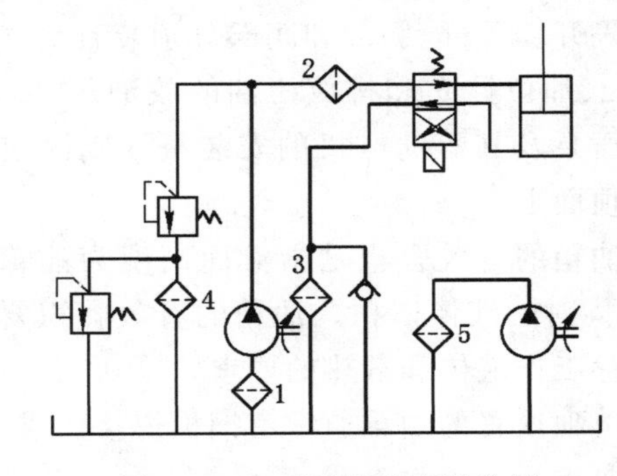

图 2-3-24　过滤器的安装位置

2. 安装在泵的出口油路上

如图 2-3-24 中过滤器 2 所示，这种安装主要用来保护液压系统中除液压泵和溢流阀以外的所有元件。一般采用 10～15 μm 过滤精度的精密过滤器。由于过滤器在高压下工作，它应能承受油路上的工作压力和液压冲击，因此要有一定的强度，其过滤阻力应小于 0.35 MPa，过滤能力应不小于压油管路的最大流量。为了避免因滤芯堵塞而使滤芯击穿，应在过滤器旁并联一安全阀或污染指示器，安全阀的压力应略低于过滤器的最大允许压力降。

3. 安装在系统回油路上

这种安装方式只能间接地过滤，如图 2-3-24 中过滤器 3 所示。因回油路压力较低，可采用滤芯强度不高的精过滤器。为了防止滤芯因堵塞导致过滤器前、后的压力差超过允许值，常并联一单向阀作为安全阀，并可以防止因堵塞或低温启动时高黏度油液流过所引起的系统压力的升高。安全阀的开启压力应略低于滤芯允许的最大压力降。过滤器的过滤能力应不小于回油管路的最大流量。

4. 安装在系统的分支油路上

当泵流量较大时，若仍采用上述各种油路过滤，过滤器结构可能过大。为此可在只有泵流量 20%～30%左右的支路上安装一小规格过滤器，对油液起滤清作用。如图 2-3-24 中过滤器 4 所示。

5. 安装在系统以外的过滤回路上

大型液压系统可专设液压泵和过滤器来滤除油液中的杂质，以保护主系统。过滤车即是这种单独过滤系统，如图 2-3-24 中过滤器 5 所示。研究表明：在压力和流量波动下，一般过滤器的功能会大幅度降低。而系统外的单独过滤回路却没有，故过滤效果较好。

五、油箱

油箱的用途主要是储存液压系统所需的工作液体，同时兼有散热、沉淀杂质和分离气泡的作用。根据工作条件的不同，油箱可以单独设置，也可利用机器内部的部分空间作为油箱。油箱分为开式和闭式两种，使用最普遍的是开式油箱。油箱的典型结构如图 2-3-25 所示。油箱内部用隔板 7、9 将吸油管 1 与回油管 4 隔开。顶部、侧部和底部分别装有空气滤清器 2、油位计 6 和排放污油的放油阀 8。安装液压泵及其驱动电机的安装板 5 则固定在油箱顶面上。

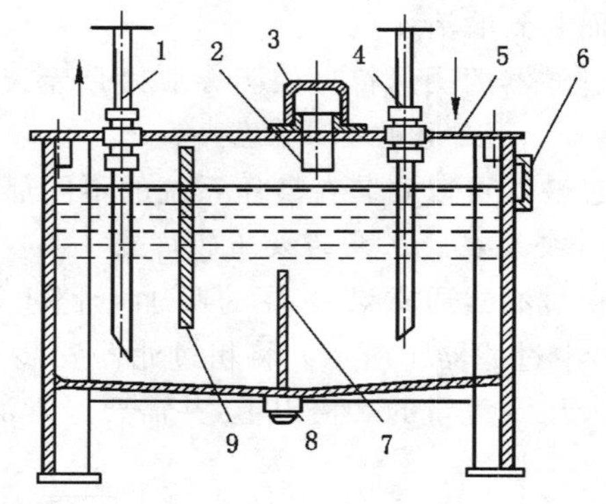

图 2-3-25 油箱

1——吸油管；2——空气滤清器；3——盖；4——回油管；5——安装板；6——油位计；7，9——隔板；8——放油阀

油箱的有效容积是指液面高度为油箱高度 80%时的液体体积。油箱的有效容积要满足储存工作液体和散热的要求。

单独设置的油箱通常由钢板焊接而成，其形状可根据总体布置决定。在结构上应注意如下要求：

(1) 必须保证足够的有效容积。

(2) 吸液管和回液管之间宜用隔板隔开，以增大循环距离，改善散热条件，并使液体中的杂质和气泡有较多的时间沉淀和浮升。隔板高度约为液面高度的 3/4。

(3) 吸液管和回液管应伸到最低液面以下，以防止卷吸空气和回液冲溅产生气泡，同时不能距箱底太近，其距离应大于管径的 2 倍。吸液管到箱壁的距离应大于管径的 3 倍，并应在管口装设粗过滤器。回液管口应切成 45°角，切口面向箱壁，以提高散热效果，并可减小液体的扰动。

(4) 油箱底部应具有适当的斜度，在最低位置处装设放液阀。

(5) 油箱顶盖应具有良好的密封，并装设带滤网的注液孔和带空气滤清器的通口，防止杂质混入，使大气接触液面。

(6) 油箱侧壁应装设液位指示器(液位计)，箱壁应涂刷耐油涂料等。

(7) 油箱正常工作温度在 30～50 ℃之间，最低不能低于 15 ℃，最高不超过 65 ℃。

六、热交换器

热交换器用于控制工作液体的温度。液压系统工作液体的温度会升高，如果油箱的散热能力不够，就必须设置冷却器；在工作液体温度过低时，还要在油箱内设置加热器，以降低液体的黏度。

(一) 冷却器

冷却器利用冷却介质的循环、流动把热量带走，以达到冷却的目的。常用的冷却器按介质分为水冷式和风冷式两种。水冷式按结构可分为蛇管式、多管式、板翅式。水冷式常用于采掘机械的液压系统。风冷式冷却器结构比较简单，适用于行走机械的液压系统。

1. 蛇管式冷却器

蛇管式冷却器需安装于油箱中，是最简单的冷却装置。冷却水从蛇形管中流过，将油箱中热量带走。它结构简单，但耗水量大，效果不够理想。

2. 多管式冷却器

多管式冷却器是一种强制对流的冷却器，常安装在回液管路上，其结构如图 2-3-26 所示。冷却水从 c 孔进入，经多根铜制水管的内部从 d 孔流出，工作液体从 a 孔进入，在水管外部通过，从 b 孔流出。挡板用来增加工作液体的流动路程和紊流程度，以提高冷却效果。

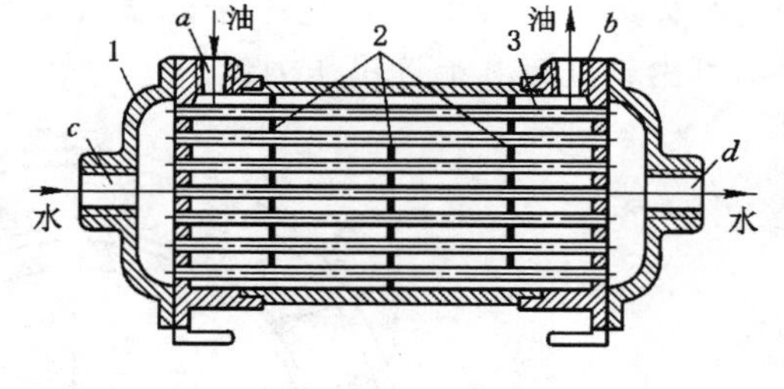

图 2-3-26　多管式冷却器

1——壳体；2——隔板；3——水管

3. 板翅式冷却器

板翅式冷却器也是一种强制对流的冷却器，常安装在回液管路上，其结构如图 2-3-27(a)所示，它主要由芯子和外壳组成。冷却器的芯子共有 6 个芯片，彼此间隔一定的距离，内部通油，外部通水，每个芯片由凹凸形的翅片和 2 个板片组成，其材料为铝片或铜片，芯片结构原理如图 2-3-27(b)所示。工作液体从外壳的 a 口进入翅片，经凹凸形翅片间形成的通道曲折流动，冷却后从 b 口流出；冷却水从外壳的 c 口进入，通过板片的外部从 d 口流出。翅片增大了传热面积，并增加了工作液体的紊流程度，所以冷却效果好，且结构紧凑，体积小。

(二) 加热器

液压系统中油温过低时可使用加热器，一般常采用结构简单、能按需要自动调节最高最低温度的电加热器。电加热器的安装方式如图 2-3-28 所示。电加热器水平安装，发热部分应全部浸入油中，安装位置应使油箱内的油液有良好的自然对流，单个加热器的功率不能太大，以避免其周围油液过度受热而变质。

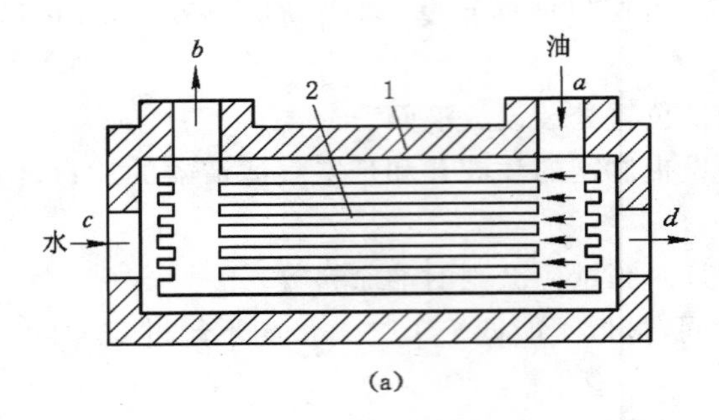

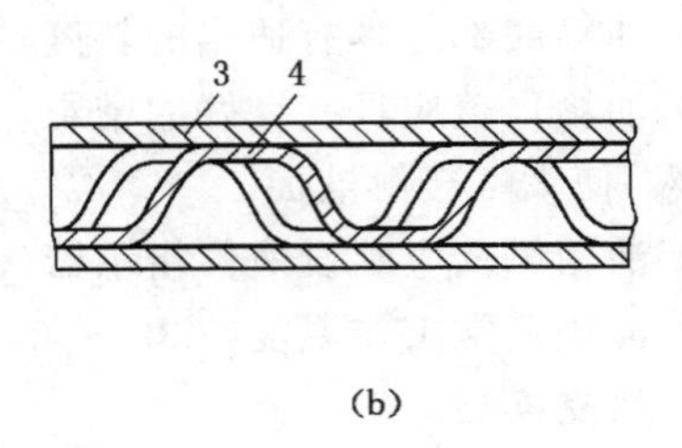

图 2-3-27 板翅式冷却器

1——外壳；2——芯子；3——板片；4——翅片

七、压力表及压力表开关

(一) 压力表

液压系统各部位的压力可通过压力表观测，以便调整和控制。压力表的种类很多，最常用的是弹簧管式压力表，如图 2-3-29 所示。

压力油进入扁截面弹簧弯管 1，弯管变形使其曲率半径加大，端部的位移通过杠杆 4 使齿扇 5 摆动。于是与齿扇 5 啮合的小齿轮 6 带动指针 2 转动，这时即可由刻度盘 3 上读出压力值。

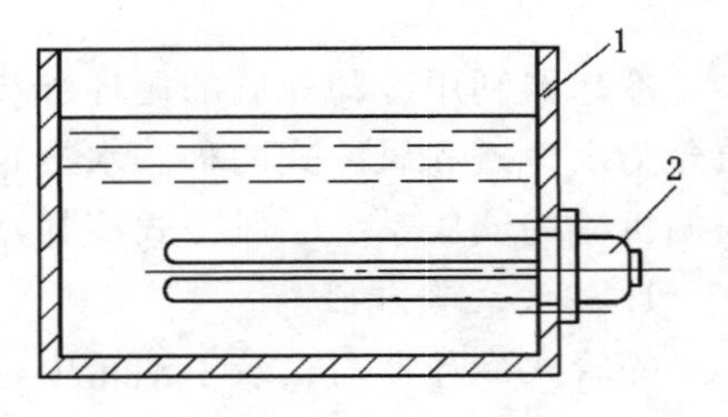

图 2-3-28 电加热器安装示意图

1——油箱；2——电加热器

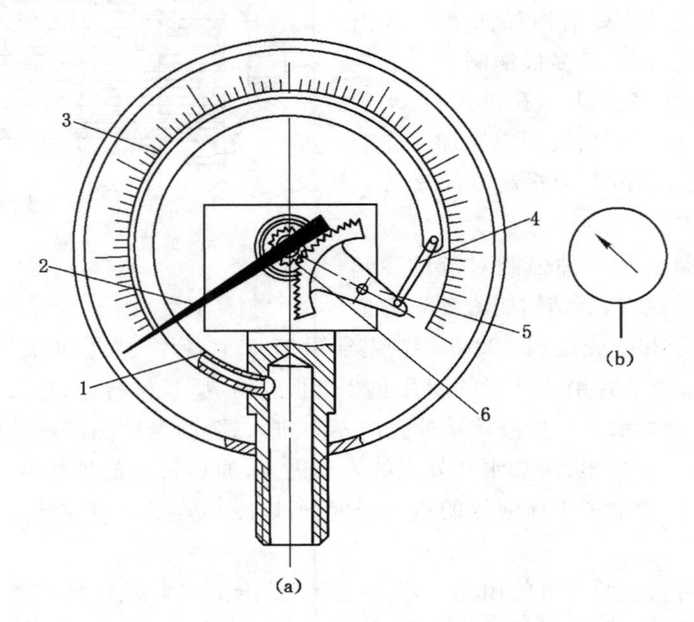

图 2-3-29 弹簧管式压力表

(a) 结构；(b) 图形符号

1——弹簧弯管；2——指针；3——刻度盘；4——杠杆；5——齿扇；6——小齿轮

压力表有多种精度等级。普通精度的有1、1.5、2.5等，精密型的有0.1、0.16、0.25等。精度等级的数值是压力表最大误差占量程(表的测量范围)的百分数。例如，2.5级精度，量程为6 MPa的压力表，其最大误差为6×2.5% MPa(即0.15 MPa)。一般机床上的压力表用2.5～4级精度即可。压力表上的读数为液体的相对压力值。

用压力表测量压力时，被测压力不应超过压力表量程的3/4。压力表必须直立安装。压力表接入压力管道时，应通过阻尼小孔，以防止被测压力突然升高而将表冲坏。当液压系统进入正常工作状态后，应使压力表与系统油路断开，以保护压力表并延长其使用寿命。

(二)压力表开关

压力油路与压力表之间必须装一压力表开关。实际上它是一个小型的截止阀，用以接通或断开压力表与油路的通道。压力表开关分为一点、三点、六点等。多点压力表开关可使压力表油路分别与几个被测油路连通，因而用一个压力表可检测多点处的压力。

图2-3-30所示为六点压力表开关。图示位置为非测量位置，此时压力表油路经槽a、小孔b与油箱连通。若将手柄向右推进去，沟槽a将把压力表油路与测量点处的油路连通，并将压力表油路与通往油箱的油路断开，这时便可测出该测量点的压力。如将手柄转到另一个测量点位置，则可测出其相应压力。压力表中的过油通道很小，可防止指针的剧烈摆动。

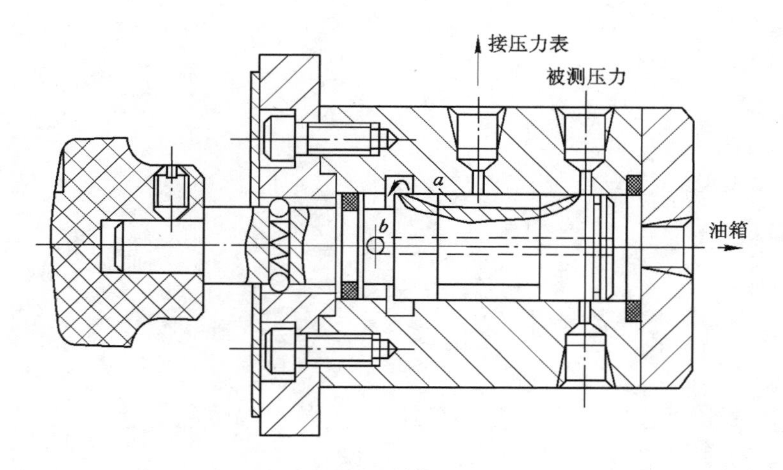

图2-3-30　六点压力表开关

当液压系统进入正常工作状态后，应将手柄拉出，使压力表与系统油路断开，以保护压力表并延长其使用寿命。

任务实施

实训项目：液压辅助元件识别与分析

(1) 现场观察各种液压辅助元件，认识其结构并分析其作用。

(2) 熟悉各液压辅助元件在回路中的连接方法。

(3) 填写工作页中实训报告相关内容。

思考与练习

1. 液压辅助元件包括哪些元件？
2. 常用的管接头有哪几种？
3. 过滤器有何作用？常用的过滤器有哪几种？
4. 蓄能器能起哪些作用？
5. 密封方式有哪几种？常用的密封圈有哪几种？
6. 说明板翅式冷却器的冷却原理。
7. 说明弹簧管式压力表的工作原理。

项目三　液压控制阀与基本回路

任务一　方向控制阀与方向控制回路

任务概述

一、任务描述

任何一个液压系统，不论简单还是复杂，要想正常工作都必须有液压阀。在液压系统中，用于控制系统中液流方向、压力和流量的元件总称为液压控制阀。用不同的阀，经过不同形式的组合，可以控制液压系统的压力、油路方向以及执行元件运动方向、输出力和力矩的大小、运动速度的快慢等，以满足不同液压设备的要求。本任务学习方向控制阀及方向控制回路。

二、任务要求

（1）知识要求：掌握普通单向阀与液控单向阀的工作原理与结构组成；掌握各种液压换向阀的换向原理；掌握液压三位四通换向阀的中位机能；掌握各种液压换向阀的职能符号画法；掌握各种液压换向回路的工作原理。

（2）能力要求：能根据实物识别各种液压单向阀与换向阀；能根据液压回路工作要求正确选用换向阀；能正确设计出基本的液压换向回路；能正确连接基本的液压换向回路，并启动运行；能排查回路运行过程中出现的故障。

相关知识

一、液压阀基本概念

（一）各类液压阀的共性

液压控制阀的种类很多，但各种阀都有共同之处，即：

（1）在结构上，所有的阀都由阀体、阀芯和驱动阀芯动作的元器件组成；

（2）在工作原理上，所有液压阀的开口大小、进出口间的压差以及通过阀的流量之间的关系都符合孔口流量公式，仅是各种阀控制的参数不同而已。

（二）液压控制阀的类型

1. 按用途分类

液压阀可分为方向控制阀、压力控制阀、流量控制阀。这三类阀还可根据需要互相组合成为组合阀，使得其结构紧凑，连接简单，并提高了效率。

2. 按控制方式分类

液压阀可分为开关阀、比例阀、伺服阀和数字阀。开关阀调定后只能在调定状态下工作，比例阀和伺服阀能根据输入信号连续地或按比例地控制系统的参数；数字阀指用数字信息控制阀的动作。

3. 按安装连接形式分

(1) 管式连接。又称螺纹式连接，阀的油口用螺纹管道及其他元件连接，并由此固定在管路上。

(2) 板式连接。阀的各油口均布置在同一安装面上，并用螺钉连接在与阀有对应油口的连接板上，再用管接头和管道及其他元件连接；或者，把几个阀用螺钉固定在一个集成块的不同侧面上，在集成块上打孔，沟通各阀组成回路。由于拆卸时无须拆卸与之连接的其他元件，故这种安装连接方式应用较广。

(3) 叠加式连接。阀的上下面为连接结合面，各油口分别在这两个面上，且同规格阀的油口连接方式相同。每个阀除其自身的功能外，还起油路通道的作用，阀相互叠装便成回路，无须管道连接，故结构紧凑，压力损失小。

(4) 插装式连接。这类阀无单独阀体，由阀芯、阀套等组成的单元体插装在插装块体的预制孔中，用连接螺纹或盖板固定，并通过块内通道把各插装式阀连通组成回路，插装块体起到阀体和管路的作用。这是适应液压系统集成化而发展起来的一种新型安装连接方式。

(三) 液压阀的性能参数

阀的规格大小用公称通径 DN(单位 mm)表示。DN 是阀进、出油口的名义尺寸，它和实际尺寸不一定相等。

对于不同类型的各种阀，还用不同参数表征其不同的工作性能，一般有压力、流量的限制值，以及压力损失、开启压力、允许背压、最小稳定流量等。供货方同时在产品样本中给出若干条特性曲线，供使用者确定不同状态下的性能参数值。

(四) 对液压阀的基本要求

(1) 动作灵敏，使用可靠，工作时冲击和振动小。

(2) 阀口全开时，油液流过的压力损失小；阀口关闭时，密封性能要好。

(3) 所控制的参数稳定性好，受外界干扰时变化量要小。

(4) 结构紧凑，安装、调整、使用、维护方便，通用性大。

二、方向控制阀的结构与工作原理

方向控制阀包括单向阀和换向阀。它的主要作用是通过阀芯和阀体间相对位置的改变，实现液压系统中各油路之间通断关系的改变，从而控制油液流动方向，最终满足执行元件的启动、停止及运动方向的变换等工作要求。

(一) 单向阀

单向阀在液压系统中主要用来控制油液的单向流动，不允许倒流，如单向阀用于液压泵的出口以防止系统油液倒流入泵内；也用于隔开油路之间的联系，防止油路相互干扰等。常用的单向阀有普通单向阀和液控单向阀。

1. 普通单向阀

油液只能沿一个方向流动，不允许反向倒流。图 3-1-1(a)所示是一种管式普通单向阀的结构，阀芯为锥阀式(小规格直通式阀有用钢球作阀芯的)。它由阀体、阀芯和弹簧等元件组成。压力为 p_1的油液从左端流入，若流入的油液对阀芯产生向右的作用力大于右端压力为 p_2的油液和弹簧对阀芯产生的向左的作用力之和，则阀芯向右运动，打开阀口，油液从左端流向右端。反之，则阀口关闭，油液无法通过。图 3-1-1(b)所示为直角式(板式)单向阀，其工作原理同上。

单向阀中的弹簧仅用于使阀芯在阀座上就位，刚度较小，故开启压力很小，一般单向阀的正向开启压力只需 0.03～0.05 MPa，开启后进出口压差为 0.2～0.3 MPa。若系统作为背压阀用，则需换上刚度较大的弹簧，单向阀的开启压力会随之增大。

对单向阀的主要性能要求是：正向流动时阻力损失小；反向截止时密封性好，动作灵敏；工作时不应有噪声和振动。

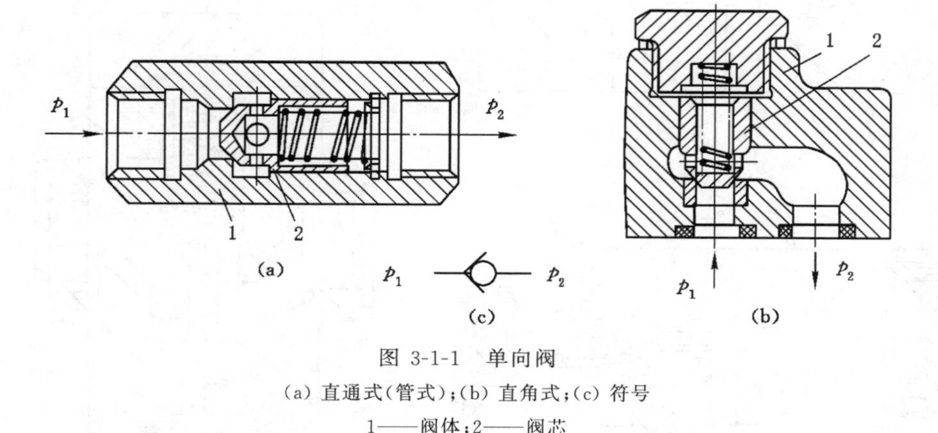

图 3-1-1　单向阀
(a) 直通式(管式)；(b) 直角式；(c) 符号
1——阀体；2——阀芯

2. 液控单向阀

液控单向阀是一种特殊的单向阀，它由单向阀和液控装置两部分组成，如图 3-1-2(a)所示，在结构上增加了控制油腔 a、控制活塞 1 及控制油口 K，这样当控制油口 K 未通压力油时，其作用与普通单向阀相同，正向导通，反向截止。当控制油口通以一定压力的压力油时，推动活塞 1 使锥阀芯 2 右移，阀即保持开启状态，油液就可以倒流。油液反向流动时，进油压力相当于系统工作压力，通常很高，控制活塞 1 的背压(即 p_1)也可能较大。控制油的开启压力必须很大才能顶开阀芯，这种方式称为内泄式。内泄式会影响液控单向阀的工作可靠性，解决的办法是：

(1) 如图 3-1-2(b)所示，对于压力 p_1 较高造成控制活塞背压较大的情况，设置外泄口 L，以降低控制活塞背压，这种结构的阀称外泄式液控单向阀。

(2) 如图 3-1-2(d)所示，对于压力 p_2 很高的情况，可采用先导阀预先卸压。即在单向阀的锥阀中心装一更小的锥阀芯 3(有的是钢球)，称先导阀芯。先导阀芯无须多大推力便可被先行顶开，p_1、p_2 油液随即通过先导阀芯圆杆上的小缺口相互沟通，使 p_2 油液逐渐卸压，直至控制活塞较易地将主阀芯推离阀座，使单向阀的反向通道打开。

液控单向阀的符号见图 3-1-2(c)所示。液控单向阀未通控制油时具有良好的反向密封性能，常用于保压、锁紧和平衡回路。

3. 双向液控单向阀

为了锁紧油路需要，还有一种双向液控单向阀，它实际上是由两个液控单向阀组合而成，主要用来实现双向锁紧回路。如煤矿用支护设备液压支架的立柱往往采用双向锁紧回路。其原理图如图 3-1-3 所示。

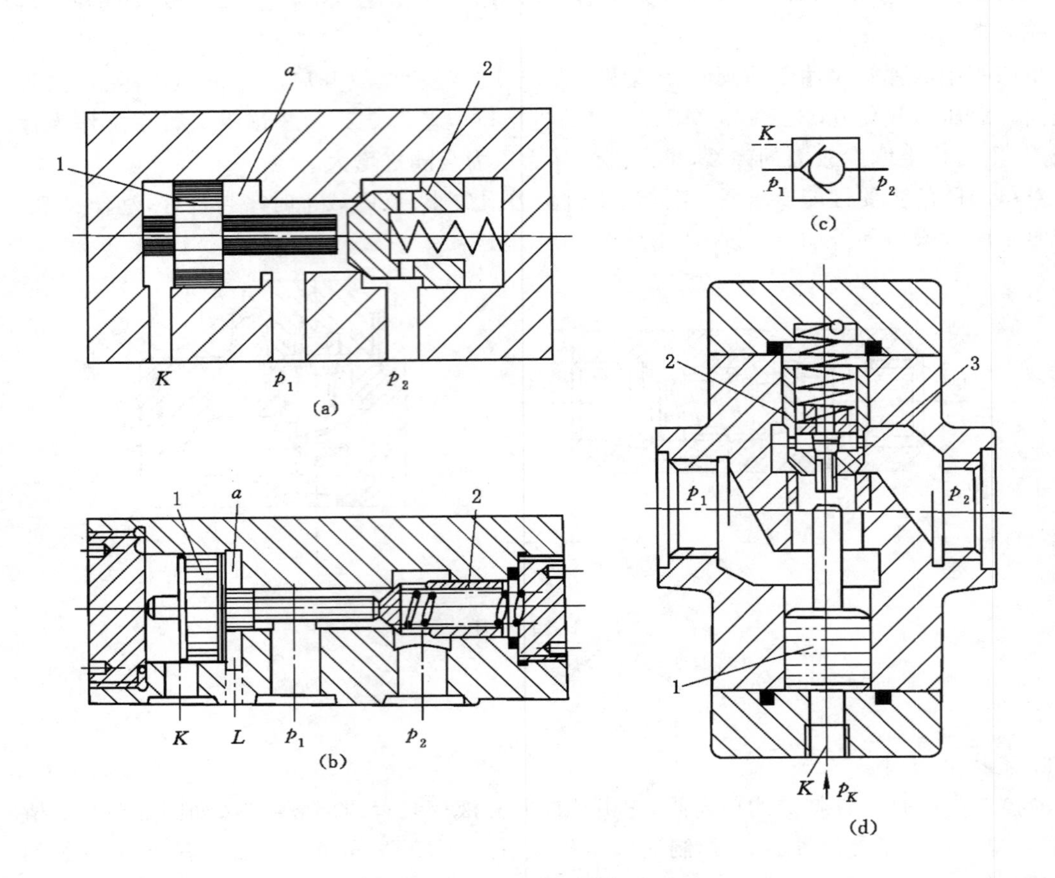

图 3-1-2 液控单向阀

(a) 内泄式;(b) 外泄式;(c) 符号;(d) 先导型

1——活塞;2,3——锥阀芯

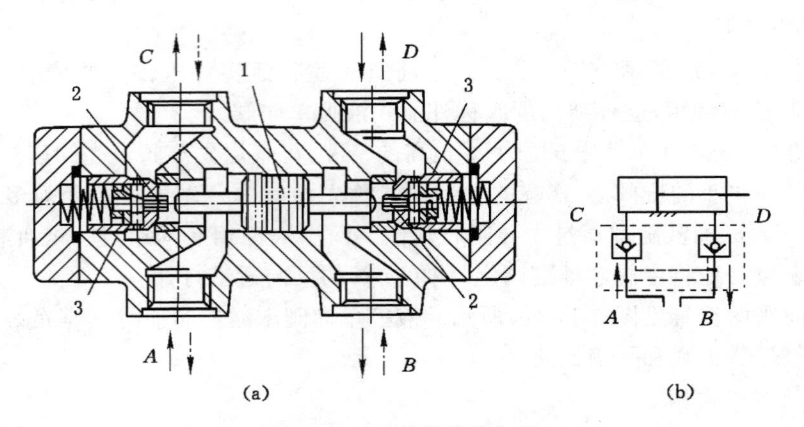

图 3-1-3 双向液控单向阀

(a) 原理图;(b) 图形符号

1——活塞;2——顶杆;3——阀体

在图 3-1-3(a)中，当 A 口进高压液流时，在液压力作用下左边的单向阀正向导通，同时右端的单向阀由控制活塞 1 打开，D 口油液反向回流；当 B 口油液为高压油液时，在液压力作用下右边的单向阀正向导通，同时左端的单向阀由控制活塞 1 打开，C 口油液反向回流。停止供给高压油时，左、右两单向阀在弹簧及液压力作用下同时关闭，执行机构锁紧。

图 3-1-3(b)所示虚线框中为双向液压锁的图形符号，阀的出油端连接了执行机构液压缸，实现了液压缸的左右往复运动和双向锁紧。

（二）换向阀

1. 换向阀的工作原理

换向阀的作用是变换阀芯在阀体内的相对工作位置，使阀体各油口连通或断开，从而控制执行元件的换向或启停。

换向阀的工作原理如图 3-1-4 所示。在图示位置，液压缸两腔不通压力油，处于停机状态。若使换向阀的阀芯 1 左移，阀 2 上的油口 P 和 A 连通，B 和 T 连通。压力油经 P 和 A 进入液压缸左腔，活塞右移，右腔油液经 B 和 T 回油箱。反之，若使阀芯右移则 P 和 B 连通，A 和 T 连通，活塞便左移。

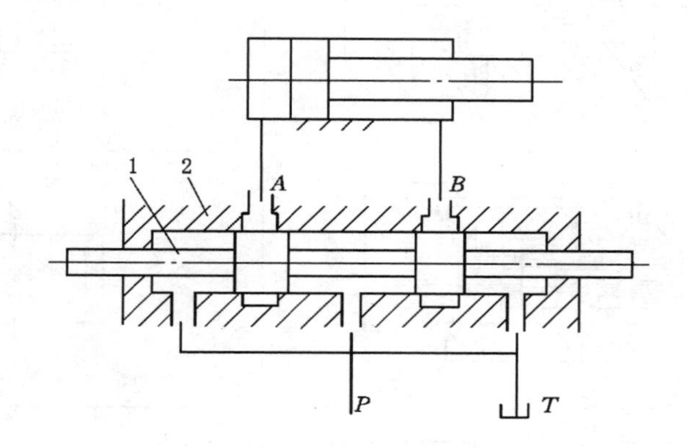

图 3-1-4　换向阀的工作原理

1——阀芯；2——阀体

2. 换向阀的分类与图形符号

(1) 换向阀的分类

换向阀可按不同的特征进行分类。按通路数分为一通、二通、三通、四通等；按工作位置数可分为二位、三位、四位等；按控制方式可分为电磁换向阀、液动换向阀、电液换向阀、手动换向阀、机动换向阀和气动换向阀；按阀芯形式可分为滑阀式换向阀和转阀式换向阀。

(2) 换向阀的图形符号

液压阀的结构复杂，类型多。在液压系统图中，一般用一些图形符号来表示。滑阀式换向阀在液压系统中的应用相对转阀式广泛，表 3-1-1 仅列出了滑阀式换向阀的结构原理图和图形符号。

表 3-1-1　　换向阀的结构原理图和图形符号

名称	结构原理图	图形符号
二位二通	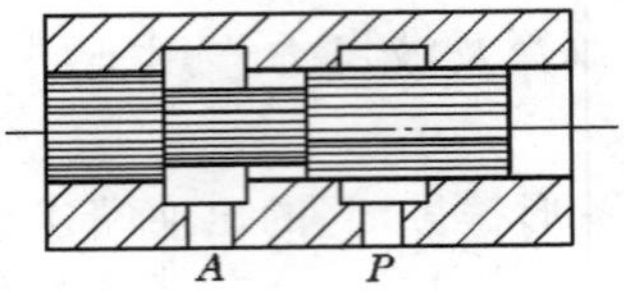	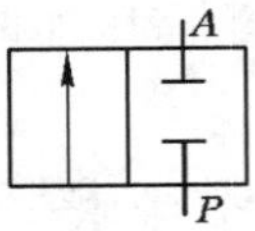
二位三通	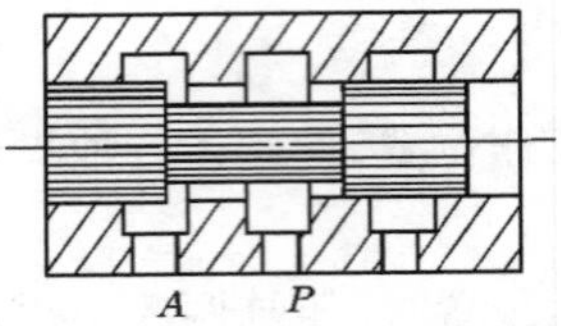	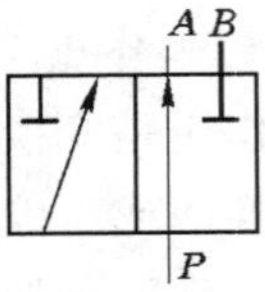
二位四通	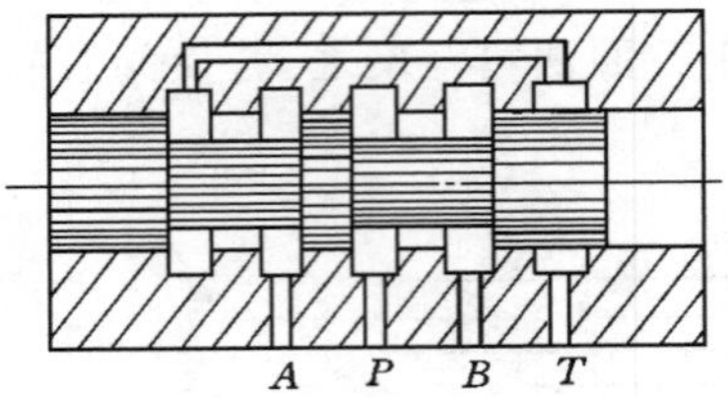	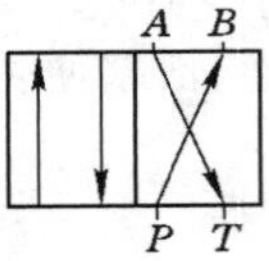
三位四通	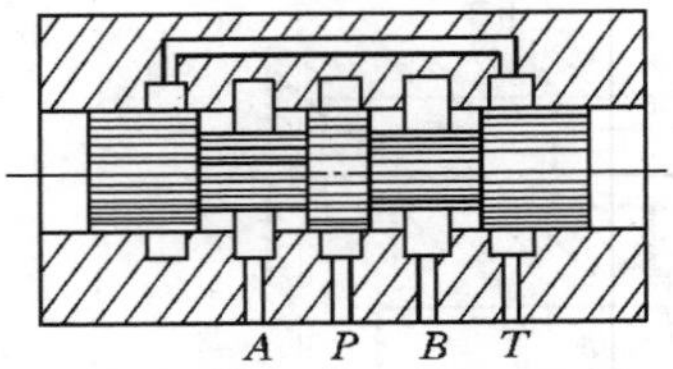	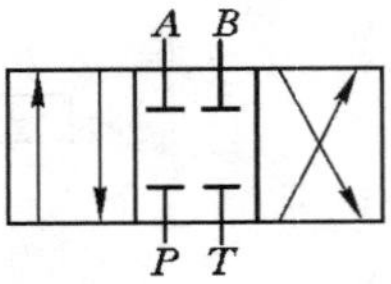
二位五通	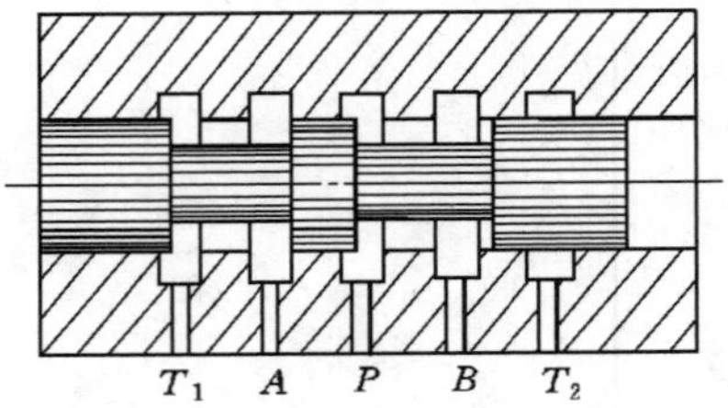	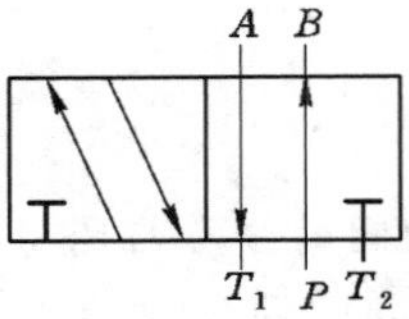

表 3-1-1 中符号的含义为：

(1) 通常用一个粗实线方框表示一个工作位置，几位用几个框；一个方框的上边和下边与外部连接的接口数表示几“通”。

(2) 换向阀与外部连接的接口中若某两油口相通，用带箭头直线连通，但不一定表示油液的实际流向；若断开时用符号“⊥”或“⊤”表示。

(3) P、A、B、T……中，P 一般表示进油口，T 表示回油口，A、B 口与执行元件的工作油口连接，这些字母仅在一个工作位上标出即可，一般在常态位置上。三位阀的中间一位是常态位置，油路应该连接在常态位置。

3. 三位换向阀的中位机能

三位换向阀常态位（即中位）各油口的连通方式称为中位机能。中位机能不同，中位时对系统的控制性能也不相同。不同机能的阀，阀体通用，仅阀芯台肩结构、尺寸及内部通孔情况有区别。

表 3-1-2 列出三位四通阀五种常用的中位机能形式、结构原理和符号。另外，还有 J、C、K 等多种形式中位机能；阀的非中位有时也兼有某种机能，如 OP、MP 等形式，它们的符号示例见表 3-1-2 右栏。

表 3-1-2　　三位四通阀的中位机能

形式	结构原理图	中位符号	中位油口状况和特点	其他机能符号示例
O	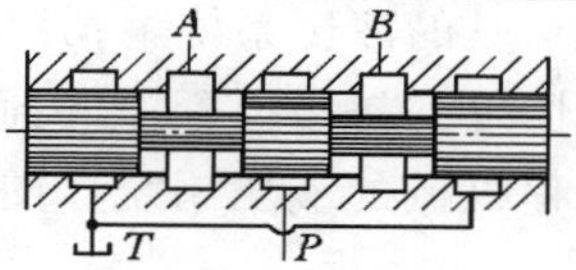 A B T P	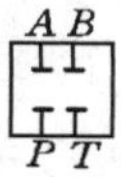 A B P T	回油口全封，执行元件闭锁，泵不卸荷	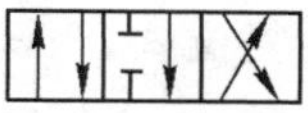 J 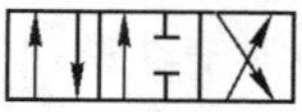 C X U N K OP MP
H	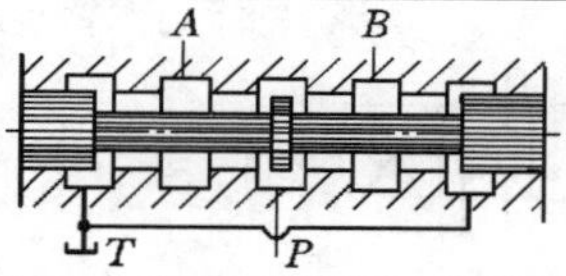 A B T P	 A B P T	回油口全通，执行元件浮动，泵卸荷	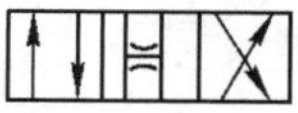 
Y	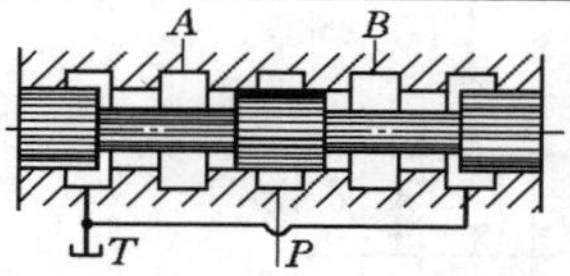 A B T P	 A B P T	P 口封闭，A、B、T 口相通，执行元件浮动	
P	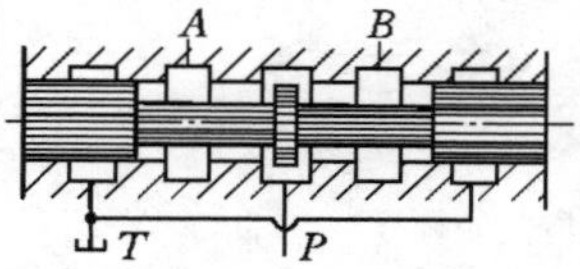 A B T P	 A B P T	T 口封闭，A、B、T 口相通，单杆缸差动，泵不卸荷	 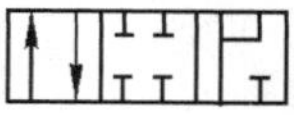
M	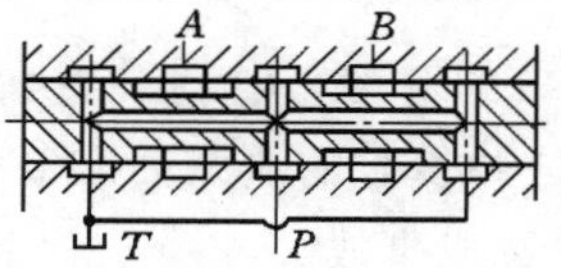 A B T P	 A B P T	P、T 口相通，A、B 口封闭，执行元件封锁，泵卸荷	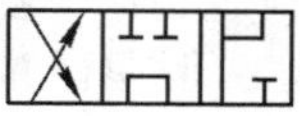

对中位机能的选用要根据不同的工作要求，考虑阀在中位时执行元件的换向精度、换向和启动的平稳性、是否需要卸荷、是否对其他支路供油等因素综合确定。通常考虑以下几点：

（1）系统保压中位为 O 型，P 口被堵塞时，此时油需从溢流阀流回油箱，增加功率消耗，但是液压泵能用于多缸系统。当 P 口不太通畅地与 T 口相通时，系统能保持一定的压力供控制油路使用。

（2）系统卸荷：中位 M 型，当方向阀于中位时，因 P、T 口相通，泵输出的油液不经溢流阀即可流回油箱，由于直接接油箱，所以泵的输出压力近似为零，也称泵卸荷，减少功率损失。

(3) 换向平稳性与精度：A、B 口都堵塞时，换向过程中易产生液压冲击，换向不平稳，但换向精度高；都与 T 口接通时，换向过程中工作部件不易制动，换向精度低，但冲击小。

(4) 启动平稳性：阀在中位时，液压缸某腔如通油箱，启动时该腔内无足够的油液起缓冲作用，启动不平稳。

(5) 液压缸浮动和在任意位置上停止：A、B 两油口互通，浮动；A、B 两油口堵塞在任意位置上停止。

4. 几种常用换向阀的结构

(1) 手动换向阀

手动换向阀是利用手动杠杆来改变阀芯位置实现换向的。阀芯在阀体内的定位形式有两种途径：一种是钢球定位式，当操纵手柄的外力取消后，可由钢球卡在定位槽中，保持阀芯处于换向位置，因而可用于工作持续时间较长的场合，如机床卡具的液压系统中；另一种是自动复位式，当操纵手柄的外力取消后，在弹簧力作用下自动回复到初始位置，因而适用于动作频繁、工作持续时间短、必须由人操作控制的场合，如工程机械的液压系统。图 3-1-5 所示为手动换向阀的原理图及符号。

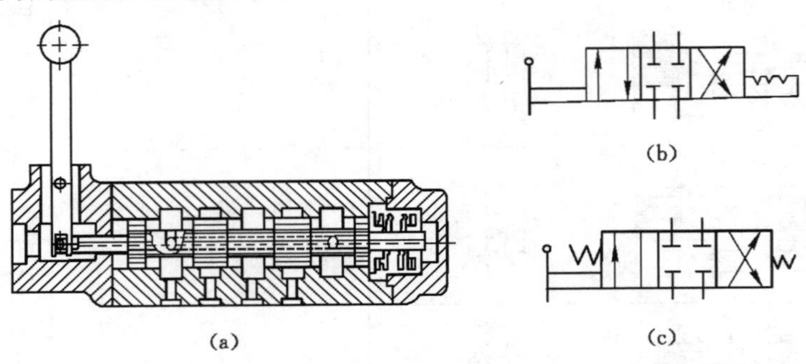

图 3-1-5 手动换向阀

(a) 原理图；(b) 钢球定位式的符号；(c) 弹簧自动复位式的符号

手动换向阀结构简单，动作可靠，有的还可以人为控制阀口的开度，从而控制执行元件的速度，但换向精度和平稳性不高。使用中须注意：定位装置或弹簧腔的泄漏油需单独用油管接入油箱，否则漏油积聚会产生阻力，以致不能换向，甚至会造成事故。

(2) 机动换向阀

机动换向阀又称行程阀，它利用安装在运动部件上的挡块或凸轮压阀芯端部的滚轮使阀芯移动，从而使油路换向。这种阀通常为二位阀，并用弹簧复位，主要用来控制机械运动部件的行程，如图 3-1-6 所示。机动换向阀结构简单，动作可靠，换向位置精度高，改变挡块的迎角 α 或凸轮外形，可使阀芯获得合适的换向速度，以减小换向冲击。但这种阀须安装在被控运动件附近，而与其他液压元件安装距离较远，因而不易集成化，且整个液压装置不够紧凑。

(3) 电磁换向阀

电磁换向阀是利用电磁铁吸力操纵阀芯换位的方向控制阀。它是电气系统与液压系统之间的信号转换元件，液压设备中的按钮开关、限位开关、行程开关等电气元件发出电气信号后，通过电磁铁改变阀芯位置，可以使液压系统方便地实现各种操作或顺序动作。

图 3-1-7 所示为三位四通电磁换向阀的结构原理和符号。阀的两端各有一个对中弹簧，阀芯在常态时处于中位。当右端电磁铁通电吸合时，衔铁通过推杆将阀芯推至左端，换向阀就在右位工作；反之，左端电磁铁通电吸合时，换向阀就在左位工作。

电磁铁按使用电源不同，可分为交流和直流两种，按衔铁工作腔是否有油液又可分为干式和湿式。

交流电磁铁启动力较大，吸合、释放快，动作时间一般为 0.01～0.05 s，其缺点是若电源电压下降 15%以上，则电磁铁吸力明显减小，若衔铁不动作，干式电磁铁会在 10～15 s 后烧坏线圈（湿式电磁铁为 1～1.5 h），且冲击及噪声较大，寿命低。因而在实际使用中换向频率低，一般为 10 次/min，不得超过 30 次/min。

直流电磁铁工作可靠，吸合、释放动作时间一般为 0.05～0.08 s，允许切换频率较高。一般可达 120 次/min，最高可达 300 次/min，且冲击小，体积小，寿命长。其缺点是需有专门的直流电源，成本较高。

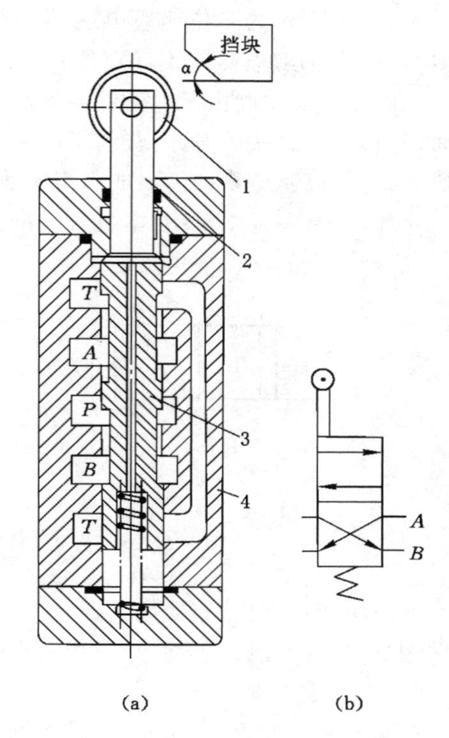

图 3-1-6　机动换向阀

(a) 结构原理；(b) 符号

1——滚轮；2——顶杆；3——阀芯；4——阀体

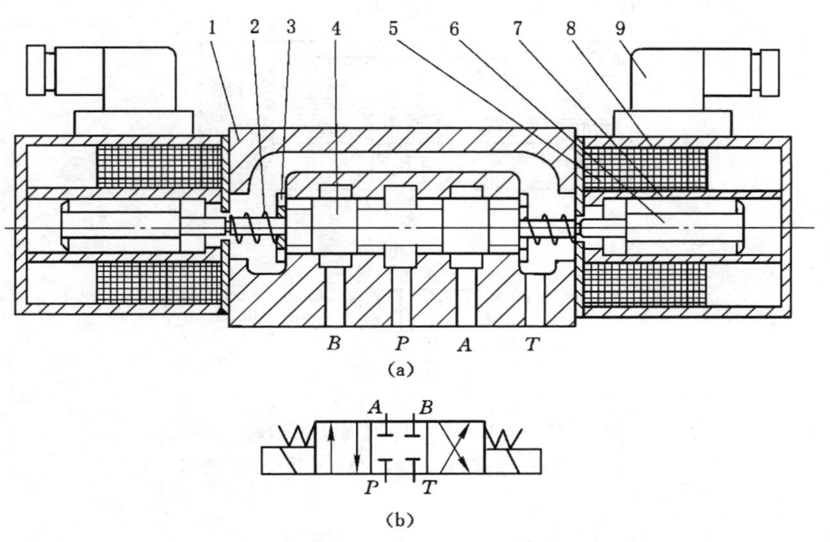

图 3-1-7　三位四通电磁换向阀

(a) 结构原理；(b) 符号

1——阀体；2——弹簧；3——弹簧座；4——阀芯；5——线圈；6——衔铁；7——隔套；8——壳体；9——插头组件

图 3-1-8 所示为二位四通电磁阀的符号。图 3-1-8(a)所示为单电磁铁弹簧复位式，图 3-1-8(b)所示为双电磁铁钢球定位式。二位电磁阀一般都是单电磁铁控制的，但无复位弹簧的双电磁铁二位阀由于电磁铁断电后仍能保留通电时的状态，从而减少了电磁铁的通电时间，延长了电磁铁的寿命，节约了能源。此外，当电源因故中断时，电磁阀的工作状态仍能保留下来，可以避免系统失灵或出现事故。

此外，还有一种本整型(本机整流型)电磁铁，其上附有二极管整流线路和冲击电压吸收装置，能把接入的交流电整流后自用，因而兼具了前述两者的优点。

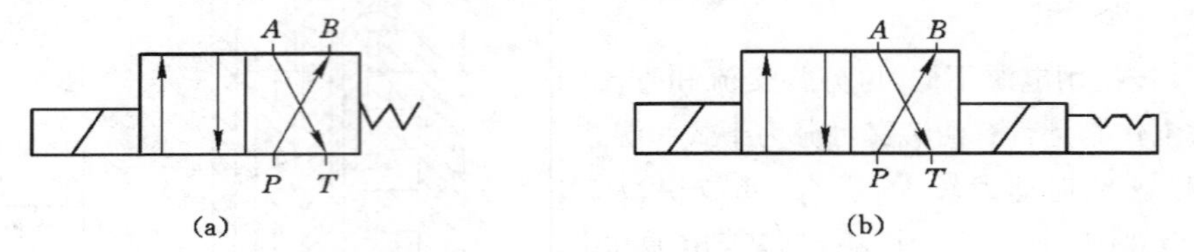

图 3-1-8 二位四通电磁换向阀

(a) 单电磁铁弹簧复位式；(b) 双电磁铁钢球定位式

电磁阀使用方便，布置灵活，易于实现自动化，但电磁铁吸力有限，换向时间短，换向冲击大，尤以交流电磁铁更甚，只适用于小流量(流量小于 63 L/min)、平稳性要求不高处。

(4) 液动换向阀

在阀的通径大于 10 mm 的大流量场合，常用压力油操纵阀芯位置，阀芯行程也相对较长，这就是液动阀。图 3-1-9 所示为三位四通液动换向阀的工作原理图。当控制油口 K_1、K_2均不通控制压力油时，阀芯在复位弹簧的作用下处于中位；当 K_1接通压力油时，K_2回油时，阀芯右移，阀在左位工作；反之，当控制油口 K_2接通压力油，K_1回油时，阀芯左移，阀在右位工作。图 3-1-9(c)所示为二位三通液动阀的符号。

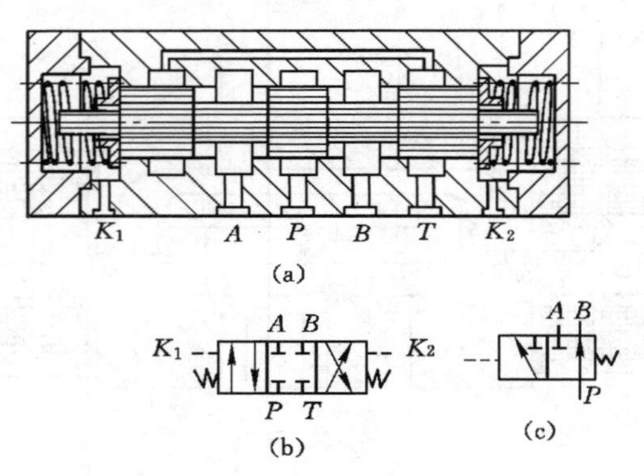

图 3-1-9 三位四通液动换向阀

(a) 原理图；(b) 符号；(c) 二位三通液动阀的符号

(5) 电液换向阀

电液换向阀是由电磁阀和液动阀结合在一起构成的一种组合式换向阀，如图 3-1-10 所示。在电液换向阀中，电磁阀起先导控制作用，称先导阀；液动阀则控制主油路换向，称主阀。

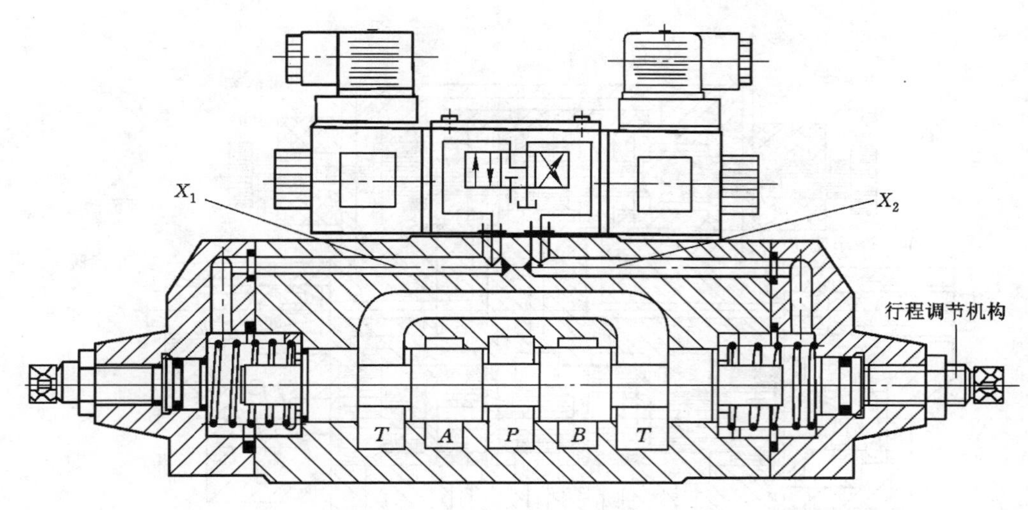

图 3-1-10 三位四通电液换向阀

电液控制阀控制机构的特点如下：

① 主阀芯行程调节机构。主阀阀盖两端装有行程调节螺钉，则主阀芯换位移动的行程和各阀口的开度即可改变，通过主阀的流量便随之变化，因而可对执行元件的速度起调节作用。若无此需要，可用封闭阀盖。图 3-1-11 为电液换向阀符号。

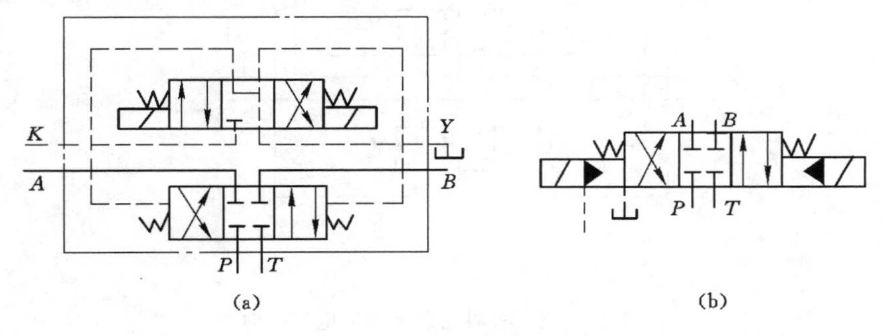

图 3-1-11 电液换向阀的符号

(a) 详细符号；(b) 简化符号

② 阻尼调节器。又称换向时间调节器，它是一叠加式单向节流阀，可叠放在先导阀和主阀之间。图 3-1-12 所示为装有双阻尼调节器的电液换向阀及其符号。左电磁铁通电后，控制油经左单向阀至主阀芯左控制腔，右控制腔回油需经右节流阀才能通过先导阀回油箱。调节节流一阀开口，即可调节主阀换向时间，从而消除执行元件的换向冲击。

(6) 转阀

图 3-1-13 所示为转动式换向阀(简称转阀)的结构原理及其符号，该阀由阀体 1、阀芯 2 和使阀芯转动的操纵手柄 3 组成。在图示位置，通口 P 和 A 相通、B 和 T 相通；当操纵手柄转换到“止”位置时，通口 P、A、B 和 T 均不相通，当操纵手柄转换到右位时，则通口 P 和 B 相通，A 和 T 相通，图 3-1-13(b)所示为它的图形符号。

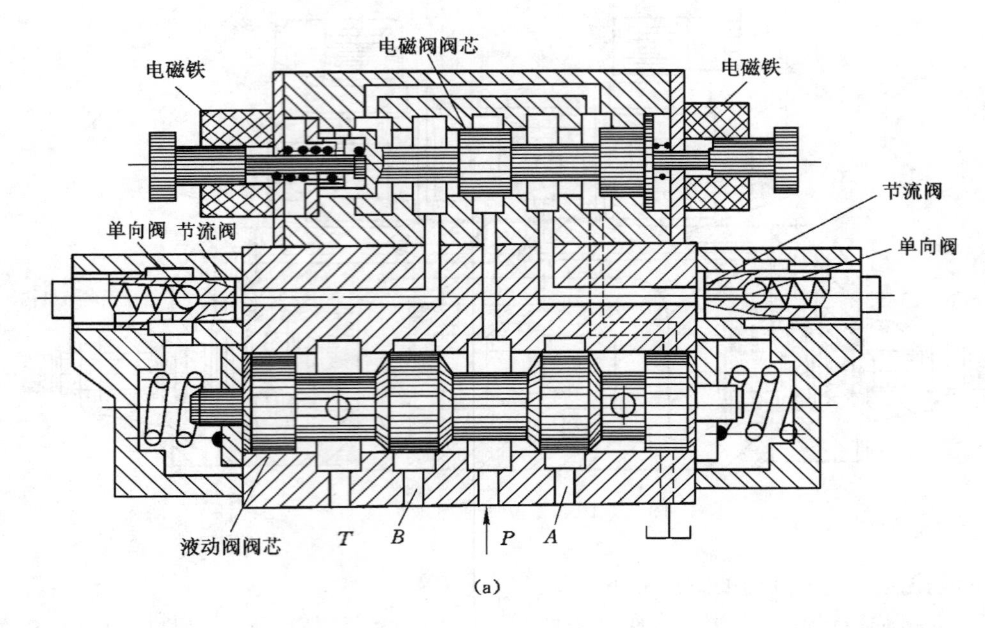

(a)

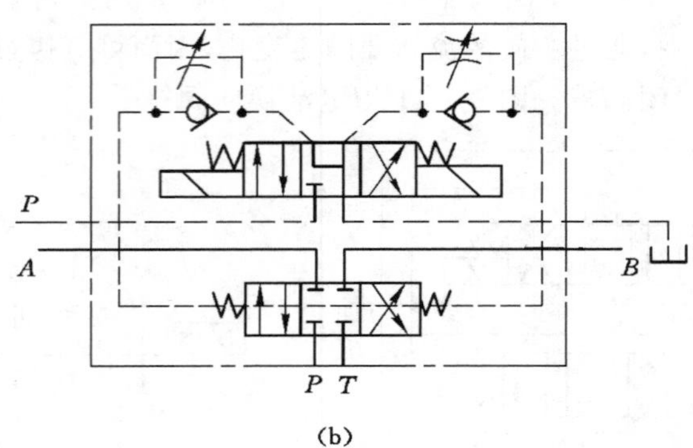

(b)

图 3-1-12　安装有阻尼调节器的电液换向阀

(a) 结构原理;(b) 符号

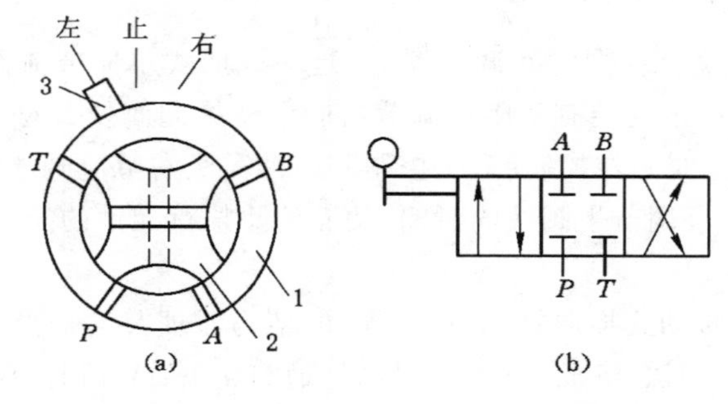

(a)　　(b)

图 3-1-13　转阀

(a) 结构原理;(b) 符号

1——阀体;2——阀芯;3——手柄

三、液压方向阀控制回路分析

方向控制回路的功用是通过控制液压系统中油液的通、断和流动方向来实现执行元件的启动、停止和换向。常见的方向控制回路有换向回路和锁紧回路。

(一) 换向回路

液压系统中执行元件运动方向的变换一般由换向阀实现,控制方式可以是手动、机动、液动、电液动等。

图 3-1-14(a)所示是采用二位四通电磁换向阀的换向回路。当电磁铁通电时,压力油进入液压缸的左腔,推动活塞杆向右运动;当电磁铁断电时,弹簧力使阀芯复位,压力油进入液压缸右腔,推动活塞杆向左运动。此回路不能使活塞杆停留在任意位置上。

图 3-1-14(b)所示为三位四通手动换向阀,其左位和右位分别实现液压缸的向右和向左运动,M 型中位机能还能使活塞杆在任意位置停留,并能使油泵卸荷。

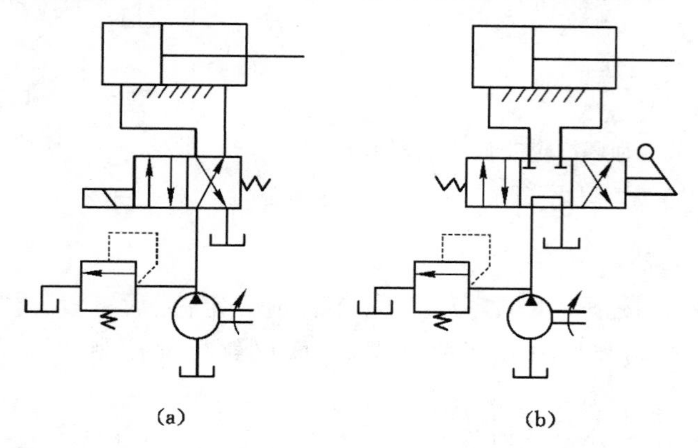

图 3-1-14　换向回路

(a) 二位四通电磁换向阀;(b) 三位四通手动换向阀

(二) 锁紧回路

锁紧回路用以实现执行元件在任意位置上停止,并可防止停止后在外力作用下移动。常用的有以下两种。

1. 采用 O 型或 M 型滑阀机能的三位换向阀实现锁紧

图 3-1-15 所示为采用三位四通 O 型滑阀机能换向阀的锁紧回路,当两电磁铁均断电时,弹簧使阀芯处于中间位置,液压缸的两工作油口被封闭,而液压缸两腔均充满油液,所以向左或向右的外力均不能使活塞移动,活塞被双向锁紧。若将 O 型换为 M 型,则能使液压泵卸荷。

这种锁紧回路结构简单,但由于换向阀密封性差,存在泄露,所以锁紧效果差,只用于锁紧时间短且要求不高的场合。

2. 采用液控单向阀的锁紧回路

图 3-1-16 所示为采用液控单向阀的锁紧回路,当换向阀处于左位或右位工作时,液控单向阀控制口 X_2 或 X_1 通入压力油,缸的回油便可反向流过单向阀口,故此时活塞可向右或向左移动。到了该停留的位置时,使换向阀处于中位,因阀的中位机能为 H 型,控制油直通油箱,故控制压力立即消失,液控单向阀不再双向导通,液压缸因两腔油液被封死便被锁紧。

由于液控单向阀密封性好,极少泄漏,所以锁紧效果很好。

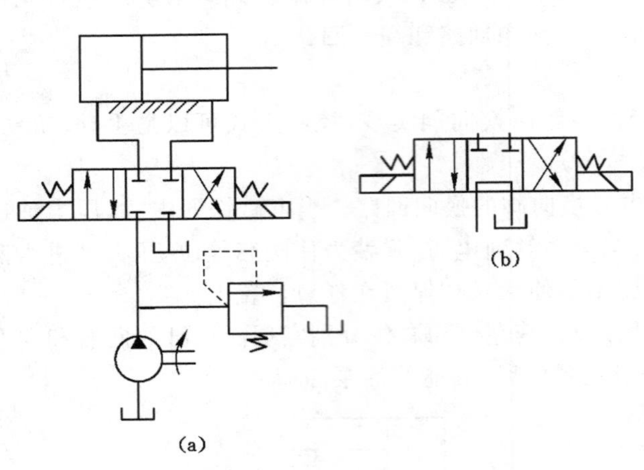
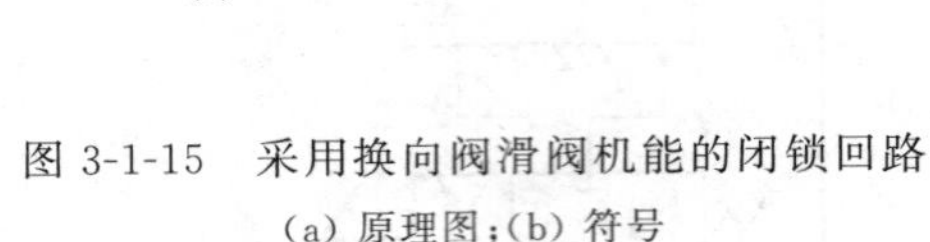

图 3-1-15 采用换向阀滑阀机能的闭锁回路
(a) 原理图;(b) 符号

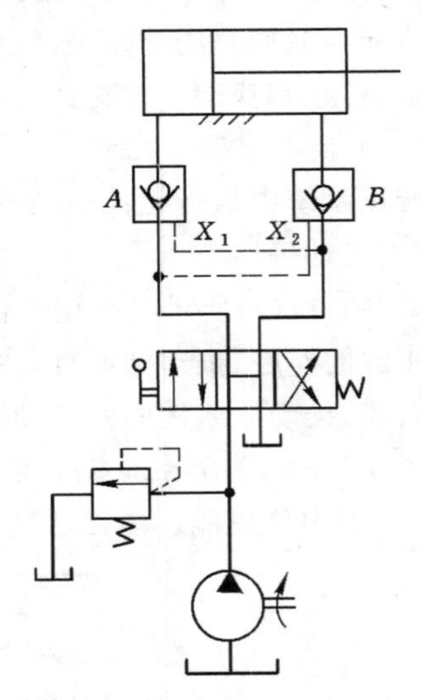

图 3-1-16 液控单向阀的锁紧回路

(三) 顺序动作回路

此回路用于使各缸按预定的顺序动作,如工件应先定位、后夹紧、再加工等。按照控制方式的不同,有行程控制和压力控制两大类,下面仅就行程控制的顺序动作回路做简单介绍。

1. 用行程阀控制的顺序动作回路

在图 3-1-17 所示状态下,A、B 两缸的活塞皆在左位。使阀 C 右位工作,缸 A 右行,实现动作①。挡块压下行程阀 D 后,缸 B 右行,实现动作②。手动换向阀复位后,缸 A 先复位,实现动作③。随着挡块后移,阀 D 复位,缸 B 退回,实现动作④。至此,顺序动作全部完成。

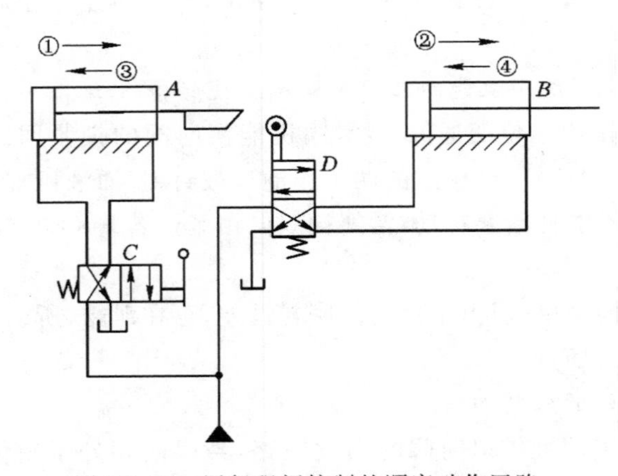

图 3-1-17 用行程阀控制的顺序动作回路

2. 用行程开关控制的顺序动作回路

图 3-1-18(a)所示为行程开关控制液压回路，图 3-1-18(b)所示为电路接线图。其动作过程是：电磁铁 1DT 通电，缸 A 右行，实现动作①。缸 A 右行到终点触动行程开关 SQ1，使电磁铁 2DT 通电，缸 B 右行，实现动作②。缸 B 右行到终点又触动行程开关 SQ2，使电磁铁 1DT 断电，缸 A 返回，实现动作③。缸 A 左行至终点触动行程开关 SQ3，使电磁铁 2DT 断电，缸 B 返回，实现动作④。

行程控制的顺序动作回路，换接位置准确，动作可靠，特别是行程阀控制回路换接平稳，常用于对位置精度要求较高处。但行程阀需布置在缸附近，改变动作顺序较困难。而行程开关控制的回路只需改变电气线路即可改变顺序，故应用较广泛。但这种回路的可靠性取决于电气元件，电气线路比较复杂。

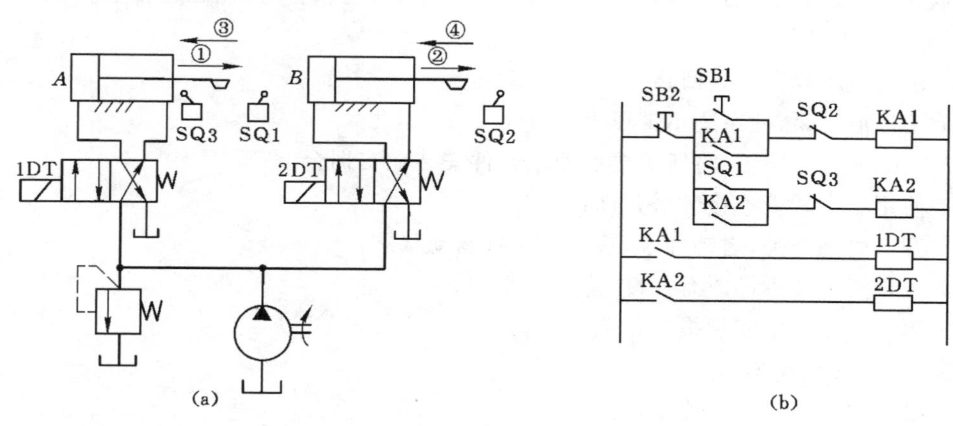

图 3-1-18 用行程开关控制的顺序动作回路

(a) 液压回路图；(b) 电磁阀继电器控制电路图

本任务实施要求学生完成双向锁紧回路和行程开关控制顺序动作回路连接与分析。所用实训台为 YL-224A 型 PLC 控制的液压气动实训装置，如图 3-1-19 所示。

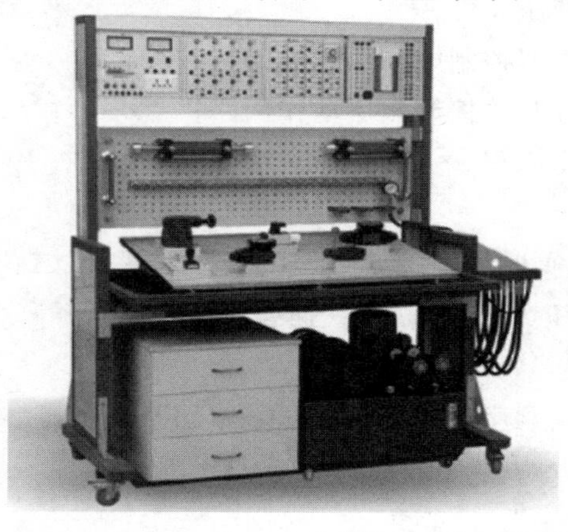

图 3-1-19 YL-224A 型 PLC 控制的液压气动实训装置

一、实训项目:液压双向锁紧回路连接与分析

(一)实训目的

(1)熟悉常用换向阀的工作原理、性能和使用方法;

(2)能够正确选用双向锁紧回路所需要的液压元件;

(3)能够正确连接双向锁紧回路;

(4)能够分析双向锁紧回路工作原理;

(5)能够启动运行,并排查故障。

(二)实训工具及器材

YL-224A型液压气动实训装置、定量油泵、液压缸一个、三位四通手动换向阀一个、液控单向阀两个(或双向液控单向阀一个)、溢流阀一个、压力软管若干、三通若干。

(三)实训步骤

(1)画出液压双向锁紧回路;

(2)关掉液压泵,使系统不带压力;

(3)根据液压回路图,将所需要的液压元件安装在实训台上;

(4)使用压力软管连接各个元件;

(5)开启电源开关,启动油泵,观察液压缸运动状态;

(6)实训完毕后拆卸所有元件,并放回原位;

(7)填写工作页中实训报告相关内容。

(四)实训注意事项

(1)必须关掉液压泵后连接回路;

(2)认真检查无误后方可通电;

(3)正确拿放各种液压元件;

(4)注意保护环境卫生。

二、实训项目:行程开关控制液压顺序动作回路连接与分析

(一)实训目的

(1)熟悉电磁阀与行程开关控制顺序动作液压回路的基本形式;

(2)能够正确连接各液压元件;

(3)能够正确连接继电器控制电路图;

(4)能够正确运行行程开关控制顺序动作回路;

(5)能够分析回路动作原理。

(二)实训工具及器材

YL-224A型液压气动实训装置、定量油泵、液压缸两个、二位四通电磁换向阀两个、行程开关三个、溢流阀一个、压力软管若干、三通若干。

(三)实训步骤

(1)画出行程开关控制顺序动作回路液压基本回路;

(2)画出继电器控制电路图。

(3)其余步骤请参考“一”。

1. 画出下列各种名称的方向阀的图形符号：

(1) 二位四通电磁换向阀；

(2) 二位二通行程换向阀(常开)；

(3) 二位三通液动换向阀；

(4) 液控单向阀；

(5) 三位四通 M 型电液换向阀；

(6) 三位四通 Y 型电磁换向阀。

2. 电液换向阀的中位机能为什么采用 Y 型中位机能？

3. 二位四通换向阀能否作二位三通阀使用？具体如何接法？

4. 不同中位机能的三位换向阀，其阀体和阀芯结构有何区别？

5. 试分析图 3-1-20 所示回路中液控单向阀的作用。

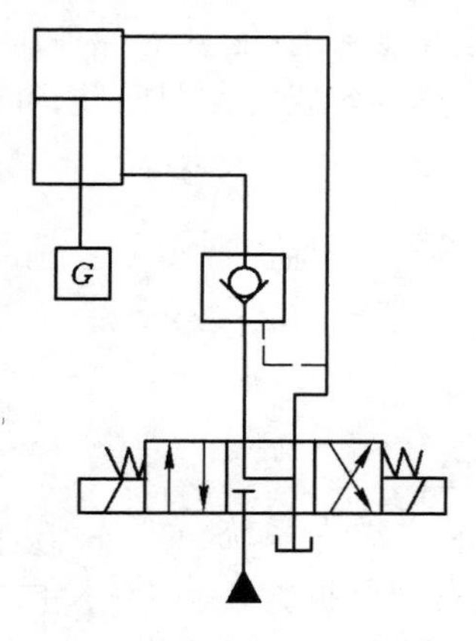

图 3-1-20　题 5 图

6. 正确写出图 3-1-21 所示液压元件名称。

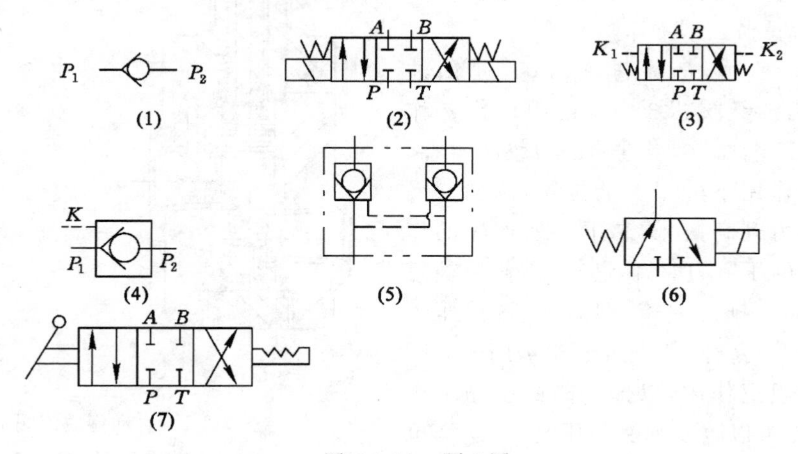

图 3-1-21　题 6 图

任务二　压力控制阀与压力控制回路

任务概述

一、任务描述

在液压系统中，控制油液压力高低或利用压力变化实现某种动作的阀称之为压力控制阀。这类阀的共同特点是利用作用在阀芯上的液压力和弹簧力相平衡的原理工作的。根据工作需要不同，常见的压力控制阀有溢流阀、减压阀、顺序阀、压力继电器。本任务学习压力控制阀及相关的控制回路。

二、任务要求

(1) 知识要求：掌握液压压力控制阀的结构组成与工作原理；掌握液压压力控制阀的功能；掌握液压压力控制阀的工作特性；掌握液压压力控制阀所控制的基本回路。

(2) 能力要求：能识别各种压力控制阀；能分析各种压力控制阀的油口关系；能正确设计出基本的压力控制回路；能正确连接各压力控制回路，并启动运行；能排查各回路运行过程中出现的故障。

子任务一　溢流阀与控制回路

相关知识

一、溢流阀的结构与工作原理

溢流阀有多种用途，主要是通过溢去系统多余油液对液压系统进行定压或安全保护。几乎所有的液压系统都需要用到，其性能好坏对整个液压系统的正常工作有很大影响。溢流阀按其结构原理分为直动型和先导型两种。

（一）直动型溢流阀

如图 3-2-1 所示，P 是进油口，T 是回油口，进油口压力油经阀芯 3 中间的阻尼孔 a 作用在阀芯的底部端面上，当进油压力较小时，阀芯在弹簧 2 的作用下处于下端位置，两油口隔开。当进油压力升高，在阀芯下端所产生的作用力超过弹簧的压紧力时，阀芯上升，阀口被打开，将多余的油液排回油箱，即溢流，进油压力也就不会继续升高。阀芯上阻尼孔 a 用来对阀芯的动作产生阻尼作用，以提高阀的工作平衡性，调整螺母 1 可以改变弹簧的压紧力，这样也就调整了溢流阀进油口处的油液压力。通过溢流阀的流量变化时，阀口开度即弹簧压缩量也

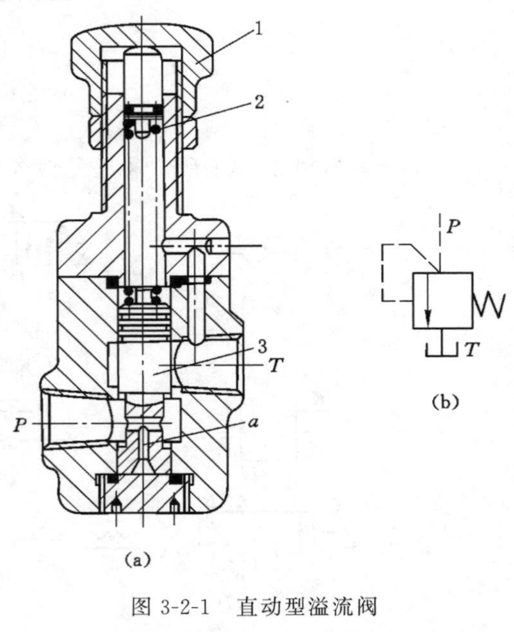

图 3-2-1　直动型溢流阀

(a) 结构原理；(b) 符号

1——螺母；2——弹簧；3——阀芯

随之改变。但在弹簧压缩量变化甚小的情况下，可以认为阀芯在液压力和弹簧力作用下保持平衡，溢流阀进油口处的压力基本保持为定值。这种溢流阀因压力油直接作用于阀芯，故称直动型溢流阀。

直动型溢流阀一般只能用于低压小流量处，因控制较高压力或较大流量时，需要装刚度较大的硬弹簧，不但手动调节困难，而且阀口开度（弹簧压缩量）略有变化便引起较大的压力波动。当系统压力较高时，可以采用先导型溢流阀。

（二）先导型溢流阀

先导型溢流阀由先导阀和主阀两部分组成，如图 3-2-2 所示。先导阀是一个小规格的锥阀芯直动式溢流阀，其主阀芯 5 上开有阻尼小孔 e。在它们的阀体上还加工了孔道 a、b、c、d。

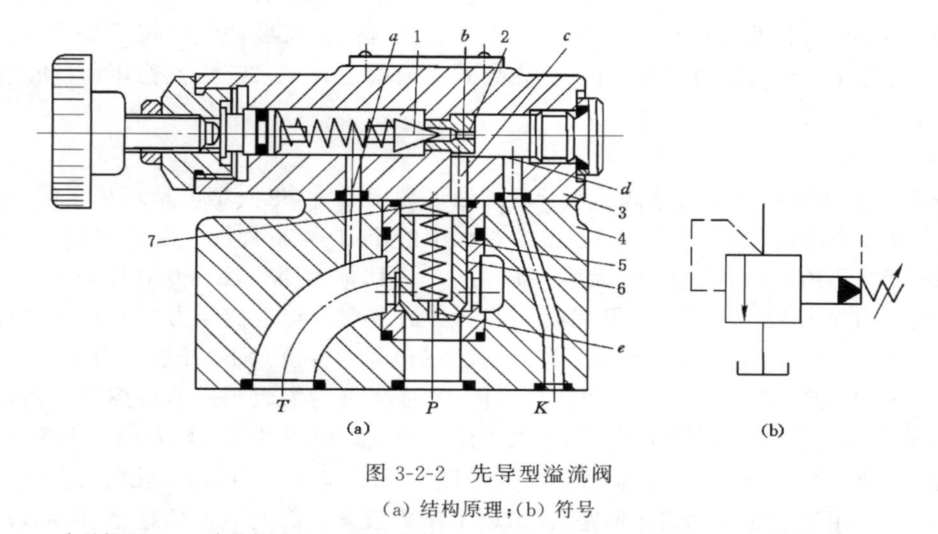

图 3-2-2　先导型溢流阀

(a) 结构原理；(b) 符号

1——先导阀芯；2——先导阀座；3——先导阀体；4——主阀体；5——主阀芯；6——主阀套；7——主阀弹簧

油液从进油口 P 进入，经阻尼孔 e 及孔道 c 到达先导阀的进油腔（在一般情况下，外控口 K 是堵塞的）。当进油口压力低于先导阀弹簧调定压力时，先导阀关闭，阀内无油液流过，阀不溢流。当进油口的压力升高，先导阀进油腔的压力也升高直至达到先导阀弹簧的调定压力时，先导阀被打开，主阀芯上腔油经先导阀口及阀体上孔道 a，由回油口 T 流回油箱。主阀芯下腔油液则经阻尼小孔 e 流动，由于小孔阻尼大，使主阀芯两端产生压力差，主阀芯便在此压力差作用下克服弹簧力上抬，主阀进回油口连通，达到溢流和稳压的目的。调节先导阀的手轮便可调整溢流阀的工作压力。

根据液流连续性原理可知，流经阻尼孔的流量即为流出先导阀的流量。这一部分流量通常称泄油量。阻尼孔很细，泄油量只占全溢流量的极小一部分，绝大部分油液均经主阀口溢回油箱。在先导型溢流阀中，先导阀的作用是控制和调节溢流压力，主阀的功能则在于溢流。泄油流过先导阀时，其阀口直径较小，即使在较高压力的情况下，作用在锥阀芯上的液压推力也不很大，因此调压弹簧的刚度不必很大，压力调整也就比较方便。主阀芯两端均受油压作用，主阀弹簧只需很小的刚度，当溢流量变化引起弹簧压缩量变化时，进油口的压力变化不大，故先导型溢流阀的稳定性优于直动型溢流阀。但先导型溢流阀是二级阀，其灵敏度低于直动型阀。

二、溢流阀的静态特性分析

溢流阀的静态特性是指溢流阀在稳定工作状态下(即系统压力没有突变时)的压力-流量特性、启闭特性、卸荷压力及压力稳定性等。

(一) 压力-流量特性(p-q 特性)

压力-流量特性又称溢流特性,它表示溢流阀在某一调定压力工作时,其溢流量的变化与阀进口实际压力之间的关系。图 3-2-3(a)所示为直动式和先导式溢流阀的压力-流量特性曲线。图中横坐标为溢流量 q,纵坐标为阀进油口压力 p。溢流量为额定值 q_N 时所对应的压力 p_N 称为溢流阀的调定压力。溢流阀刚开启时,阀口的压力 p_0 称为开启压力。调定压力 p_N 与开启压力 p_0 的差值称为调定偏差,也即溢流量变化时溢流阀工作压力的变化范围。调压偏差越小,其性能越好。由图可见,先导式溢流阀的特性曲线比较平缓,调压偏差也小,故其性能比直动式溢流阀好。因此,先导式溢流阀适宜于系统溢流稳压;直动式溢流阀因其灵敏性高,适宜用作安全阀。

(二) 启闭特性

溢流阀的启闭特性是指溢流阀从刚开启到通过额定流量(也叫全流量)、从全流量到闭合(溢流量减小为额定值的 1%以下)的整个过程中的压力-流量特性。溢流阀闭合时的压力 p_k 称为闭合压力。闭合压力 p_k 与调定压力 p_N 之比称为闭合比。开启压力 p_0 与调定压力 p_N 之比称为开启比。由于阀开启时阀芯所受的摩擦力与进油压力方向相反,而闭合时阀芯所受的摩擦力与进油压力方向相同,因此,在相同的溢流量下,开启压力大于闭合压力。图 3-2-3(b)所示为溢流阀的启闭特性。图中,横坐标为溢流阀进油口控制压力,纵坐标为溢流阀的溢流量,实线为开启曲线,虚线为闭合曲线。由图可见这两条曲线不重合。在某溢流量下,两曲线压力坐标的差值称为不灵敏区。因压力在此范围内变化时,阀的开度无变化,它的存在相当于加大了调压偏差,且加剧了压力波动。因此该差值越小,阀的启闭特性越好。由图中的两组曲线可知,先导式溢流阀的不灵敏区比直动式溢流阀的不灵敏区小一些。

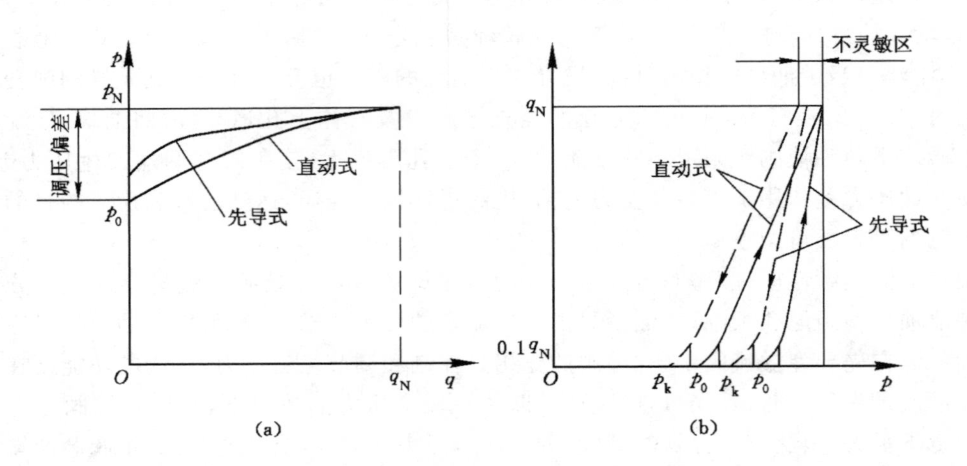

图 3-2-3 溢流阀的静态特性

(a) 压力—流量特性;(b) 启闭特性

为保证溢流阀具有良好的静态特性，一般规定开启比应不小于 90%，闭合比不小于 85%。

（三）压力稳定性

溢流阀工作压力的稳定性由两个指标来衡量：一是在额定流量 q_N 和额定压力 p_N 下，其进口压力在一定时间（一般为 3 min）内的偏移值；二是在整个调压范围内，通过额定流量 q_N 时进口压力的振摆值。对中压溢流阀这两项指标均不应大于±0.2 MPa。如果溢流阀的压力稳定性不好，就会出现剧烈的振动和噪声。

（四）卸荷压力

将溢流阀的外控口 K 与油箱连通时，其主阀阀口开度最大，液压泵卸荷。这时溢流阀进出油口的压力差称为卸荷压力。卸荷压力越小，油液通过阀口时的能量损失就越小，发热也越小，说明阀的性能越好。

三、溢流阀控制液压回路分析

（一）定量泵溢流稳压回路

系统采用定量泵供油时，常在其进油路上设置节流阀或调速阀，使泵的一部分油进入执行元件工作，而多余的油经溢流阀流回油箱。如图 3-2-4 所示溢流阀处于其调定压力下的常开状态。调节弹簧的压紧力，也就调节了系统工作压力。因此溢流阀起调压溢流作用。

（二）变量泵系统提供过载保护回路

如图 3-2-5 所示，在变量泵系统中，与泵并联的溢流阀在过载时打开，以保障系统安全。

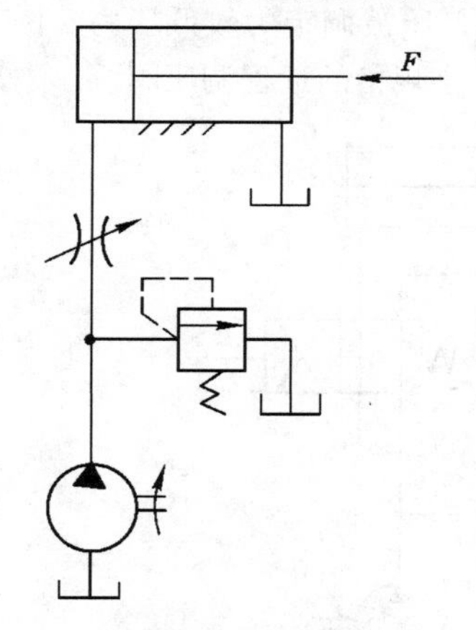

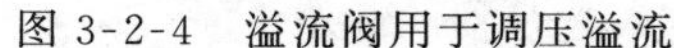

图 3-2-4　溢流阀用于调压溢流

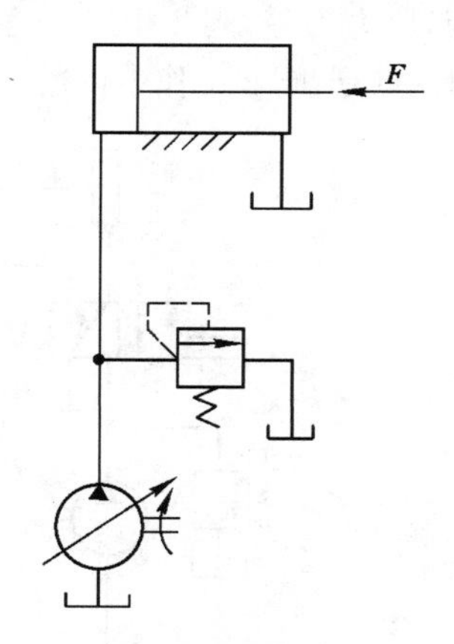

图 3-2-5　溢流阀用于安全保护

（三）调压回路

1. 多级调压

如图 3-2-6 所示，当先导式溢流阀的外控口（远程控制口）与调压较低的溢流阀（远程调压阀）连通时，其主阀芯上腔的油压只要达到低压阀的调整压力，主阀芯即可抬起溢流，此时先导阀不再起调压作用，远程调压阀实现远程调压。

2. 双向调压回路

执行元件正反行程需不同的供油压力时，可采用双向调压回路，如图 3-2-7 所示。图 3-2-7(a)中，当换向阀在左位工作时，活塞为工作行程，泵出口的压力由溢流阀 1 调定为较高压力，缸右腔油液通过换向阀回油箱，溢流阀 2 此时不起作用。当换向阀如图示在右位工作

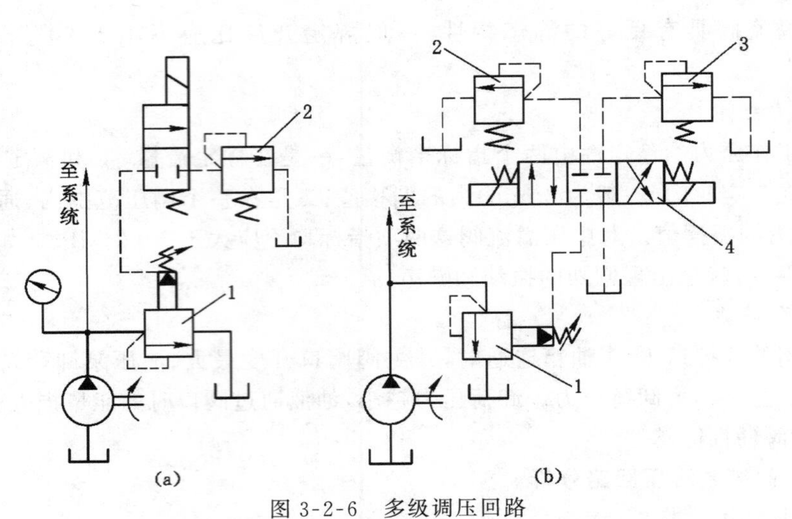

图 3-2-6　多级调压回路

(a) 两级调压回路；(b) 三级调压回路

1——先导溢流阀；2,3——远程调压阀；4——电磁换向阀

时，缸作空行程返回，泵出口油液由溢流阀 2 调定为较低压力，阀 1 不起作用。缸退抵终点后，泵在低压下回油，功率损耗小。图 3-2-7(b)所示回路在图示位置时，阀 2 的出口被高压油封闭，即阀 1 的远控口被堵塞，故泵压由阀 1 调定为较高压力。当换向阀在右位工作时，液压缸左腔通油箱，压力为零，阀 2 相当于是阀 1 的远程调压阀，泵压被调定为较低压力。图 3-2-7(b)所示回路的优点是：阀 2 工作中仅通过少量泄油，故可选用小规格的远程调压阀。

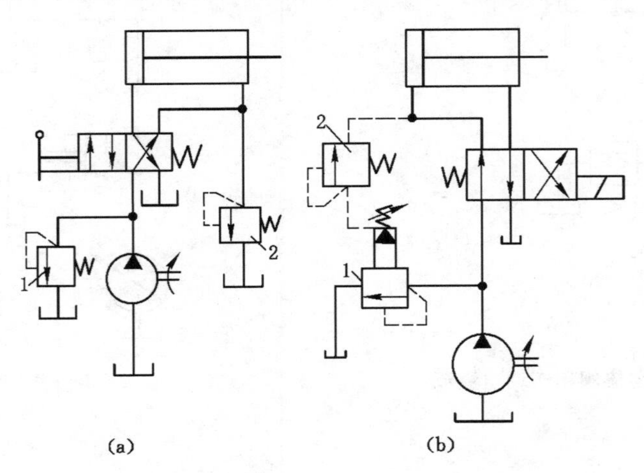

图 3-2-7　双向调压回路

1,2——溢流阀

（四）卸荷回路

采用先导式溢流阀调压的定量泵系统，当图 3-2-8 所示二位二通电磁阀通电时，则阀的外控口与油箱连通，主阀芯弹簧腔压力接近于零，则主阀芯在进口压力很低时即可迅速抬起，使泵卸荷，以减少能量损耗。

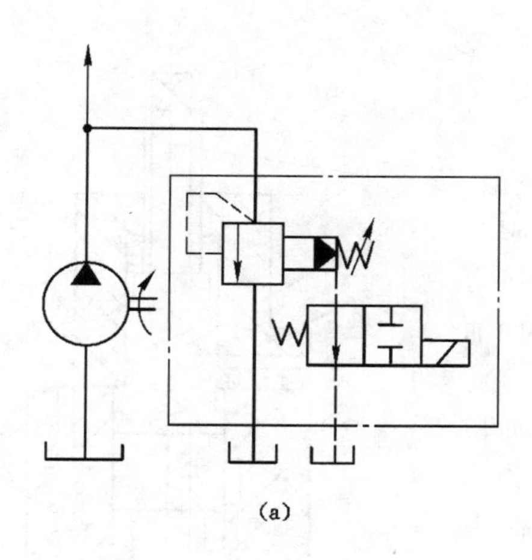

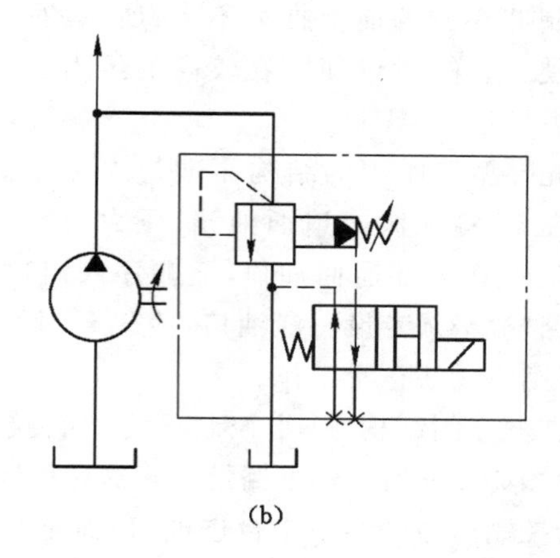

图 3-2-8　溢流阀用于使泵卸荷

任务实施

实训项目:溢流阀控制液压三级调压回路连接与分析

(一) 实训目的

(1) 熟悉直动式溢流阀和先导式溢流阀的结构与工作原理;

(2) 能够正确画出溢流阀控制三级调压回路;

(3) 能够正确连接溢流阀控制三级调压回路;

(4) 能够通过连接压力表检测各级压力值;

(5) 能够分析三级调压回路原理。

(二) 实训装置及元件

YL-224A 型液压气动实训装置、定量油泵、先导式溢流阀一个、直动式溢流阀两个、压力软管若干、三通若干,其他元件根据所设计回路自选。

实训步骤与实训注意事项参考本项目任务一。

子任务二　顺序阀与控制回路

相关知识

顺序阀的功用是利用液压系统中的压力变化来控制油路的通断,从而实现多个液压元件按一定的顺序动作。顺序阀按结构分为直动型和先导型;按控制油来源分为内控式和外控式;按泄油方式分为内泄式和外泄式。

一、顺序阀的结构与工作原理

图 3-2-9 所示为一种直动型顺序阀的结构原理图。压力油由进油口 A 经阀体 4 和下盖 7 的小孔流到控制活塞 6 的下方,使阀芯 5 受到一个向上的推力作用。当进口油压较低时,阀芯在弹簧 2 的作用下处于下部位置,这时进、出油口 A、B 不通。当进口油压增大到预调的数值以后,阀芯底部受到的推力大于弹簧力,阀芯上移,进、出油口连通,压力油就从顺序阀流过。顺序阀的开启压力可以用调压螺钉 1 来调节。在此阀中,控制活塞的直径很小,

因而阀芯受到的向上推力不大，所用的平衡弹簧就不需太硬，这样，可以使阀在较高的压力下工作（最大控制压力可达 7 MPa）。

先导型顺序阀的结构原理与先导型溢流阀类似，区别在于：溢流阀出口通油箱，压力为零，其先导阀口的泄油可在内部通回油口，而顺序阀出口通向有压力的油路，故必须专设一泄油口，使先导阀的泄油流回油箱，否则将无法正常工作。

在顺序阀结构中，当控制压力油直接引自进油口时（如图 3-2-9 所示的通路情况），这种控制方式称为内控；若控制压力油不是来自进油口，而是从外部油路引入，这种控制方式则称为外控。当阀的泄油从泄油口流回油箱时，这种泄油方式称为外泄；当阀用于出口接油箱的场合，泄油可经内部通道并入阀的出油口，以简化管路连接，这种泄油方式则称为内泄。顺序阀及不同控泄方式的图形符号如图 3-2-10 所示。实际应用中，不同控泄方式可通过变换阀的下盖或上盖的安装方位来获得。例如，对于图 3-2-9 所示的顺序阀，将下盖旋转 90°安装，并打开外控口 X 的堵头，就可使内控式变成外控式；同样，若将上盖旋转安装，并堵塞外泄口 Y，就可使外泄式变为内泄式。

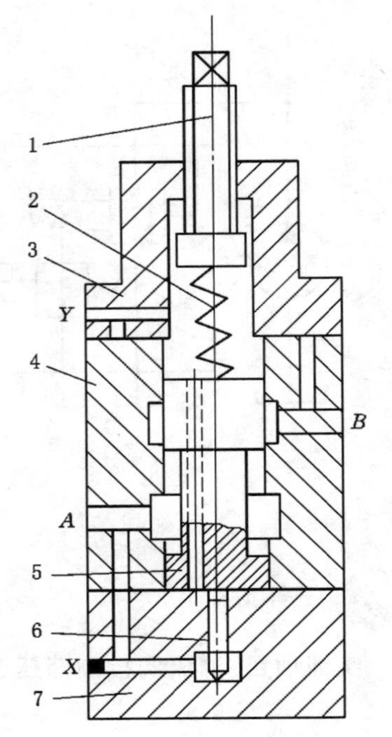

图 3-2-9 直动型顺序阀

1——调压螺钉；2——弹簧；3——上盖；4——阀体；5——阀芯；6——控制活塞；7——下盖

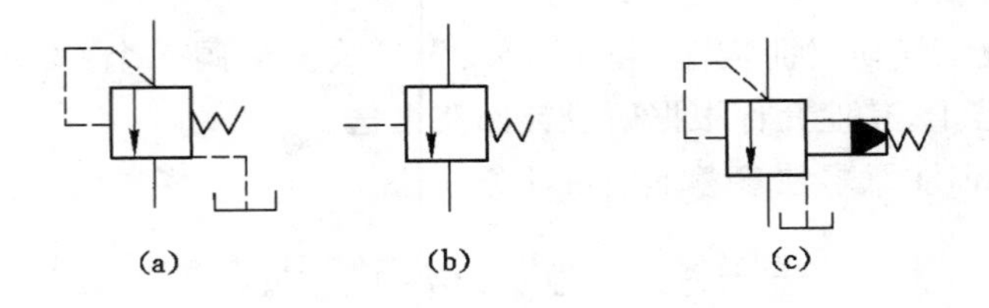

图 3-2-10 顺序阀的图形符号

(a) 内控外泄式顺序阀一般符号或直动型符号；(b) 外控内泄式顺序阀一般符号或直动型符号
(c) 内控外泄式先导顺序阀符号

二、液压顺序阀控制回路分析

（一）顺序动作回路

如图 3-2-11(a)中要求 A 缸先动，B 缸后动，通过顺序阀的控制可以实现。顺序阀在 A 缸进行动作①时处于关闭状态，A 缸到位后，油液压力升高，达到顺序阀的调定压力后，打开通向 B 缸的油路，从而实现 B 缸的动作。

（二）平衡回路

为了保持垂直放置的液压缸不因自重而自行下落，可将单向阀与顺序阀并联构成的单向顺序阀接入油路，如图 3-2-11(b)所示。此单向顺序阀又称为平衡阀。这里，顺序阀的开

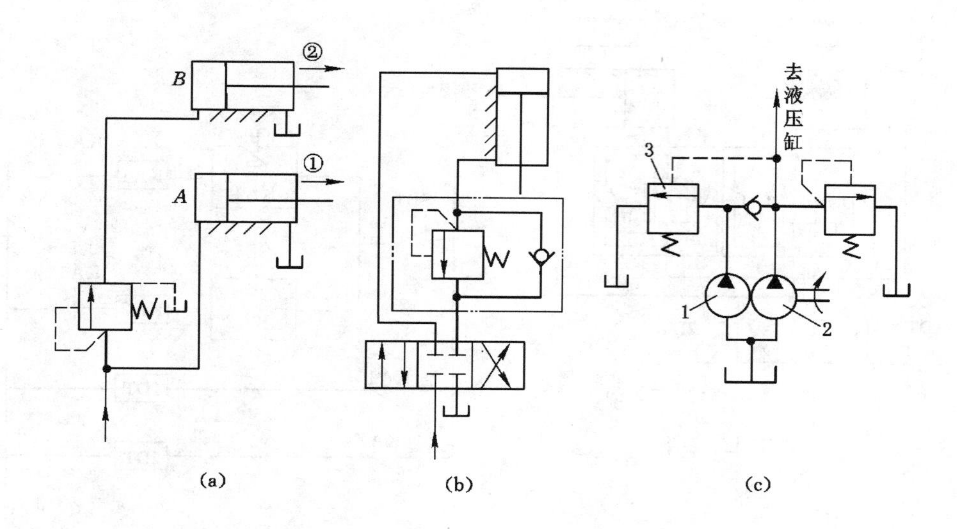

图 3-2-11 顺序阀的应用

(a) 用于控制顺序动作；(b) 用于组成平衡阀；(c) 用于使泵卸荷

1——大流量泵；2——小流量泵；3——顺序阀

启压力要足以支承运动部件的自重。

（三）双泵系统中大流量泵卸荷

如图 3-2-11(c)所示油路，泵 1 为大流量泵，泵 2 为小流量泵，两泵并联。在液压缸快速进退阶段，泵 1 输出的油经单向阀后与泵 2 输出的油汇合在一起流往液压缸，使缸获得快速；当液压缸转为慢速工进时，缸的进油路压力升高，外控式顺序阀 3 打开，泵 1 卸荷，由泵 2 单独向系统供油，以满足工进的流量要求。在本油路中，顺序阀 3 又称卸荷阀。

任务实施

实训项目：顺序阀控制液压双缸顺序动作回路连接与分析

（一）实训目的

(1) 熟悉顺序阀的结构与工作原理；

(2) 能够分析顺序阀控制双缸顺序动作回路的原理；

(3) 能够正确连接回路；

(4) 能够根据继电器电路图分析电磁阀动作过程；

(5) 正确连接继电器控制电路。

（二）实训装置及元件

YL-224A 型液压气动实训装置、定量油泵、溢流阀一个、油缸两个、三位四通电磁换向阀一个、单向顺序阀两个、压力软管若干、三通若干。

（三）实训回路及继电器控制电路图(图 3-2-12)

实训步骤与实训注意事项参考本项目任务一。

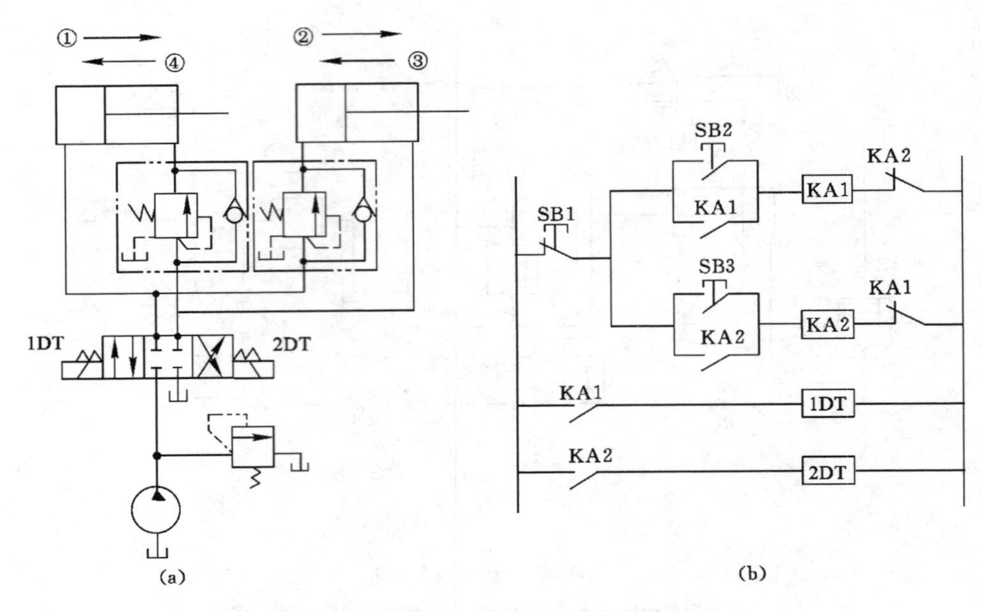

图 3-2-12　实训回路及继电器控制电路

(a) 实训液压回路;(b) 电磁阀继电器控制电路

子任务三　减压阀与减压回路

相关知识

减压阀是利用油液流过缝隙时产生压降的原理,使系统某一支油路获得比系统压力低而平稳的压力油的液压控制阀。减压阀在各种液压设备的夹紧系统、润滑系统和控制系统中应用较多。根据减压阀所控制的压力不同,有定值减压阀、定差减压阀和定比减压阀。按动作方式有直动式和先导式两种,先导式相对应用较多。

一、减压阀的结构与工作原理

图 3-2-13 所示为直动式减压阀的原理图,p_1是进油口压力,p_2是出油口压力。当出油口压力未达到弹簧调定压力值时,阀芯在弹簧作用下处于最下端位置,阀的进、出油口是相通的,且开度最大。此时在不考虑损失的情况下,阀进、出油口压力基本相等,即减压阀没有减压作用,阀处于非工作状态。若出油口压力 p_2升高,使作用在阀芯下端的液压力大于弹簧力时,阀芯上移,关小阀口,这时阀处于工作状态。若忽略其他阻力,仅考虑作用在阀芯上液压力和弹簧力相平衡的条件,可以认为出油口压力维持在某一定值——调定值上。这时如出油口压力减小,阀芯就下

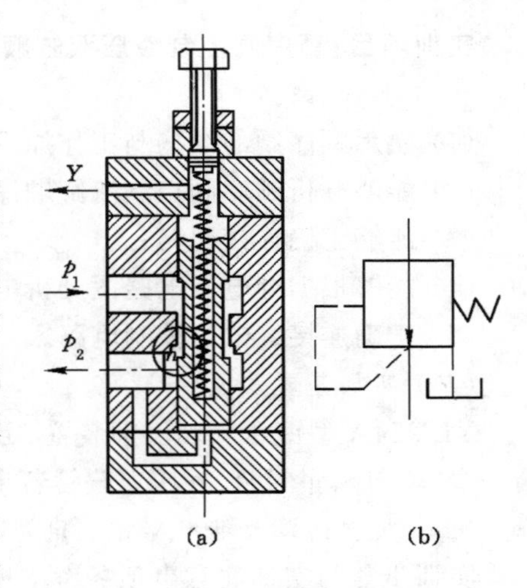

图 3-2-13　直动式减压阀

(a) 结构原理;(b) 一般符号

移，开大阀口，阀口处阻力减小，压降减小，使出油口压力回升到调定值；反之，若出油口力增大，则阀芯上移，关小阀口，阀口处阻力加大，压降增大，使出油口压力下降到调定值。这样就维持了出油口压力的恒定。图 3-2-14 所示为先导式减压阀的结构原理和图形符号，其工作原理和先导式溢流阀的原理类似，这里不再赘述。

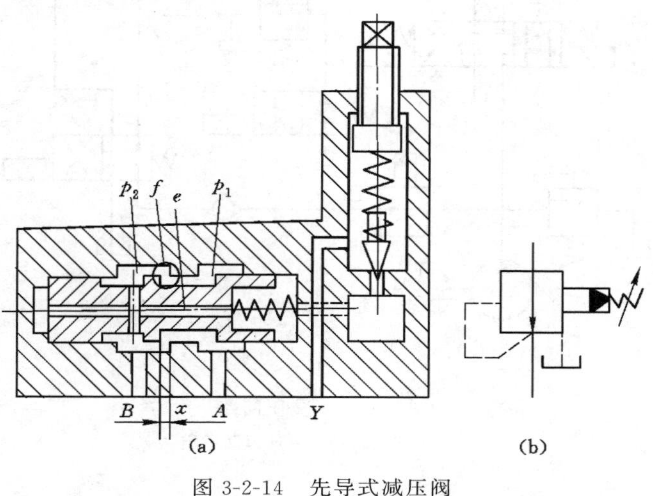

图 3-2-14　先导式减压阀

(a) 结构原理；(b) 先导式符号

值得注意的是，在减压阀出油口油路的油液不再流动的情况下(如所连的夹紧支路油缸运动到底后)，由于先导阀泄油仍未停止，减压口仍有油液流动，阀就仍然处于工作状态，出油口压力也就保持调定数值不变。

将先导式减压阀和先导式溢流阀进行比较，它们之间有如下几点不同之处：

(1) 减压阀保持出油口压力基本不变，而溢流阀保持进油口压力基本不变；

(2) 减压阀非工作状态下，进、出油口互通，没有减压作用，而溢流阀进、出油口不通；

(3) 为保证减压阀出油口压力恒定，导阀弹簧腔油液需通过泄油口单独引油箱，而溢流阀的导阀弹簧腔和泄漏油可通过阀体上的通道和出油口相通，不必单独外接油箱。

二、液压减压阀控制回路分析

在定量液压泵供油的液压系统中，若系统中某个执行元件或某个支路所需要的工作压力低于溢流阀所调定的主系统压力(如定位、夹紧、分度、控制油路等支路往往需要稳定的低压)，这时就要采用减压回路。为此，该支路需串接一个减压阀。图 3-2-15 所示为用于工件夹紧的减压回路。为使减压回路工作可靠，减压阀的调定压力至少应比主系统工作压力低 0.5 MPa。通常减压阀后要设单向阀，以防系统压力降低时(例如另一缸空载快进)油液倒流，并可短时保压。图示状态，夹紧压力由减压阀 1 调定，当二通阀通电后，夹紧压力则由远程调压阀 2 决定，故此回路为二级减压回路。为确保安全，应采用失电夹紧的电磁换向阀，以防止在电路出现故障时松开工件造成事故。

[例 3-2-1]　减压阀调压特性分析。图 3-2-16 中溢流阀的调定压力为 5 MPa，减压阀的调定压力为 3 MPa，设缸的无杆腔面积 $A=50\ \text{cm}^2$，液流通过单向阀和非工作状态下的减压阀时，压力损失分别为 0.1 MPa 和 0.3 MPa。试问：当负载 F 分别为 0.5 kN 和 30 kN 时 A、B、C 三点压力数值各为多少？且此时缸能否移动？

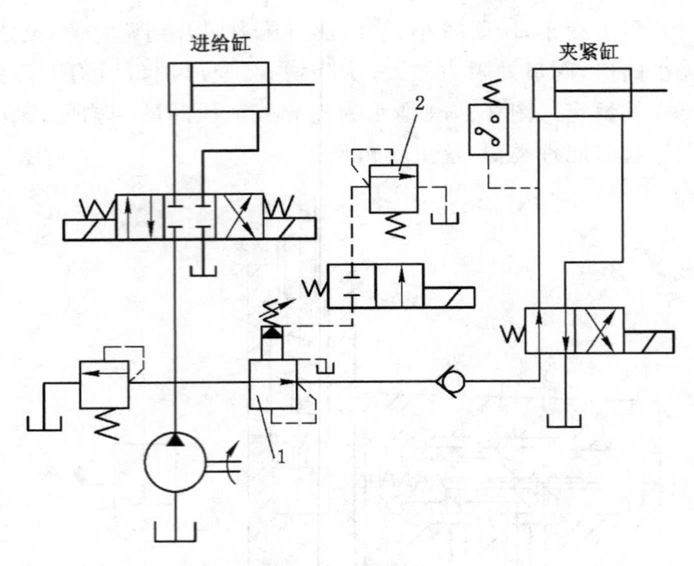

图 3-2-15　减压回路

1——减压阀；2——远程调压阀

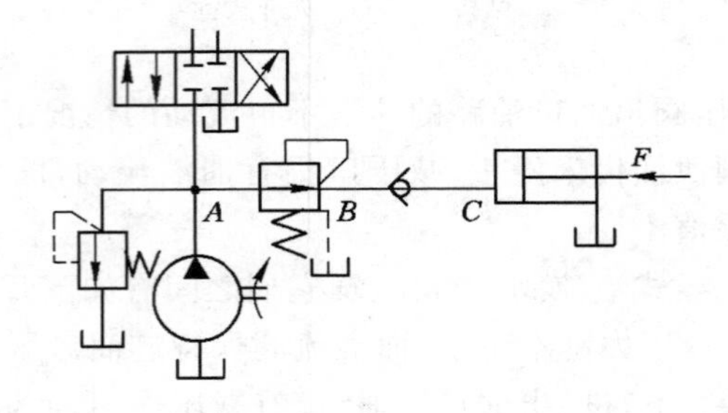

图 3-2-16　例 3-2-1 图

解　(1) 当负载为 0.5 kN 时，通过负载计算出液压缸进油压力。无杆腔进油压力 p 为

$$p=\frac{F}{A}=\frac{0.5\times 10^{3}}{50\times 10^{-4}}=0.1\times 10^{6}\ \text{Pa}=0.1\ \text{MPa}$$

液压缸进油压力即为 C 点压力，则 C 点压力为 $p_C=0.1$ MPa，依次可得 B 点、A 点的压力分别为

$$p_B=0.1\ \text{MPa}+0.1\ \text{MPa}=0.2\ \text{MPa}$$

$$p_A=0.2\ \text{MPa}+0.3\ \text{MPa}=0.5\ \text{MPa}$$

减压阀非工作状态，液压缸动作。

(2) 当负载为 30 kN 时，无杆腔压力 p 为

$$p=\frac{F}{A}=\frac{30\times 10^{3}}{50\times 10^{-4}}=6\times 10^{6}\ \text{Pa}=6\ \text{MPa}$$

由于该值远远大于减压阀的调定压力，根据减压阀的工作原理，B、C 点压力为减压阀的调定压力，从 B 到 C 无油液流动，此时液压缸不动作。

各点压力为 $p_C=3$ MPa，$p_B=3$ MPa，$p_A=5$ MPa。

任务实施

实训项目：液压减压阀控制减压回路连接与分析

（一）实训目的

（1）熟悉直动式减压阀和先导式减压阀的结构与工作原理；

（2）能够正确连接减压回路；

（3）能通过调节减压阀分析减压阀调定压力与工作压力的关系；

（4）能够启动运行减压回路，并能排查回路故障。

（二）实训装置及元件

YL-224A 型液压气动实训装置、定量油泵、液压缸一个、二位四通电磁换向阀一个、压力表两个、先导式溢流阀一个、先导式减压阀一个、压力软管若干、三通若干。

（三）实训回路及继电器控制电路图（图 3-2-17）

实训步骤与实训注意事项参考本项目任务一。

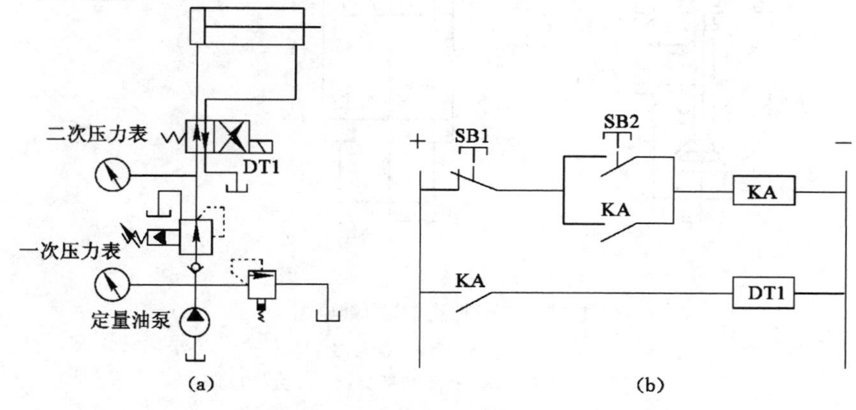

图 3-2-17 液压减压阀控制减压回路

(a) 实训液压回路；(b) 电磁阀继电器控制电路

子任务四 压力继电器与基本回路

相关知识

一、压力继电器的结构与工作原理

压力继电器是一种将油液的压力信号转换成电信号的电液控制元件，当油液压力达到压力继电器的调定压力时，即发出电信号，以控制电磁铁、电磁离合器、继电器等元件动作，使油路泄压、换向、执行元件实现顺序动作，或关闭电动机，使系统停止工作，起安全保护作用等。图 3-2-18 所示为常用柱塞式压力继电器的结构原理和图形符号，当从压力继电器下端进油口通入的油液压力达到调定压力值时，便克服弹簧和柱塞表面摩擦力推动柱塞 1 上移，通过顶杆 2 触动微动开关 4 发出电信号。

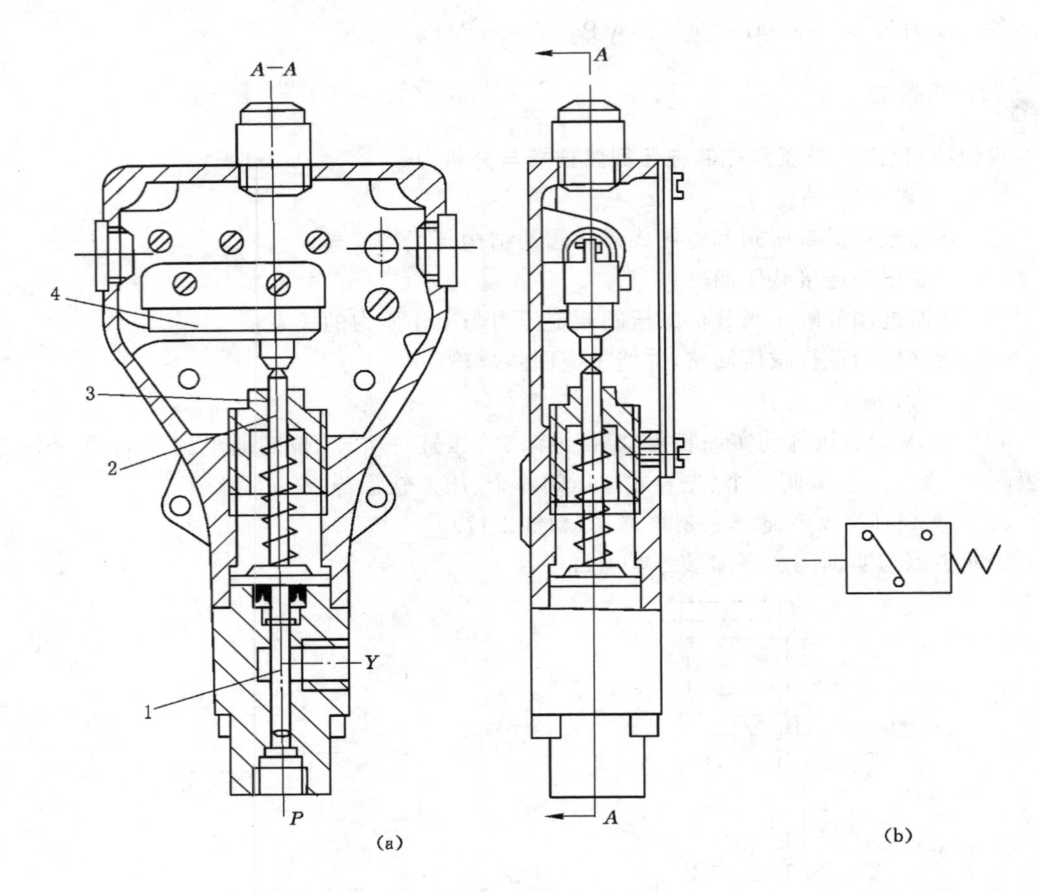

图 3-2-18 单柱塞式压力继电器

(a) 结构原理；(b) 一般符号

1——柱塞；2——顶杆；3——调整螺套；4——微动开关

二、压力继电器控制液压顺序动作回路分析

如图 3-2-19 所示回路，当电磁铁 1DT 通电后，压力油进入 A 缸的左腔，推动活塞按①方向右移。碰上止挡块后，系统压力升高，安装在 A 缸进油腔附近的压力继电器发出信号，使电磁铁 2DT 通电，于是压力油又进入 B 缸的左腔，推动活塞按②方向右移。回路中的节流阀以及和它并联的二通电磁阀是用来改变 B 缸运动速度的。为了防止压力继电器乱发信号，其压力调整数值一方面应比 A 缸动作时的最大压力高 0.3～0.5 MPa，另一方面又要比溢流阀的调整压力低 0.3～0.5 MPa。

任务实施

实训项目：压力继电器控制液压顺序动作回路连接与分析

（一）实训目的

(1) 熟悉压力继电器的结构与工作原理；

(2) 能够正确连接图 3-2-19 所示压力继电器控制顺序动作回路；

(3) 能正确分析图 3-2-19 所示压力继电器控制顺序动作回路工作原理；

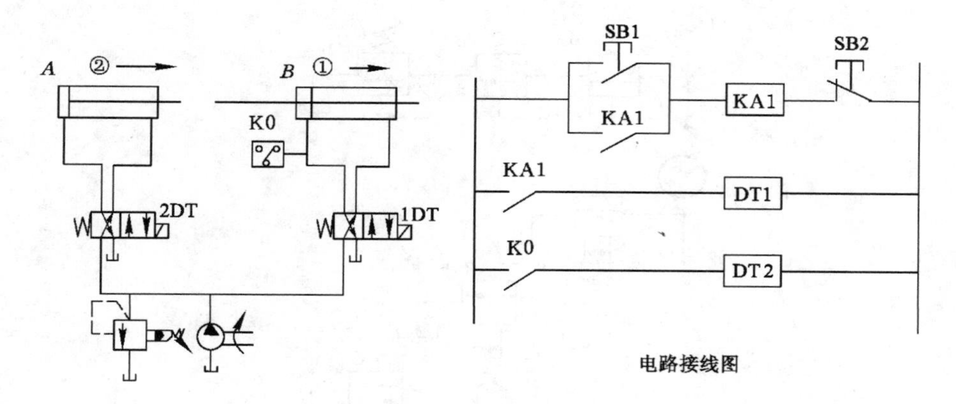

图 3-2-19　压力继电器控制液压顺序动作回路

(4) 能够启动运行回路,并能排查回路故障。

(二) 实训装置及元件

YL-224A 型液压气动实训装置、定量油泵、液压缸两个、二位四通电磁换向阀两个、先导式溢流阀一个、压力继电器一个、压力软管若干、三通若干。

实训步骤与实训注意事项参考本项目任务一。

思考与练习

1. 先导型溢流阀的阻尼孔被堵塞后,会出现什么现象?

2. 顺序阀的调定压力和进、出油口压力之间有何关系?

3. 减压阀的出油口被堵住后,减压阀处于何种工作状态?

4. 三个溢流阀的调定压力如图 3-2-20 所示,通过电磁阀的通断电实现了对泵供油压力的多级调压,根据电磁铁 A、B、C 的通断电情况,说明能对液压泵实现多少级压力? 数值分别是多少?

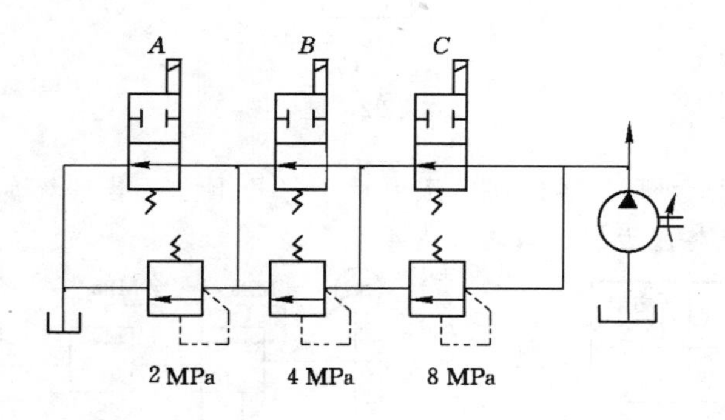

图 3-2-20　题 4 图

5. 在图 3-2-21 示的两阀组中,溢流阀的调定压力为 $p_A=4$ MPa、$p_B=3$ MPa、$p_C=5$ MPa,试求压力计读数。

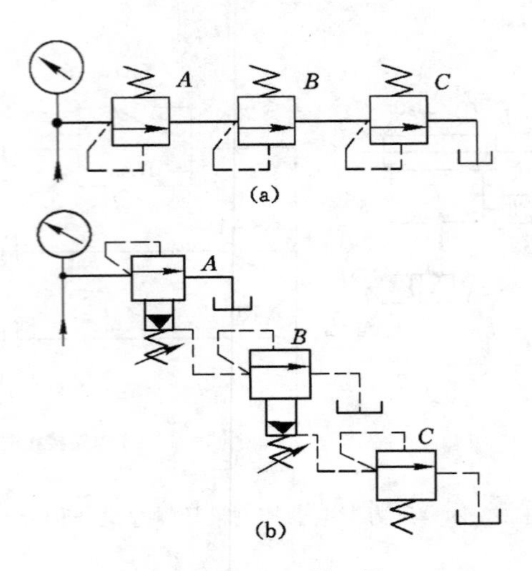

图 3-2-21 题 5 图

6. 图 3-2-22 所示两阀组的出口压力取决于哪个减压阀？为什么？设两减压阀调定压力一大一小，并且所在支路有足够的负载。

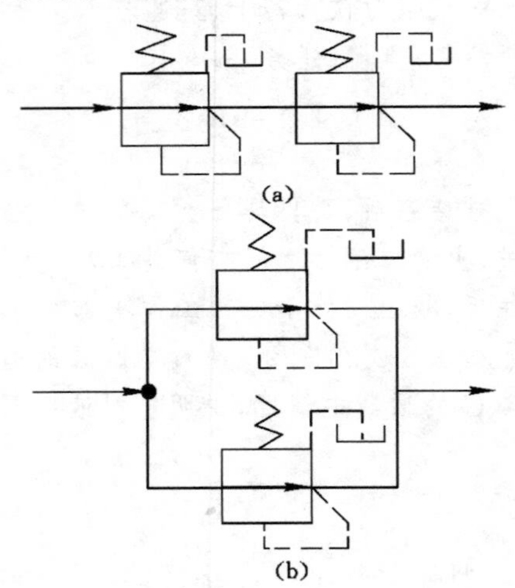

图 3-2-22 题 6 图

7. 如图 3-2-23 所示阀组，各阀调定压力示于符号上方。若系统负载为无穷大，试按电磁铁不同的通断情况将压力表读数填在表中。

1DT	2DT	压力表读数
−	−	
+	−	
−	+	
+	+	

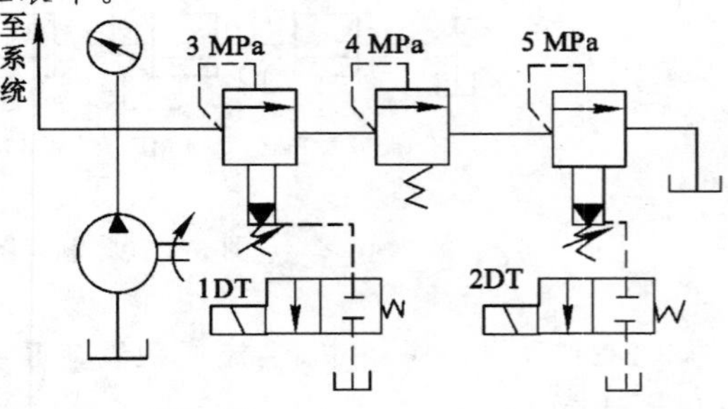

图 3-2-23 题 7 图

8. 图 3-2-24 中，已知顺序阀的调整压力为 4 MPa，溢流阀的调整压力为 6 MPa，当系统负载无穷大时，分别计算图(a)和图(b)中 A 点处的压力值。

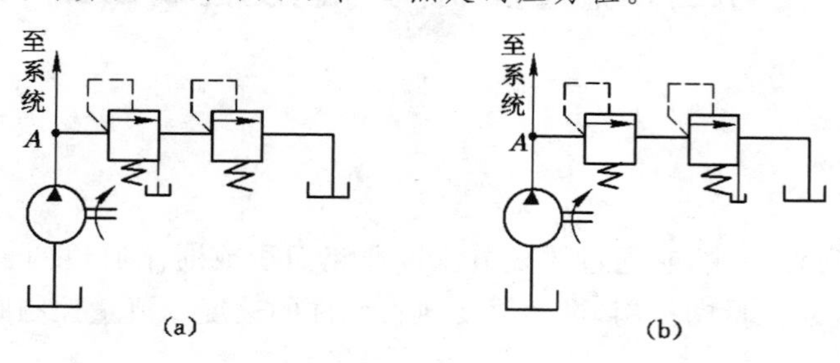

图 3-2-24 题 8 图

9. 如图 3-2-25 所示液压系统，各压力阀的调整压力分别为：$p_{y1}=6$ MPa，$p_{y2}=5$ MPa，$p_{y3}=2$ MPa，$p_{y4}=1.5$ MPa，$p_j=2.5$ MPa，图中当电磁铁 5DT 得电时，活塞杆伸出，达到极限位置后顶在工件上，忽略管路和换向阀的压力损失。试问当电磁铁 1DT、2DT、3DT、4DT 处于不同工况时，A、B 点的压力值各为多少？（将结果填入表 3-2-1 中）

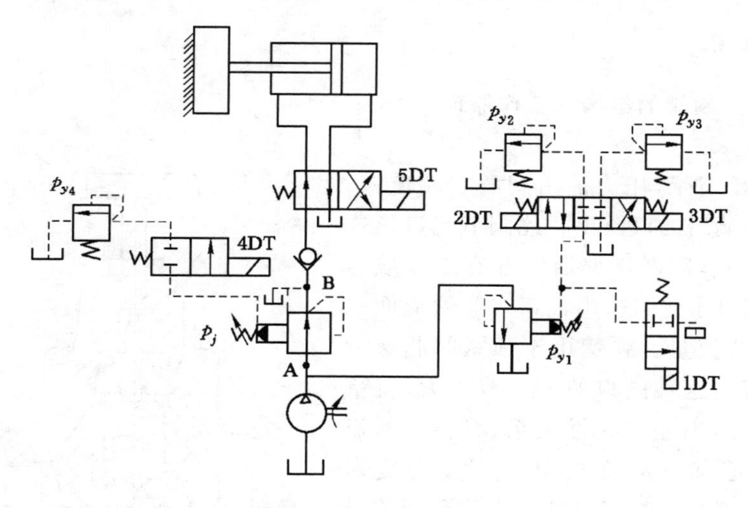

图 3-2-25 题 9 图

表 3-2-1 电磁铁处于不同工况时 A、B 点的压力值

	1	2	3	4	5
1DT	+	−	−	−	−
2DT	+	+	−	−	−
3DT	−	−	−	−	+
4DT	+	−	+	−	−
A					
B					

任务三　流量控制阀与速度控制回路

任务概述

一、任务描述

流量控制阀简称流量阀，它通过改变节流口通流面积或通流通道的长短来改变局部阻力的大小，从而实现对流量的控制，进而改变执行元件的速度。流量控制阀有节流阀和调速阀两种。

二、任务要求

(1) 知识要求：掌握节流阀与调速阀的结构与工作原理；掌握流量阀控制节流调速回路的速度负载特性；掌握各种调速回路的调速原理。

(2) 能力要求：能正确识别节流阀、调速阀；能正确连接各种调速回路；能正确分析各种调速回路的调速原理与特点。

相关知识

一、流量控制阀的结构与工作原理

(一) 节流阀

如图 3-3-1 所示，压力油由阀的右端流入，经节流口从左端出油口流出。此阀节流口形式为轴向三角槽式，阀芯锥部通常开有二个或四个三角槽。调节手轮，进、出油口之间通流面积变化，即可调节流量。弹簧用于顶紧阀芯保持阀口开度不变。这种阀口的调节范围大，流量与阀口前后的压力差呈线性关系，有较小的稳定流量，但流道有一定长度，流量易受温度影响。进油口油液通过弹簧腔径向小孔和阀体上斜孔同时作用在阀芯的上下两端，使阀芯两端液压力平衡。所以，即使在高压下工作，也能轻便地用于调节阀口开度。

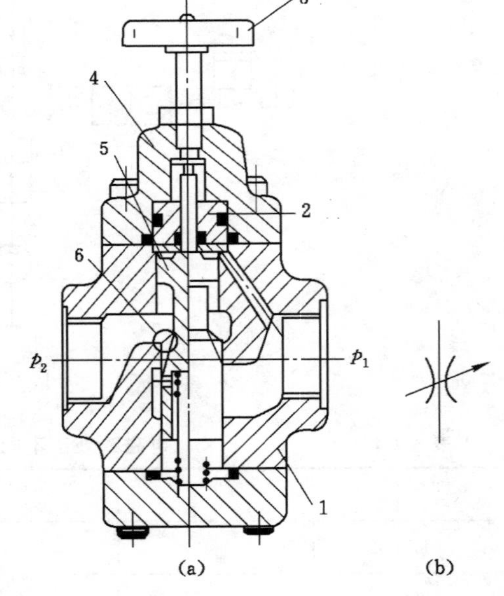

图 3-3-1　节流阀

(a) 结构；(b) 图形符号

1——阀体；2——导套；3——手轮；4——顶盖；5——阀芯；6——节流口

节流阀的节流口通常有三种基本形式：薄壁小孔、细长孔和短孔，但无论何种形式，通过节流口的流量 q 与其前后压力差 Δp 的关系均可用式来表示，即 $q_V = CA_T\Delta p^m$ 。三种节流口的流量特性曲线如图 3-3-2 所示。

(1) 压差对流量的影响

节流阀两端压差 Δp 变化时，通过它的流量要发生变化，三种结构形式的节流口中，通过薄壁小孔的流量受到压差改变的影响最小。

（2）温度对流量的影响

油温影响到油液黏度，对于细长小孔，油温变化时，流量也会随之改变；对于薄壁小孔，黏度对流量几乎没有影响，故油温变化时，流量基本不变。

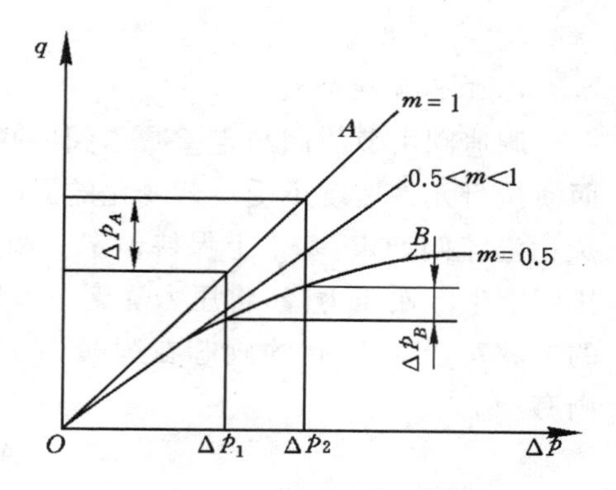

图 3-3-2 节流阀特性曲线

（3）节流口的堵塞

节流阀的节流口可能因油液中的杂质或由于油液氧化后析出的胶状物质、沥青等而局部堵塞，这就改变了原来节流口通流面积的大小，使流量发生变化，尤其当开口较小时，这一影响更为突出，严重时会完全堵塞而出现断流现象。因此节流口的抗堵塞性能也是影响流量稳定性的重要因素，特别会影响流量阀的最小稳定流量。一般节流口通流面积越大、节流通道越大和水力直径越大，越不容易堵塞。当然，油液的清洁度也对堵塞产生影响。一般流量控制阀的最小稳定流量为 0.05 L/min。所以，为保证流量稳定，节流口的形式以薄壁小孔较为理想。实际使用中防止节流阀阻塞的措施是：

① 油液要精密过滤。实践证明，5～10 μm 的过滤精度能显著改善阻塞现象。为除去铁质污染，采用带磁性的过滤器效果更好。

② 节流阀两端的压差要适当。压差大，节流口能量损失大，温度高；对同等流量，压差大对应的过流面积小，易引起阻塞。设计时一般取压差 $\Delta p=0.2\sim0.3$ MPa。

常用的节流口形式如图 3-3-3 所示。

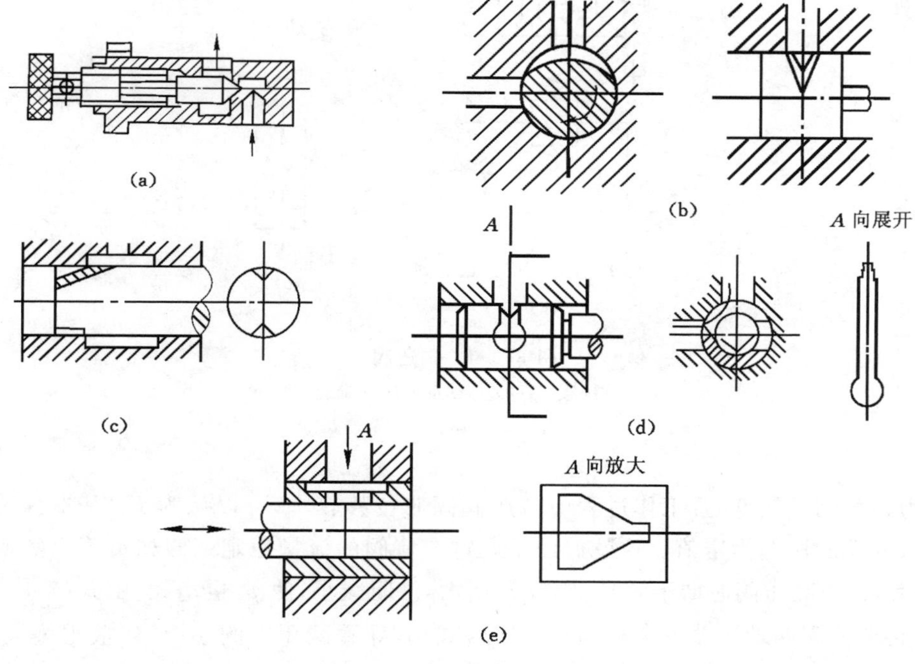

图 3-3-3 常用节流口的形式

(a) 针阀式；(b) 偏心槽式；(c) 轴向三角槽式；(d) 周向缝隙式；(e) 轴向缝隙式

（二）调速阀

1. 工作原理分析

调速阀由节流阀与定差减压阀串联而成。定差减压阀能自动保持阀前后压差不变，从而使执行元件速度不受负载变化的影响，其工作原理如图 3-3-4 所示。液压泵的出口压力 p_1 由溢流阀调定，基本上保持恒定。调速阀出口处压力 p_3 由液压缸负载决定。油液先经减压阀产生一次压力降，将压力降到 p_2，节流阀的出口压力 p_3 又经反馈通道 a 作用到减压阀的上腔 b，当减压阀的阀芯在弹簧力 F_S、油液压力 p_2 和 p_3 作用下处于某一平衡位置时，则有

$$F_S + A_3 p_3 = (A_1 + A_2) p_2 \tag{3-3-1}$$

在设计时设定：

$$A_3 = A_1 + A_2$$

所以有

$$p_2 - p_3 = F_S / A_3 \tag{3-3-2}$$

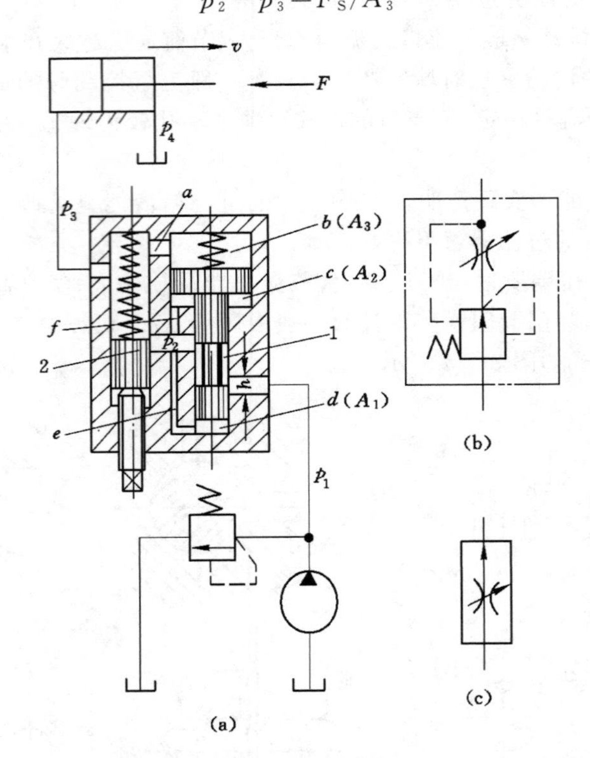

图 3-3-4 调速阀

(a) 结构原理；(b) 详细符号；(c) 简化符号

1——定差减压阀；2——节流阀

因为弹簧刚度较低，且工作过程中减压阀阀芯位移较小，可以认为 F_S 基本保持不变，故节流阀两端的压差为定值。这就保证了通过节流阀的流量稳定。假如负载突然增大，造成 p_3 加大，迫使减压阀芯向下移动，阀口 h 增大，液阻减小，使 p_2 也增大，由式(3-3-2)可看出，仍保持节流阀两端压差恒定。相反，若 p_3 减小，导致减压阀阀芯上移，液阻增大，使 p_2 也减小，还能保持节流阀两端压差恒定。调速阀正常工作时，要求调速阀两端的压差至少应为 0.4～0.5 MPa 及以上，这是因为，当压力差很小时，减压阀阀芯被弹簧推至最下端，减压

阀阀口全开，不起稳定节流阀前后压力差的作用，这时调速阀的性能与节流阀相同。

从以上节流阀和调速阀的工作原理可得到调速阀和节流阀的流量特性曲线如图 3-3-5 所示。图中 Δp_{min} 即为要保证的最小压差。

2. 调速阀的流量温度补偿

调速阀消除了负载变化对流量的影响，但温度变化的影响依然存在。对速度稳定性要求高的系统，所用的调速阀应带有流量的温度补偿装置，即使用温度补偿调速阀。

温度补偿调速阀与普通调速阀的结构基本相似，主要区别在于前者的节流阀阀芯上连接着一根温度补偿杆，如图 3-3-6 所示。温度变化时，流量本会有变化，但由于温度补偿杆的材料为温度膨胀系数大的聚氯乙烯塑料，温度高时长度增加，使阀口减小，反之则开大，故能维持流量基本不变（在 20～60 ℃范围内流量变化不超过 10%）。图中阀芯的节流口采用薄刃孔形式，它能减小温度变化对流量稳定性的影响。

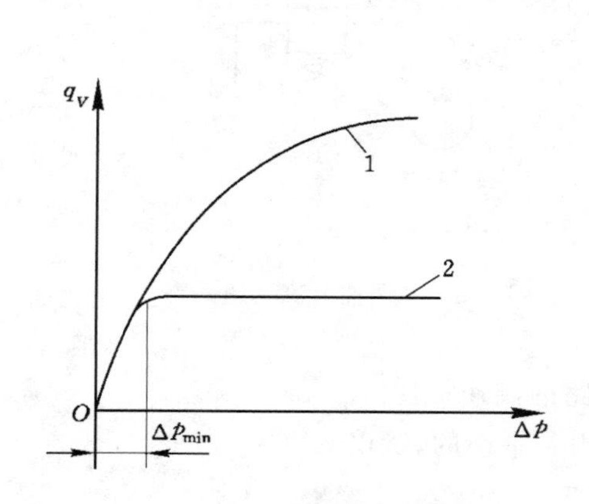

图 3-3-5　流量阀的流量特性曲线

1——节流阀；2——调速阀

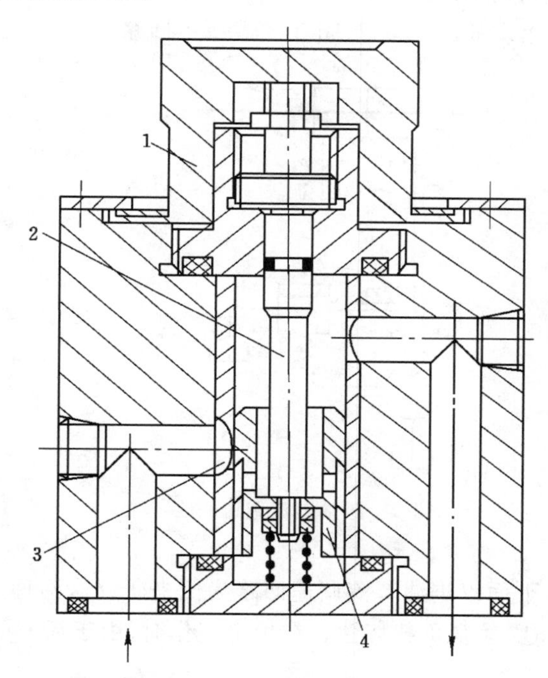

图 3-3-6　流量阀的温度补偿原理

1——调节手轮；2——温度补偿杆；
3——节流口；4——节流阀阀芯

二、液压速度控制回路分析

速度控制回路是使系统执行元件获得满足工作要求的速度。速度控制回路主要有调速回路、快速运动回路（又称增速回路）、速度换接回路、同步回路等几种典型回路。

（一）调速回路

调速回路是用来调节执行元件速度的回路。由于执行元件有两种，当执行元件为液压缸时，$v=q_V/A$，液压缸的工作面积 A 在工作过程中是不可改变的，因此，只能通过改变进入液压缸的流量来调节其运动速度；当执行元件为液压马达时，由 $n=q_V/V$ 可知，在工作过程中，既可通过改变进入液压马达的流量 q_V，也可通过改变液压马达本身的排量 V，来调节

其转速 n。

改变进入执行机构的流量有两种方法：一是采用定量泵，通过加装流量控制阀（节流阀或调速阀）进行调速，称为节流调速；二是直接采用变量液压泵或改变液压马达排量调速，称为容积调速；三是采用变量泵和流量阀相配合的方法调速，称为容积节流调速。

1. 节流调速回路

节流调速回路按流量阀的位置不同可分为进油节流调速回路、回油节流调速回路和旁路节流调速回路三种。

（1）进、回油路节流调速回路

在执行元件的进油路上串接一个流量阀，即构成进油节流调速回路；在执行元件的回油路上串接一个流量阀，即构成回油节流调速回路。在这两种回路中，定量泵的供油压力均由溢流阀调定。液压缸的速度都靠调节流量阀开口的大小来控制，泵多余的流量由溢流阀流回油箱。如图 3-3-7、图 3-3-8 所示回路。

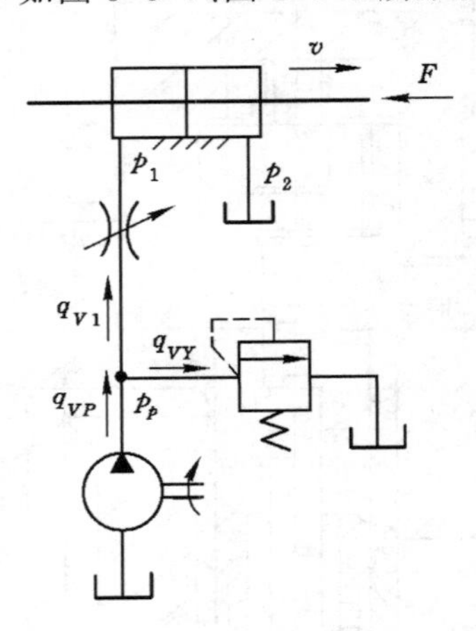

图 3-3-7　进油节流调速回路

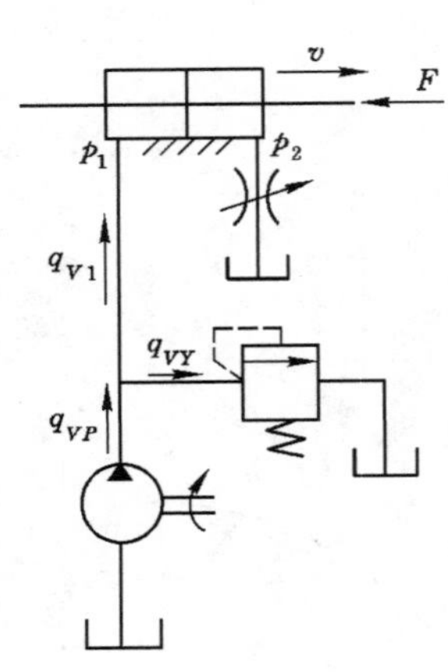

图 3-3-8　回油节流调速回路

下面以进油节流调速回路为例来研究这两种回路的调速特性。

① 速度负载特性。在稳定工作时，由于活塞受力是平衡的，所以有

$$p_1A = p_2A + F$$

式中，p_1、p_2分别为缸的进油腔和回油腔压力，由于回油腔通油箱，故 p_2可视为零；F、A 分别为缸的负载和有效工作面积。

所以
$$p_1 = \frac{F}{A}$$

泵的供油压力 p_p由溢流阀调定为恒值，故节流阀两端的压力差为

$$\Delta p = p_p - \frac{F}{A}$$

由小孔流量公式可知，通过节流阀进入液压缸的流量为

$$q_{V1} = CA_T\Delta p^m = CA_T\left(p_p - \frac{F}{A}\right)^m$$

故液压缸的速度为

$$v=\frac{q_{V1}}{A}=\frac{CA_{\mathrm{T}}}{A}(p_p-\frac{F}{A})^m \tag{3-3-3}$$

式(3-3-3)即为进油节流调速回路的速度负载特性方程。由该式可见,液压缸速度 v 与节流阀通流面积 A_{T} 成正比。调节 A_{T} 可实现无级调速,这种回路的调速范围较大。当 A_{T} 调定后,速度随负载的增大而减小,故这种调速回路的速度负载特性较“软”。选用不同的 A_{T} 值根据速度方程作出 v-F 坐标曲线图,可得一组曲线,即为本回路的速度负载特性曲线,如图 3-3-9 所示。该特性曲线表明速度随负载变化的规律,曲线越陡,说明负载变化对速度的影响越大,即速度刚度低。由曲线还可知,在同一 A_{T} 下,轻载区域比重载区域的速度刚度高;而在相同负载下工作时,节流阀通流面积小的比大的速度刚度高,即低速时速度刚度高。

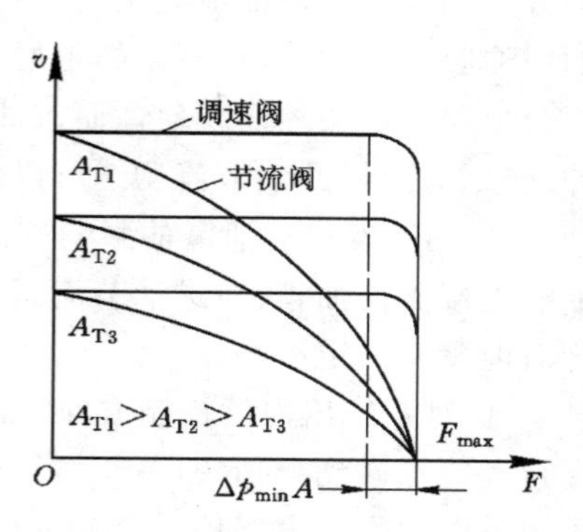

图 3-3-9　速度负载特性曲线

② 最大承载能力。由图 3-3-9 还可见到,三条特性曲线汇交于横坐标轴上的一点,该点对应的 F 值即为最大负载。这说明最大承载能力 $F_{\max}$ 与速度调节无关。因最大负载时缸停止运动,令式(3-3-3)为零,得 $F_{\max}$ 值为

$$F_{\max}=p_pA \tag{3-3-4}$$

③ 功率和效率。液压泵的输出功率值为

$$P_P=p_pq_{VP}=\text{常量}$$

液压缸的输出功率为

$$P_1=Fv=F\frac{q_{V1}}{A}=p_1q_{V1}$$

回路的功率损失为

$$\Delta P=P_P-P_1=p_pq_{VP}-p_1q_{V1}=p_p(q_{VP}-q_{V1})+\Delta pq_{V1}=p_pq_{VY}+\Delta pq_{V1}$$

式中,q_{VY} 为通过溢流阀的溢流量,$q_{VY}=q_{VP}-q_{V1}$;Δp 为节流阀两端的压力差。

由上式可知,这种调速回路的功率损失由两部分组成,即溢流损失 p_pq_{VY} 和节流损失 Δpq_{V1}。

回路的效率为

$$\eta=\frac{P_1}{P_P}=\frac{Fv}{p_pq_{VP}}=\frac{p_1q_1}{p_pq_{VP}} \tag{3-3-5}$$

由于存在两部分功率损失,故这种调速回路的效率较低。有资料表明,当负载恒定或变化很小时,$\eta=0.2\sim0.6$;当负载变化较大时,回路的最高效率 $\eta=0.385$。机械加工设备常有快进—工进—快退的工作循环,工进时泵的大部分流量溢流,回路效率极低,而低效率导致温升和泄漏增加,进一步影响了速度稳定性和效率。回路功率越大,问题越严重。

可见,进油节流调速回路适用于轻载、低速、负载变化不大和对速度稳定性要求不高的小功率液压系统。

用同样的方法可以证明,回油节流调速与进油节流调速的速度负载特性、承载能力和效率等方面的性能是相同的。两回路也有不同之处,具体表现在:

① 承受负值负载的能力方面。所谓负值负载就是负载作用力的方向和执行元件的运动方向相同。在回油节流调速系统中，由于回油路上装有节流阀，形成局部阻力，使液压缸的回油腔产生背压，在背压的阻尼作用下，工作部件的运动速度受到限制，即使负值负载，也不会出现速度失控的现象。而进油节流调速若不装背压阀，在负值负载作用下将会出现前冲现象。这样，回油节流调速可以获得比进油节流调速更稳定的低速运动。

② 油液发热对泄漏的影响方面。在回油节流调速系统中，油液流过节流阀产生的发热油液直接流回油箱；在进油节流调速系统中，经节流阀的油液流进了执行机构中，油液的温升对泄漏有一定影响。

③ 对系统压力的控制方面。进油节流调速回路较易实现压力控制。因为当工作部件在行程终点碰到死挡块（或压紧工件）后，缸的回油腔压力下降为零，可以利用这个变化值使压力继电器发出电气信号，对系统的下一步动作实现控制。在回油节流调速时，进油腔压力没有变化，不易实现压力控制。

为了提高回路的综合性能，实践中常采用进油节流调速回路，并在回油路加背压阀（用溢流阀、顺序阀或装有硬弹簧的单向阀串接于回油路），因而兼具了两回路的优点。

（2）旁路节流调速回路

将流量阀安放在和执行元件并联的旁油路上，即构成旁路节流调速回路。如图 3-3-10(a)所示。节流阀调节了泵溢回油箱的流量，从而控制了进入缸的流量。调节节流阀开口，即实现了调速。旁路节流调速回路中，由于溢流已由节流阀承担，故溢流阀作安全阀用，常态时关闭，过载时打开，其调定压力为回路最大工作压力的 1.1～1.2 倍。故泵压不再恒定，它与缸的工作压力相等，直接随负载变化，且等于节流阀两端压力差。其特性方程不再推导，回路与速度负载特性曲线如图 3-3-10(b)所示。由曲线可知：

① 当节流阀的通流面积一定而负载增加时，速度明显下降；

② 当节流阀的通流面积增大时，能承载的负载减小，低速时承载能力小，速度也不稳定；

③ 液压泵输出的油压是随负载变化的，只有节流损失没有溢流损失，因此，这种系统的效率高，发热少。

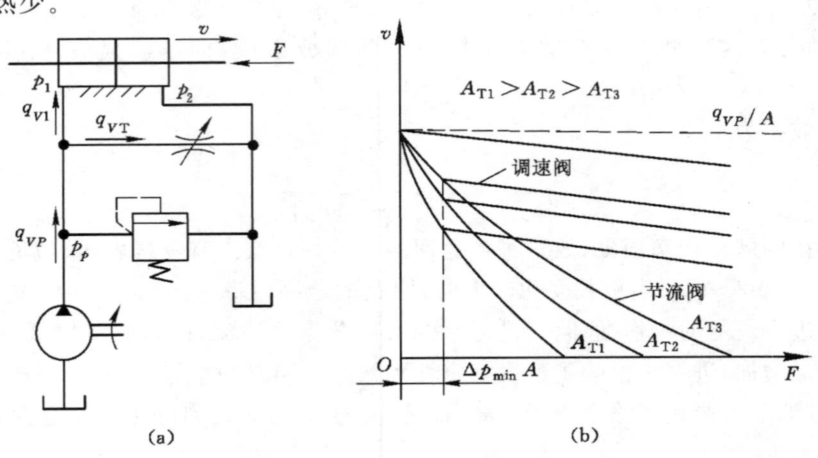

图 3-3-10　旁路节流调速回路

(a) 回路图；(b) 速度负载特性曲线

综上所述，旁路节流调速适用于负载变化小、对运动平稳性要求低的高速大功率场合，如牛头刨床主运动系统、输送机械液压系统等。

(3) 利用调速阀的节流调速回路

节流阀的上述三种调速方法，都存在着因负载增加而使速度减小的问题，其原因主要是由于负载变化引起节流阀前后压差的变化，因而也就改变了通过节流阀的油液流量。如果用调速阀来代替节流阀，不论把调速阀装在进油路上、回油路上或旁油路上，在液压缸工作压力随负载变化的情况下，由于调速阀中的减压阀能自动调节其开口的大小，使节流阀前后压差保持基本不变，即流过调速阀的流量保持不变，达到提高稳定性的目的。

在采用调速阀的调速回路中，虽然解决了速度稳定性问题，但由于调速阀中包含了减压阀和节流阀的损失，并且同样存在着溢流损失，故此回路的功率损失比节流阀调速回路还要大些。

2. 容积调速回路

容积调速是用改变液压泵或液压马达的排量来调节执行元件运动速度的调速方法。在这种调速系统中，液压泵的流量全部进入执行元件，既没有溢流损失，又没有节流损失。因此，容积调速效率高、发热少，具有良好的静态和动态特性，适用于大功率或对发热限制较严格的液压系统，在工程机械、矿山机械和大型机床等大功率液压系统中获得广泛应用。

容积调速回路按油液循环方式的不同，分为开式油路和闭式油路两种。开式油路即通过油箱进行油液循环的油路，即泵从油箱吸油，执行元件的回油仍返回油箱，如图 3-3-11 所示。开式油路的优点是油液在油箱中便于沉淀杂质和析出气体，并得到良好的冷却；主要缺点是空气易侵入油液，致使运动不平稳，并产生噪声。闭式油路无油箱这一中间环节，泵吸油口和执行元件回油口直接连接，油液在系统内封闭循环。这样，油气隔绝，结构紧凑，运行平稳，噪声小；缺点是散热条件差。

容积调速回路无溢流，这是构成闭式油路的必要条件。为了补偿泄漏以及由于执行元件进、回油腔面积不等所引起的流量之差，闭式油路需设辅助泵，与之配套还设一溢流阀和小油箱，如图 3-3-12 所示。辅助泵低压补油还起到防止空气侵入、改善主泵吸油条件、强迫系统内热油与小油箱中冷油进行一定程度热交换的作用。

容积调速回路按变量元件不同分为三种：变量泵和定量液压马达(或液压缸)系统；定量泵和变量液压马达系统；变量泵和变量液压马达系统。

(1) 变量液压泵容积调速回路

在这种调速系统中，改变变量泵的排量就能达到调速的目的。如图 3-3-11 所示泵—缸式容积调速回路，改变变量泵的排量即可调节活塞的运动速度。但实际上，由于液压泵有泄漏，负载越大，液压泵压力越大，泄漏就越严重。所以，活塞运动速度会随负载的增大而减小，若以不同流量作出 v-F 曲线，则可得到 3-3-13(a)所示调速特性曲线。由曲线可看出，负载增大到某值时，在低速下会出现活塞停止运动的现象。这时变量泵的理论流量等于泄漏量，可见这种回路在低速下的承载能力是很差的。

图 3-3-12 所示变量泵—定量液压马达的调速回路中，若不计损失，马达的转速 $n_M = q_p/V_M$。因液压马达排量为定值，故调节变量泵的流量 q_p 即可对马达的转速 n_M 进行调节。当负载转矩恒定时，马达的输出转矩 $T = \Delta p_M V_M / 2\pi$ 和回路工作压力 p 都恒定不变，所以马达的输出功率 $P = \Delta p_M V_M n_M$ 与转速 n_M 成正比关系，故本回路的调速方式又称为恒转矩

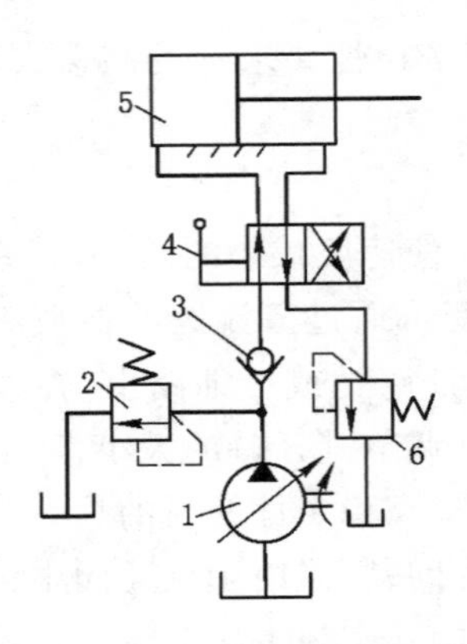

图 3-3-11 泵-缸式容积调速回路

1——变量泵;2——安全阀;3——单向阀

4——换向阀;5——液压缸;6——背压阀

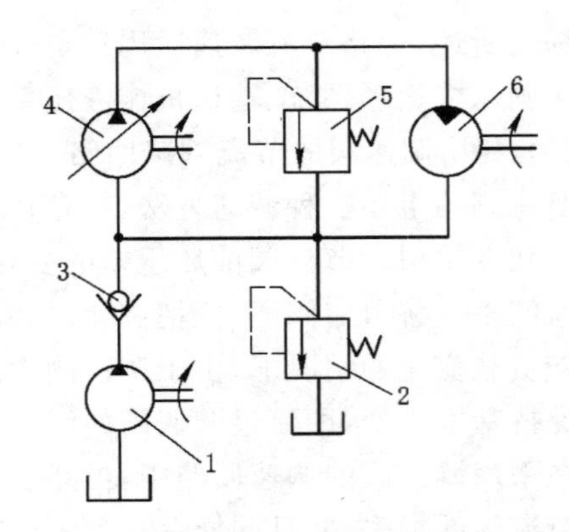

图 3-3-12 变量泵-定量液压马达式容积调速回路

1——辅助泵;2——溢流阀;3——单向阀

4——变量泵;5——安全阀;6——定量马达

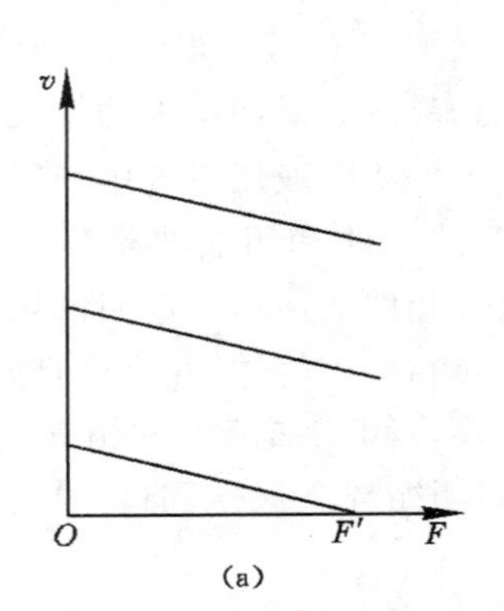

(a)

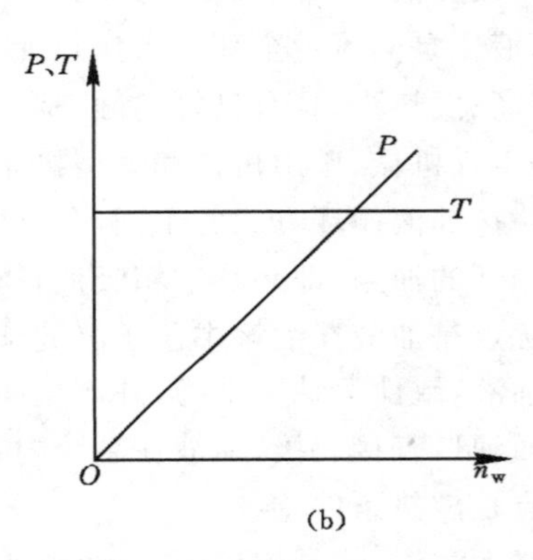

(b)

图 3-3-13 调速特性曲线

(a) 泵-缸式;(b)变量泵-定量液压马达

调速。回路的调速特性见图 3-3-13(b)。

(2) 定量泵和变量马达的容积调速回路(恒功率调速回路)

图 3-3-14(a)所示为定量泵和变量马达组成的容积调速回路,定量泵输出流量不变,改变变量马达的排量 V_M 就能改变液压马达的转速。在这种调速回路中,由于液压泵的转速和排量均为常数,当负载功率恒定时,马达输出功率 P_M 和回路工作压力 p 都恒定不变。因为马达输出转矩 $T=\Delta p_M V_M/2\pi$ 与马达的排量 V_M 成正比,马达转速 $n_M=q_p/V_M$。则与 V_M 成反比,所以这种回路称为恒功率调速回路。调速特性如图 3-3-14(b)所示。

本回路调速范围很小,因过小地调节 V_M 输出转矩 T 将降至很小值,以致带不动负载,造成马达“自锁”现象,故这种调速回路很少单独使用。

(3) 变量泵和变量马达的容积调速回路

图 3-3-15(a)所示为采用双向变量泵和双向变量马达的容积调速回路。变量泵正向或反向供油,马达即正向或反向旋转。这种调速回路是上述两种回路的组合,由于泵和马达的排量均可改变,故扩大了调速范围,并扩大了液压马达转矩和功率的选择余地。图中单向阀 3 和 5 用于使辅助泵 1 能双向补油;单向阀 6 和 8 使安全阀 9 在两个方向都能起过载保护作

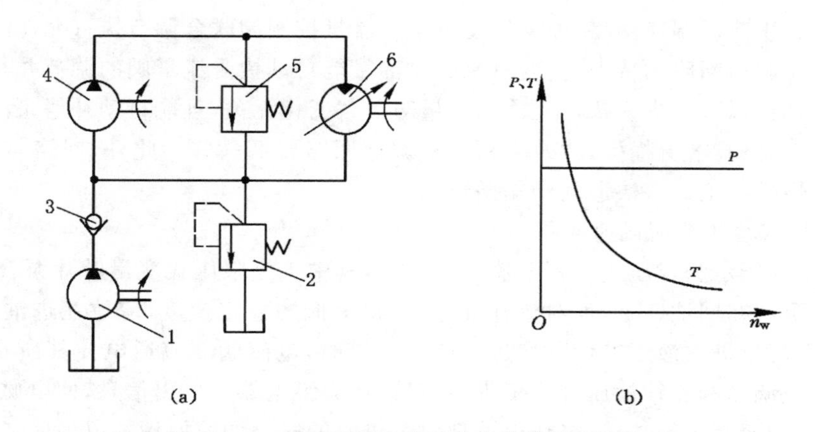

图 3-3-14　定量泵-变量马达式容积调速回路

(a) 结构原理；(b) 特性曲线

1——变量泵；2——溢流阀；3——单向阀；4——定量泵；5——安全阀；6——变量马达

用。其调速特性曲线如图 3-3-15(b)所示。

例如，一般机械设备低速时要求有大转矩以顺利启动；高速时则要求有恒功率输出，以不同的转矩和转速组合进行工作。这时应分两步调节转速：第一步，把马达排量 V_M 固定在最大值上(相当于定量马达)，自小到大调节泵的排量 V，升高马达转速。第二步，把泵的排量 V 固定在最大值上(相当于定量泵)，自大到小调节马达的排量 V_M，进一步提高马达转速。

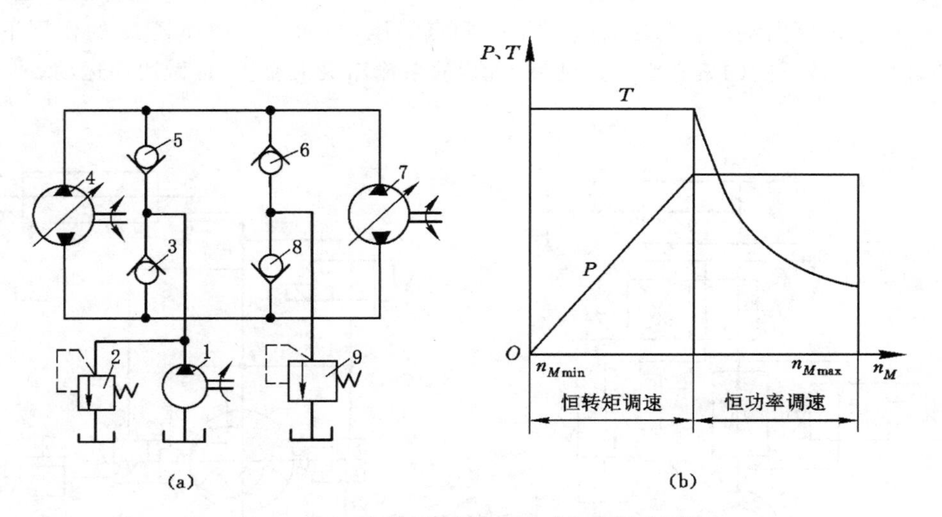

图 3-3-15　变量泵-变量马达式容积调速回路

(a) 结构原理；(b) 特性曲线

1——辅助泵；2——溢流阀；3,5,6,8——单向阀；4——变量泵；7——变量马达；9——安全阀

3. 容积节流调速回路

容积调速虽然效率高，发热少，但仍存在速度负载特性软的问题。尤其在低速时，泄漏在总流量中所占的比例增加，问题就更突出。在低速稳定性要求高的场合(如机床进给系统

中)，常采用容积节流调速回路，即采用变量泵和流量控制阀联合调节执行元件的速度。

容积节流调速回路的特点是：变量泵的供油量能自动接受流量阀的调节并与之吻合，故无溢流损失，效率较高；进入执行元件的流量与负载变化无关，且能自动补偿泵的泄漏，故速度稳定性高；回路有节流损失，故效率较容积调速回路要低一些。此外，回路与其他元件配合容易实现快进—工进—快退的动作循环。

(1) 定压式容积节流调速回路

图 3-3-16 所示为定压式容积节流调速回路，其中 1 为限压式变量叶片泵，6 为背压阀。调速阀 2 亦可放在回油路上，但对单杆缸，为获得更低的稳定速度，应放在进油路上。空载时，泵以最大流量进入液压缸使其快进。进入工进时，电磁阀 3 应通电使其所在油路断开，使压力油经过调速阀流往液压缸。工进结束后，压力继电器 5 发出信息，使电磁阀 3 和主换向阀 4 换向，调速阀再被短接，缸快退。现对工进时的联合调速原理加以说明。

当回路处于工进阶段时，液压缸的运动速度由调速阀中节流阀的通流面积 A_T 来控制。变量泵的输出流量 q_{Vp} 和进入缸的流量 q_{Vl} 能够自相适应，即当 $q_{Vp}>q_{Vl}$ 时，泵的出口压力便上升，通过压力反馈作用，使泵的流量自动减小到 $q_{Vp}\approx q_{Vl}$；反之，当 $q_{Vp}<q_{Vl}$ 时，泵出口压力下降，又会使其流量自动增大到 $q_{Vp}\approx q_{Vl}$。可见调速阀在这里的作用不仅是使进入液压缸的流量保持恒定，而且还使泵的输出流量保持相应的恒定值，从而使泵和缸的流量匹配。

(2) 变压式容积节流调速回路

如图 3-3-17 所示，回路中采用叶片式流量泵，其定子左右各有一控制缸，左缸柱塞与右缸活塞杆的直径相等。泵的出口连一节流阀，并由泵体内的孔道连通左缸和右缸有杆腔。右缸的无杆腔则通过管道与节流阀后端相连。在图示状态下，泵的输出流量经二通阀进入液压缸。因节流阀两端压差为零，A、B 和 C 各点等压，泵的定子在弹簧 R 的作用下，移到最左端，使其与转子间的偏心距 e 达到最大值，故泵输出最大流量，缸做快速运动。

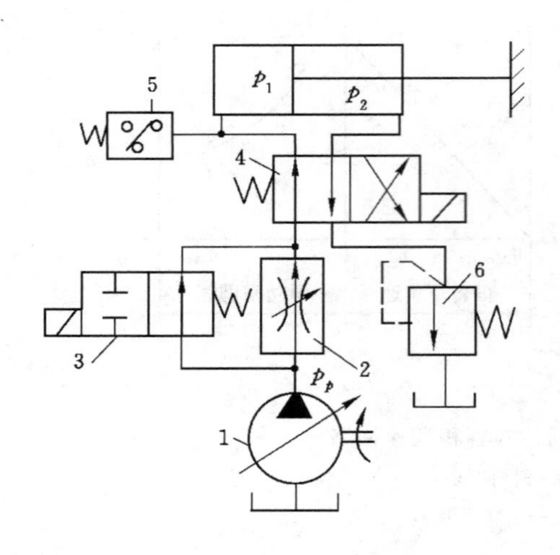

图 3-3-16 定压式容积节流调速回路

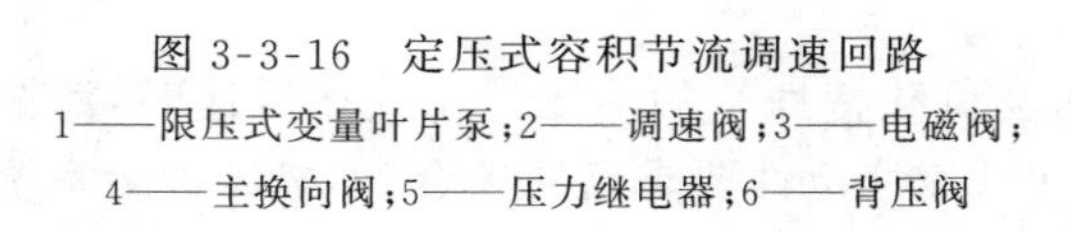
1——限压式变量叶片泵；2——调速阀；3——电磁阀；
4——主换向阀；5——压力继电器；6——背压阀

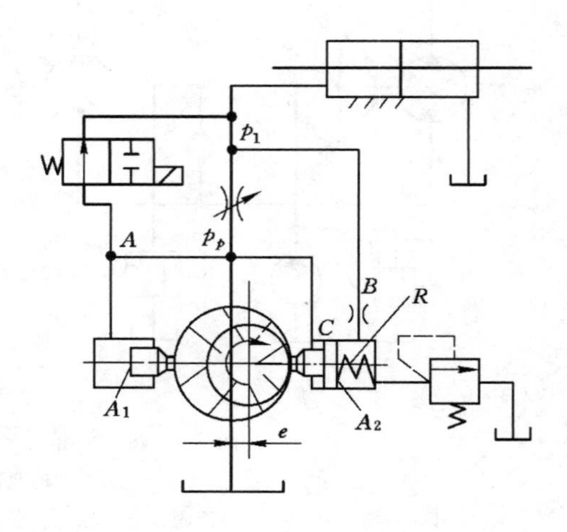

图 3-3-17 变压式容积节流调速回路

二通阀断开后，回路即转入工作进给阶段，泵的供油经节流阀进入液压缸。此时节流阀控制着进入液压缸的流量 q_{V1}，并使泵的流量 q_{VP} 自动与之相匹配。

此回路使用的是节流阀，但具有调速阀一样的性能，当节流阀一经调定，回路进入缸的流量 q_{V1} 为定值，不受负载变化的影响，且有补偿泄漏的作用，速度负载特性很好。当负载变化时，泵压也随负载发生相应的变化，故称为变压式容积节流调速回路，适用于负载变化大、速度较低的中小功率系统。

（二）快速运动回路（增速回路）

某些液压设备要求执行元件具有不同的运动速度。空载快速时要求流量大、压力低；重载工作时，要求流量小、压力高。在单个定量泵供油的液压系统中，要满足上述两个方面的要求，需要在很大范围内进行节流调速，造成功率损失，并使油温升高，为此必须设计能使执行元件在空行程时做快速运动的回路。

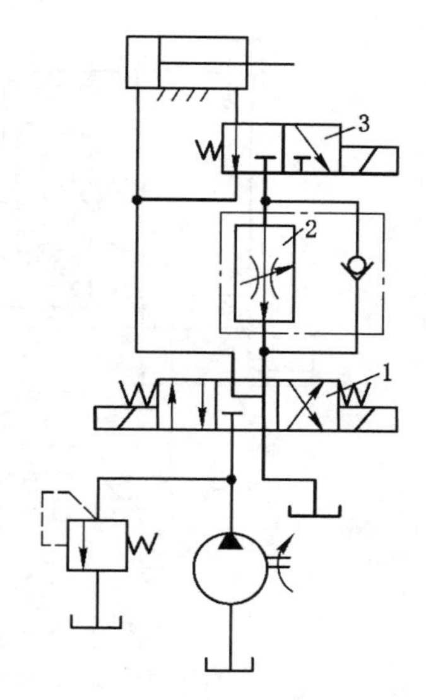

图 3-3-18　液压缸差动连接增速回路
1，3——换向阀；2——单向调速阀

典型的增速回路有以下几种。

（1）双泵供油增速回路；

（2）蓄能器供油增速回路；

（3）差动连接增速回路。

前两种增速回路在顺序阀的应用和蓄能器中已经介绍，下面仅介绍液压缸差动连接增速回路。

如图 3-3-18 所示回路，换向阀 1 和 3 在左位工作时，单杆液压缸差动连接做快进运动。当换向阀 3 通电时，差动连接即被切除，液压缸回油经过调速阀，实现工进。换向阀 1 切换至右位后，缸快退。

差动连接简单易行，得到普遍应用。但要注意此时阀和管道应按差动时的较大流量选用，否则压力损失过大，使溢流阀在快进时也开启，则无法实现差动。

（三）速度换接回路

不少机床在切削过程中要求实现自动工作循环，如刀架空程接近工件，以第一种速度对工件进行加工，接着又以第二种、第三种速度进行加工，最后快速退回，这就存在着由快速转换为慢速、由第一种慢速转换为第二种慢速的速度换接。运动速度和运动方向变换的基本要求是变换平稳和位置精确。

1．快速与慢速的换接回路

能够实现快速与慢速换接的方法很多，前面提到的各种增速回路都可以使液压缸的运动由快速换接为慢速。下面再介绍一种用行程阀的快慢速换接回路。

图 3-3-19 所示的回路在图示状态下，液压缸快进，当活塞所连接的工作部件挡块压下行程阀 4 时，行程阀关闭，液压缸右腔的油液必须通过节流阀 6 才能流回油箱，液压缸就由快进转换为慢速工进。当换向阀 2 的左位接入回路时，压力油经单向阀 5 进入液压缸右腔，活塞快速向左返回。这种回路的快慢速换接比较平稳，换接点的位置比较准确，缺点是行程阀的安装位置不能任意布置，管路连接较为复杂。若将行程阀改为电磁阀，安装连接就比较

方便了，但平稳性、可靠性以及换向精度都较差。

2. 两种慢速的换接回路

图 3-3-20 所示为两调速阀串联的两工进速度换接回路。当换向阀 1 在左位工作且换向阀 3 断开时，控制阀 2 的通或断，使油液经调速阀 A 或既经 A 又经 B 才能进入液压缸左腔，从而实现第一次工进或第二次工进。但调速阀 B 的开口需调得比 A 小，即二次工进速度必须比一次工进速度低。此外，二次工进时油液经过两个调速阀，能量损失较大。

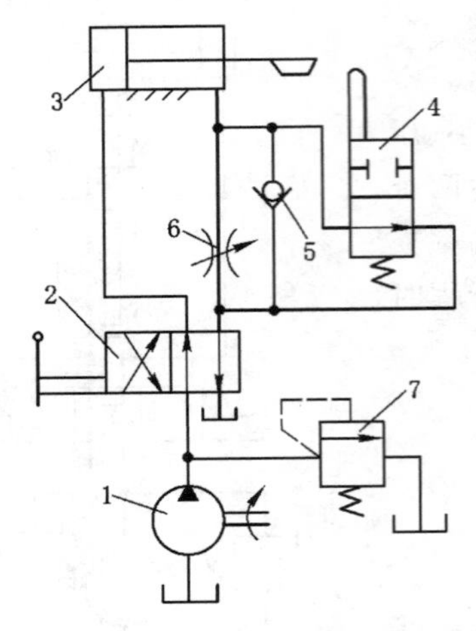

图 3-3-19 用行程阀的速度换接回路

1——泵；2——换向阀；3——液压缸；4——行程阀

5——单向阀；6——节流阀；7——溢流阀

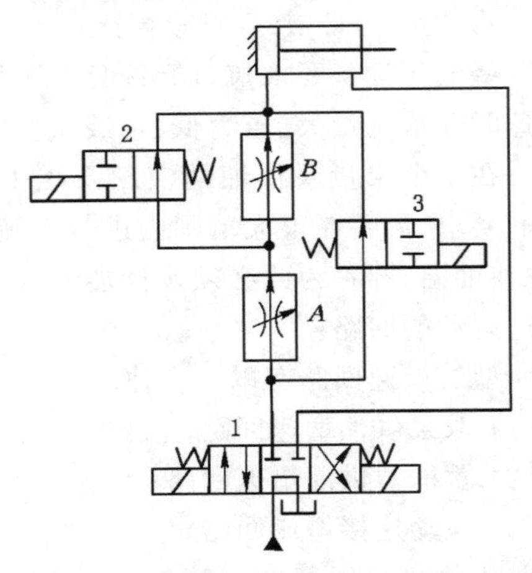

图 3-3-20 两调速阀串联的两工进速度换接回路

图 3-3-21(a)所示为两调速阀并联的两工进速度换接回路，主换向阀 1 在左位或右位工作时，缸做快进或快退运动。当主换向阀 1 在左位工作时，并使控制阀 2 通电，根据阀 3 不同的工作位置，进油需经调速阀 A 或 B 才能进入缸内，便可实现第一次工进和第二次工进速度的换接。两个调速阀可单独调节，两速度互无限制。但一阀工作时另一阀无油液通过，后者的减压阀部分处于非工作状态，若该阀内无行程限位装置，此时减压阀口将完全打开，一旦换接，油液大量流过此阀，缸会出现前冲现象。若将两调速阀如图 3-3-21(b)所示

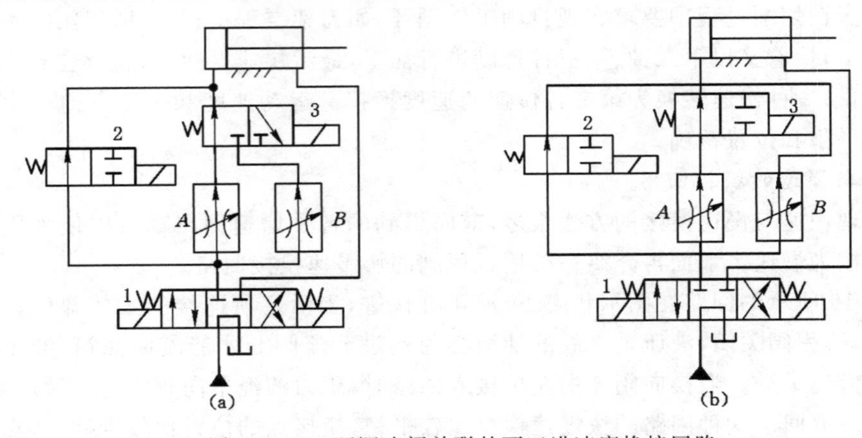

图 3-3-21 两调速阀并联的两工进速度换接回路

方式并联，则不会发生液压缸前冲的现象。

（四）同步回路

使两个或多个液压缸在运动中保持相对位置不变或保持速度相同的回路称为同步回路。在多缸液压系统中，影响同步精度的因素是很多的，例如，液压缸外负载、泄漏、摩擦阻力、制造精度、结构弹性变形以及油液中含气量，都会使动作不同步。

1. 并联调速阀的同步回路

如图 3-3-22 所示，用两个调速阀分别串接在两个液压缸的回油路（或进油路）上，再并联起来，用以调节两缸运动速度，即可实现同步。这也是一种常用的比较简单的同步方法，但因为两个调速阀的性能不可能完全一致，同时还受到载荷变化和泄漏的影响，同步精度受到限制。

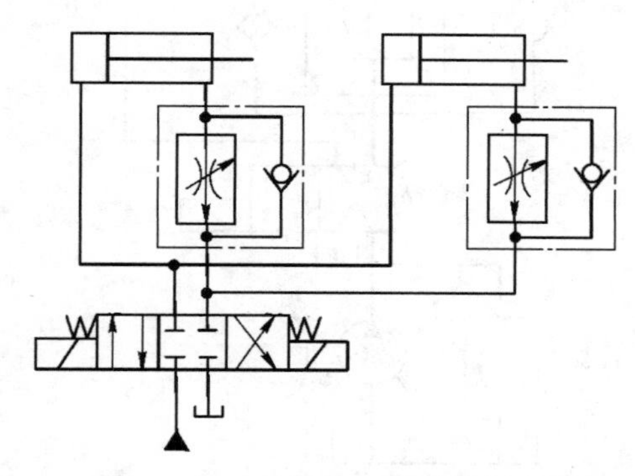

图 3-3-22　并联调速阀的同步回路

2. 同步阀及用同步阀控制的同步回路

同步阀是用以保证两个或多个液压缸（或液压马达）达到速度同步的流量控制阀。根据用途不同它可分为分流阀、集流阀和分流集流阀，其图形符号如图 3-3-23 所示。这种元件具有结构简单，安装、使用、维护方便等优点。

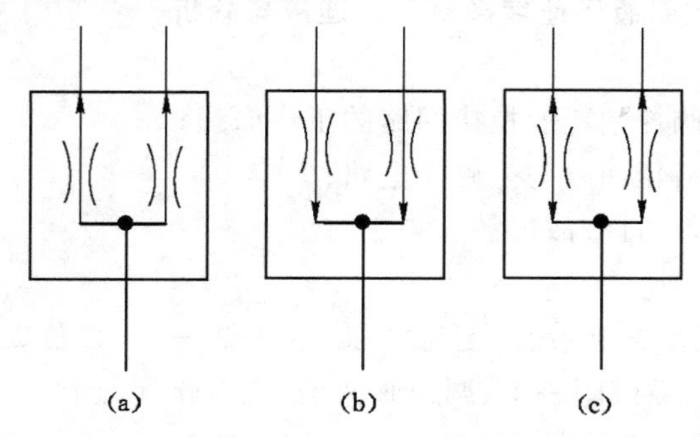

图 3-3-23　几种同步阀的符号

（a）分流阀；（b）集流阀；（c）分流集流阀

分流阀能使压力油平均分配给各液压缸（或液压马达），或按一定比例分配给液压缸（或液压马达），而不受负载变化的影响。前者称为等量分流阀，后者称为比例分流阀。集流阀是将压力不同的两支分油路的流量按一定比例汇集起来的阀。分流集流阀可兼有分流阀和集流阀的作用。

图 3-3-24 所示为采用等量分流阀的同步回路。图中换向阀 3 右位工作时，压力油经等量分流阀 5 后以相等的流量进入两液压缸的左腔，两缸右腔回油，两活塞同步向右伸出。当换向阀 3 左位工作时，压力油进入两缸的右腔，两缸左腔分别经单向阀 6 和 4 回油，两活塞快速退回。分流阀的同步精度一般为 2%～5%。这种回路的优点是简单方便，能承受变动负载与偏载。

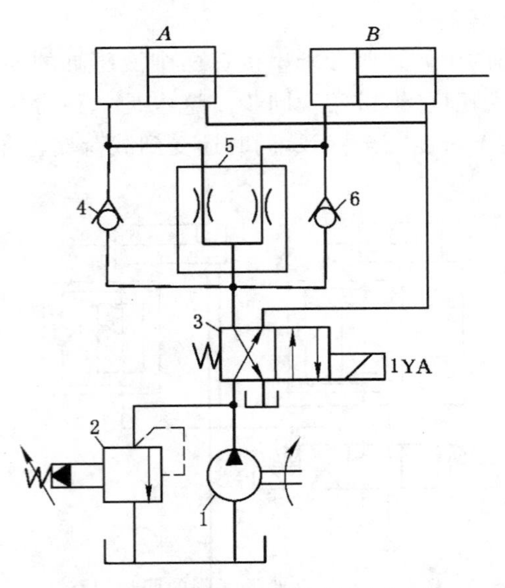

图 3-3-24　采用等量分流阀的同步回路

1——泵；2——溢流阀；3——换向阀；4，6——单向阀；5——等量分流阀

任务实施

实训项目：调速阀控制液压速度换接回路连接与分析

（一）实训目的

（1）能够分析调速阀控制速度换接回路的工作原理；

（2）能够正确连接液压回路与电磁阀电路；

（3）能够启动运行，并排查故障。

（二）实训装置及元件

YL-224A 型液压气动实训装置、定量油泵、液压缸一个、二位二通电磁换向阀一个、三位四通手动换向阀一个、溢流阀一个、调速阀两个、压力软管若干、三通若干。

（三）实训回路及继电器控制原理图

调速阀控制速度换接回路如图 3-3-25 所示。

（四）实训步骤

（1）关掉液压泵，使系统不带压力；

（2）根据液压回路图，将所需要的液压元件安装在实训台上；

（3）使用压力软管连接各个元件；

（4）连接继电器控制电路；

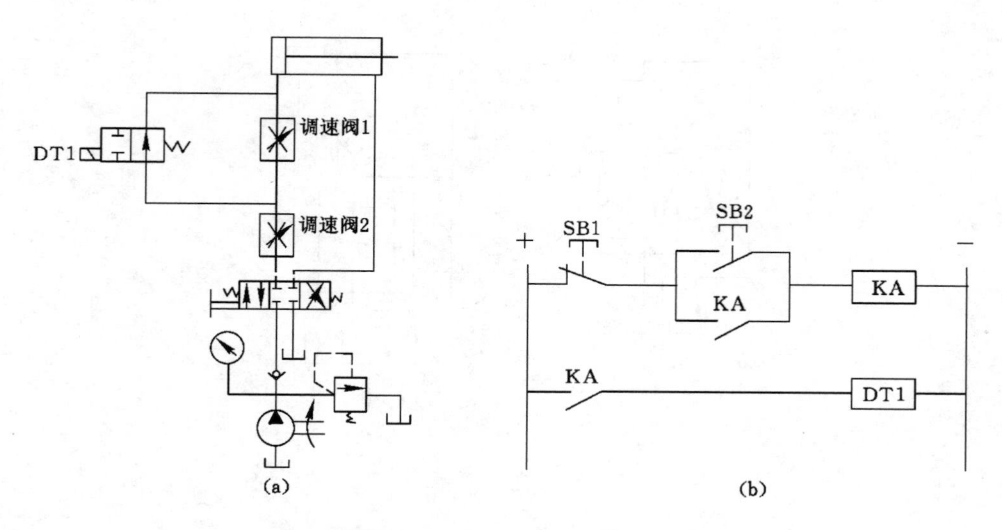

图 3-3-25　调速阀控制液压速度换接回路

(a) 实训液压回路；(b) 电磁阀继电器控制电路图

(5) 操作运行，观察液压缸速度的变化，并分析原理；

(6) 实训完毕后拆卸所有元件，并放回原位；

(7) 完成工作页中实训报告相关内容。

实训注意事项参考本项目任务一。

思考与练习

1. 当节流阀中的弹簧失效后，对调节输出流量有何影响？

2. 调速阀在使用过程中，若流量仍然有一定程度的不稳，试分析出于何种原因？

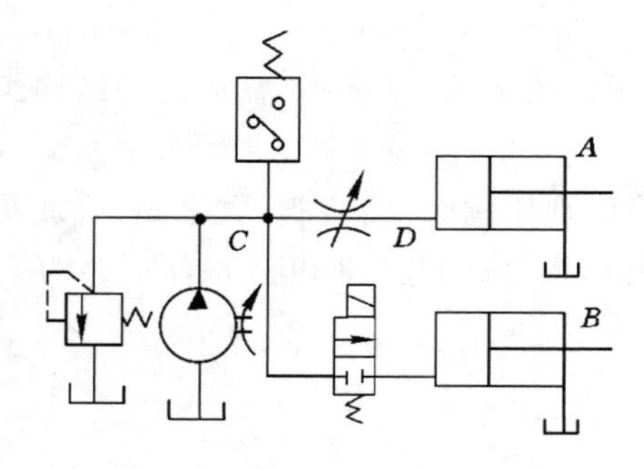

图 3-3-26　题 3 图

3. 双缸回路如图 3-3-26 所示，A 缸速度可用节流阀调节。试回答：

(1) 在 A 缸运动到底后，B 缸能否自动顺序动作而向右移？说明理由。

(2) 在不增加也不改换元件的条件下，如何修改回路以实现上述动作？请作图表示。

4. 图 3-3-27 所示(a)、(b)二回路皆接有节流阀，它们各起什么作用？

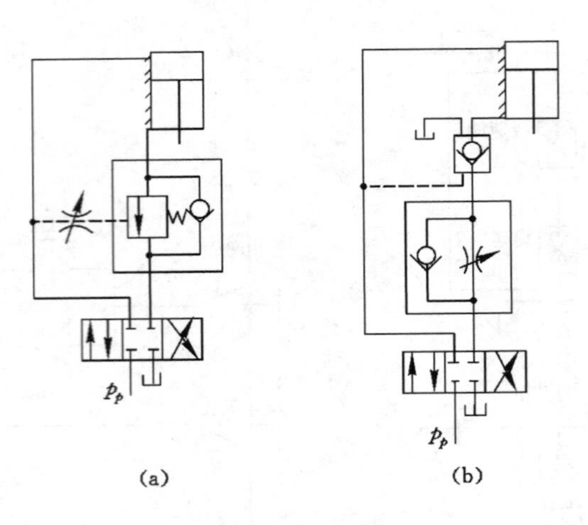

图 3-3-27　题 4 图

任务四　比例阀、插装阀、数字阀与叠加阀

任务概述

一、任务描述

前面介绍了几种普通液压阀，除此之外，近几十年还出现并逐渐发展起来了一些特殊的液压阀，如比例阀、插装阀、数字阀、叠加阀等。与普通液压阀相比，它们有许多显著的优点。因此，随着技术的进步，这些新型液压元件必将会以更快的速度发展，并用于各类设备的液压系统中。

二、任务要求

(1) 知识要求：掌握比例阀、插装阀、数字阀、叠加阀的结构组成与工作原理；掌握插装阀的应用。

(2) 能力要求：能够正确识别比例阀、插装阀、数字阀、叠加阀；能够正确连接相关液压回路；能够分析比例阀、插装阀、数字阀、叠加阀相关液压回路的工作原理。

相关知识

一、比例阀

普通液压阀只能通过预调的方式对液流的压力、流量、方向进行控制，但当设备执行机构在工作过程中要求对压力、流量参数进行调节或连续控制，或按某一精度模拟某个最佳控制曲线实现压力控制时，普通液压阀就实现不了。已有的液压伺服系统虽能满足要求，而且精度很高，但系统复杂，成本高，对污染敏感，维修困难，因而不便普遍使用。20 世纪 60 年代末出现的电液比例阀较好地解决了这种需求。

现在的比例阀，一类是由电液伺服阀简化结构、降低精度发展起来的；另一类是以比例电磁铁取代普通液压阀的手调装置或普通电磁铁发展起来的。下面介绍的均指后者，它是当今比例阀的主流，与普通液压阀可以互换。它也可分为压力、流量与方向控制阀三大类。近年来又出现了功能复合化的趋势，即比例阀之间或比例阀与其他元件之间的复合。例如，比例阀与变量泵组成的复合泵，能按比例输出流量；比例方向阀与液压缸组成的比例复合缸，能实现位移或速度的比例控制。

比例电磁铁的外形与普通电磁铁相似，但功能却不相同，比例电磁铁的吸力与通过其线圈的直流强度成正比。输入信号在通入比例电磁铁前，要先经电放大器处理和放大。电放大器多制成插接式装置与比例阀配套供应。

（一）比例压力阀

用比例电磁铁取代直动型溢流阀的手调装置，便成直动型比例溢流阀，如图 3-4-1 所示。图中，比例电磁铁 2 的推杆 3 对调压弹簧 4 施加推力，随着输入电信号强度的变化，便可改变调压弹簧的压缩量，该阀能连续地或按比例地远程控制其输出油液的压力。把直动型比例溢流阀作先导阀与普通压力阀的主阀相配，便可组成先导型比例溢流阀、比例顺序阀和比例减压阀。

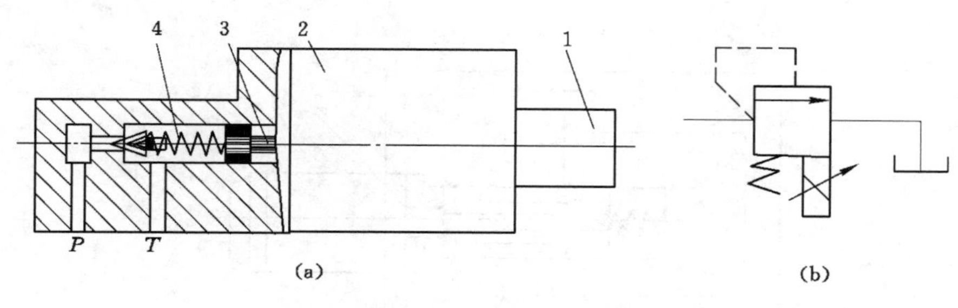

图 3-4-1　直动型比例溢流阀

（a）结构原理；（b）符号

1——位移传感器；2——比例电磁铁；3——推杆；4——调压弹簧

（二）比例方向阀

如图 3-4-2 所示，用比例电磁铁取代电磁换向阀中的普通电磁铁，便构成直动型比例方向阀。由于使用了比例电磁铁，阀芯不仅可以换位，而且换位的行程可以连续地或按比例地变化，因而连通油口间的通流面积也可以连续地或按比例地变化，所以比例换向阀不仅能控制执行元件的运动方向，而且能控制其速度。同样，在大流量的情况下，应采用先导型比例方向阀。

（三）比例流量阀

用比例电磁铁取代节流阀或调速阀的手调装置，以输入电信号控制节流口开度，便可连续地或按比例地远程控制其输出流量。图 3-4-3 所示是比例调速阀的工作原理图。图中的节流阀芯由比例电磁铁 3 的推杆 2 操纵，故节流口开度由输入电信号的强度决定。由于定差减压阀已保证了节流口前后压差为定值，所以一定的输入电流就对应一定的输出流量。

在图 3-4-2 和图 3-4-3 中，比例电磁铁的前端都附有位移传感器（或称差动变压器），这种电磁铁称为行程控制比例电磁铁。位移传感器能准确地测定比例电磁铁的行程，并向电放大器发出电反馈信号。电放大器将输入信号和反馈信号加以比较后，再向电磁铁发出纠正信号以补偿误差。这样能消除液动力等干扰因素，保持准确的阀芯位置或节流口面积。

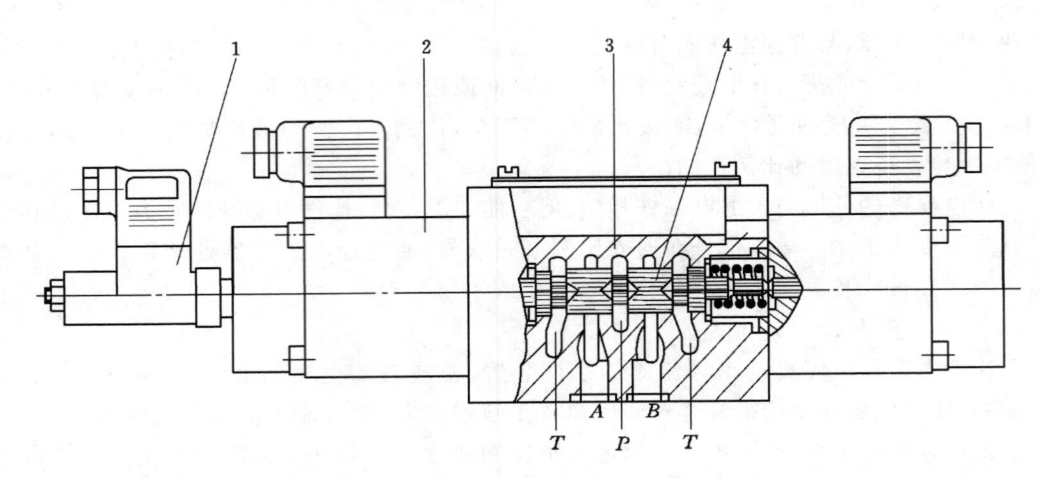

图 3-4-2　直动型比例方向阀

1——位移传感器；2——比例电磁铁；3——阀体；4——阀芯

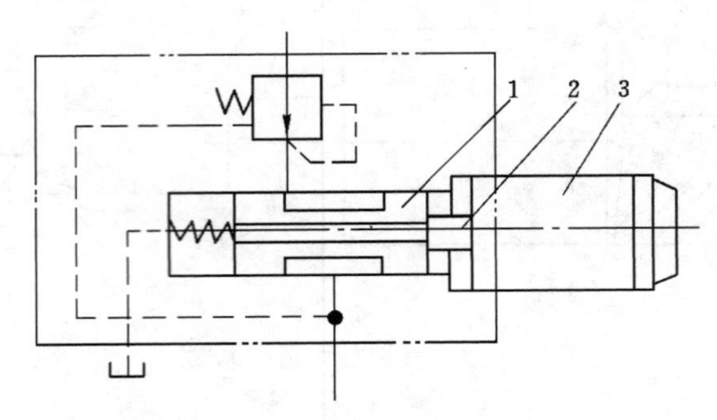

图 3-4-3　比例调速阀的工作原理

1——节流阀；2——推杆；3——比例电磁铁

这是20世纪70年代末比例阀进入成熟阶段的标志。20世纪80年代以来，由于采用各种更加完善的反馈装置和优化设计，比例阀的动态性能虽仍低于伺服阀，但静态性能已大致相同，而价格却低廉得多。

二、插装阀

普通液压阀在流量小于200～300 L/min的系统中性能良好，插装阀是一种较为新型的液压元件，它的特点是通流能力大，密封性能好，动作灵敏，结构简单。目前在液压压力机、塑料成型机械、压铸机等高压大流量系统中应用很广泛。

（一）基本结构和工作原理

图3-4-4所示插装式锥阀主要由锥阀组件、阀体、控制盖板及先导元件组成。阀套2、弹簧3和锥阀4组成锥阀组件，插装在阀体5的孔内。上面的控制盖板1上设有控制油路与其先导元件连通（先导元件图中未画出）。根据不同需要，阀芯锥端可开阻尼孔或节流三角槽，也可以是圆柱形阀芯。盖板将插装主阀封装在插装块体内，并沟通先导阀和主阀。通过主阀芯的启闭，可对主油路的通断起控制作用。使用不同的先导阀可构成压力控制阀、方向控制阀和流量控制阀。若干个不同控制功能的插装阀组装在一个或多个插装块体内便组

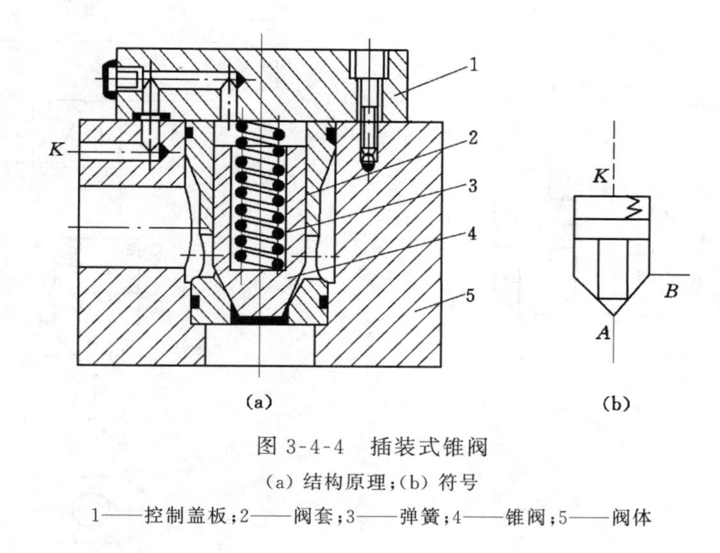

图 3-4-4　插装式锥阀

(a) 结构原理；(b) 符号

1——控制盖板；2——阀套；3——弹簧；4——锥阀；5——阀体

成液压回路。

从工作原理讲，插装阀是一个液控单向阀。如图 3-4-4 所示，A、B 为主油路通口，K 为控制油口。设 A、B、K 油口所通油腔的油液压力及有效工作面积分别为 p_A、p_B、p_K 和 A_1、A_2、A_K（$A_1+A_2=A_K$），弹簧的作用力为 F_S，且不考虑锥阀的重量、液动力和摩擦力的影响，则当：

(1) $p_A A_1 + p_B A_2 < F_S + p_K A_K$ 时，锥阀闭合，A、B 油口不通；

(2) $p_A A_1 + p_B A_2 > F_S + p_K A_K$ 时，锥阀打开，A、B 油口连通。

由此可知，当 p_A、p_B 一定时，改变控制油口 K 的油压 p_K，可以控制 A、B 油路的通断。当控制油口 K 接通油箱时，$p_K=0$，锥阀下部的液压力超过弹簧力时，锥阀即打开，使油路 A、B 连通。这时若 $p_A > p_B$，则油由 A 流向 B；相反则由 B 流向 A。当 $p_K > p_A$ 或 $p_K > p_B$ 时，锥阀关闭，A、B 不通。

（二）插装阀用作方向控制阀

如图 3-4-5 所示，插装阀用作单向阀。

(1) 如图 3-4-5(a)所示，A 与 K 接通，若 $p_A > p_B$，则锥阀关闭，A 与 B 不通；若 $p_A < p_B$，则锥阀开启，油液由 B 流向 A。

(2) 如图 3-4-5(b)所示，B 与 K 接通，若 $p_A < p_B$，则锥阀关闭，A 与 B 不通；若 $p_A > p_B$，则锥阀开启，油液由 A 流向 B。

当然，上述锥阀开启的前提是液压力能克服弹簧弹力。

如图 3-4-6 所示，在控制盖板上接一个二位三通液动换向阀，即成为液控单向阀。当换向阀的控制油口不通压力油，换向阀为左位时，油液只能由 A 流向 B；当换向阀的控制油口通入压力油，换向阀为右位时，油液可由 B 流向 A。

如图 3-4-7 所示，用小规格二位四通电磁换向阀控制四个插装式锥阀的启闭，来实现高压大流量主油路换向，即可构成二位四通换向阀。当电磁阀不通电时，插装锥阀 1 和 3 因控制油腔通油箱而开启，插装锥阀 2 和 4 因控制油腔通入压力油而关闭。因此，主油路中压力油由 P 经阀 3 进入 B，回油由 A 经阀 1 流回油箱 T；当电磁阀通电换为左位时，插装锥阀 1

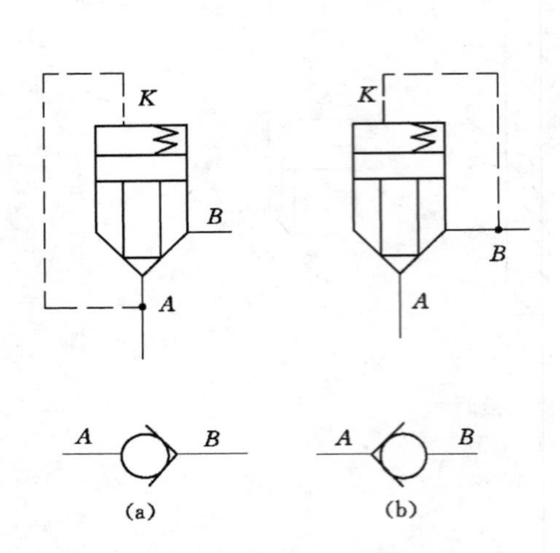

图 3-4-5 插装式锥阀用作单向阀

(a) A 与 K 接通；(b) B 与 K 接通

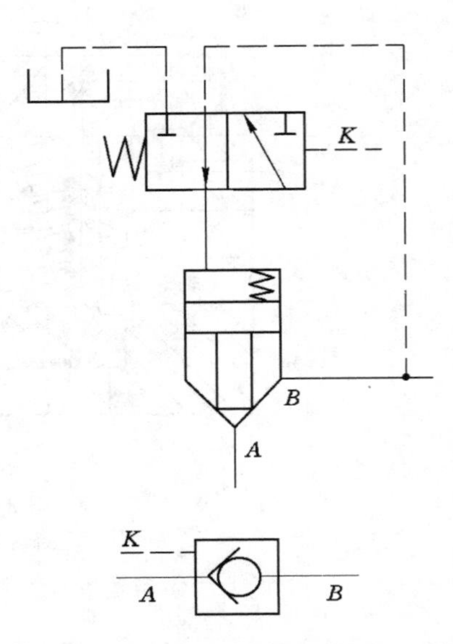

图 3-4-6 插装式锥阀用作液控单向阀

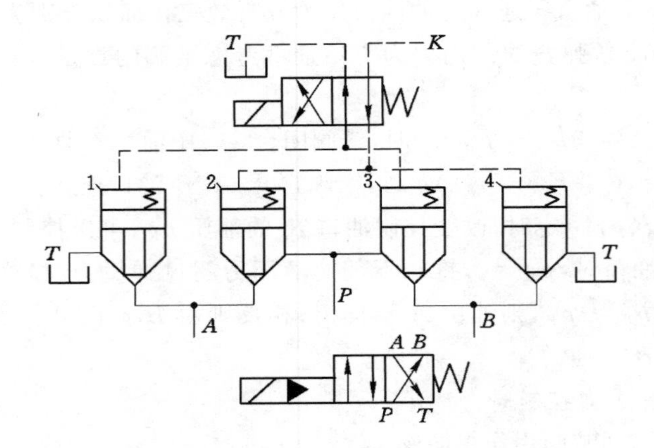

图 3-4-7 二位四通换向阀

和 3 因控制油腔通入压力油而关闭，插装锥阀 2 和 4 因控制油腔通油箱而开启。因此主油路中压力油由 P 经阀 2 进入 A，回油由 B 经阀 4 流回油箱 T。

（三）插装式锥阀用作压力控制阀

如图 3-4-8(a)所示，用直动型溢流阀 1 作为先导阀来控制插装主阀 2，在不同的油路连接下便构成不同的压力阀。例如，图 3-4-8(b)表示 B 腔通油箱，可用作溢流阀。当 A 腔油压升高到先导阀调定的压力时，先导阀打开，油液流过主阀芯阻尼孔 R 时造成两端压差，使主阀芯克服弹簧阻力开启，A 腔压力油通过打开的阀口经 B 溢回油箱，实现溢流稳压。当二位二通阀通电时便可作为卸荷阀使用。图 3-4-8(c)表示 B 腔接一有载油路，则构成顺序阀。此外，若主阀采用油口常开的圆锥阀芯，则可构成二通插装减压阀；若以比例溢流阀作先导阀，代替图中直动型溢流阀，则可构成二通插装电液比例溢流阀。

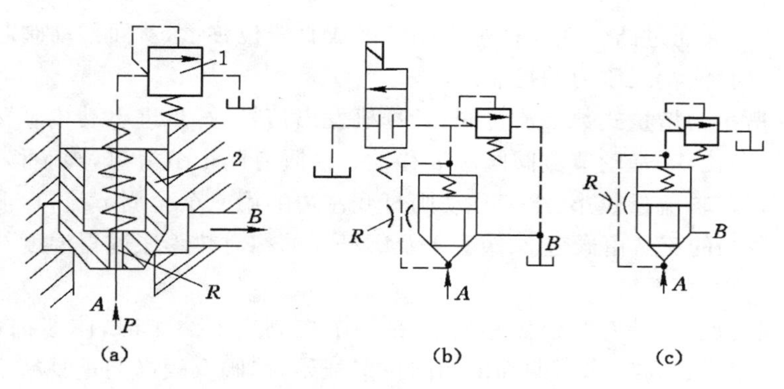

图 3-4-8　二通插装压力控制阀

(a) 结构原理;(b) 用作溢流阀或卸荷阀;(c) 用作顺序阀

1——直动型溢流阀;2——插装主阀;R——阻尼孔

（四）插装式流量控制阀

如图 3-4-9 所示,在插装阀的盖板上增加阀芯行程调节装置,调节阀芯开口的大小,就构成了一个插装式可调节流阀。若在插装节流阀前串联一个定差减压阀,就可组成插装调速阀。

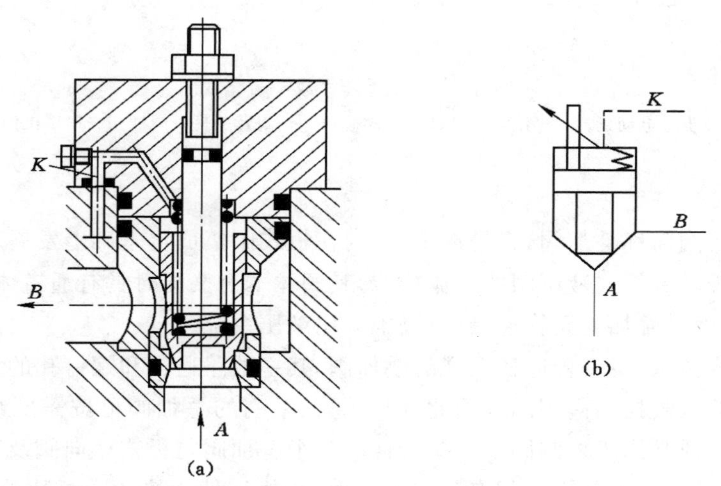

图 3-4-9　插装式可调节流阀

(a) 结构原理;(b) 符号

三、数字阀

用计算机对电液系统进行控制是今后技术发展的必然趋向。但电液比例阀或伺服阀能接收的信号是连续变化的电压或电流,而计算机的指令是“开”或“关”的数字信息,要用计算机控制必须进行“数-模”转换,结果使设备复杂,成本提高,可靠性降低。在这种技术要求下,20 世纪 80 年代初期出现了数字阀,全面解决了上述问题。

接收计算机数字控制信号的方法有多种,当今技术较成熟的是增量式数字阀,即用步进电动机驱动的液压阀,已有数字流量阀、数字压力阀和数字方向流量阀等系列产品。步进电动机能接收计算机发出的经驱动电源放大的脉冲信号,每接收一个脉冲便转动一定的角度。

步进电动机的转动又通过凸轮或丝杠等机构转换成直线位移量，从而推动阀芯或压缩弹簧，实现液压阀对方向、流量或压力的控制。

图 3-4-10 所示为增量式数字流量阀，计算机发出信号后，步进电动机 1 转动，通过滚珠丝杠 2 转化为轴向位移，带动节流阀阀芯 3 移动。该阀有两个节流口，阀芯移动时首先打开右边的非全周节流口，流量较小；继续移动则打开左边的第二个全周节流口，流量较大，可达 3 600 L/min。该阀的流量由阀芯 3、阀套 4 及阀杆 5 的相对热膨胀取得温度补偿，维持流量恒定。

该阀无反馈功能，但装有零位传感器 6，在每个控制周期终了时，阀芯都可在它控制下回到零位。这样就保证每工作周期都由相同位置开始，使阀有较高的重复精度。

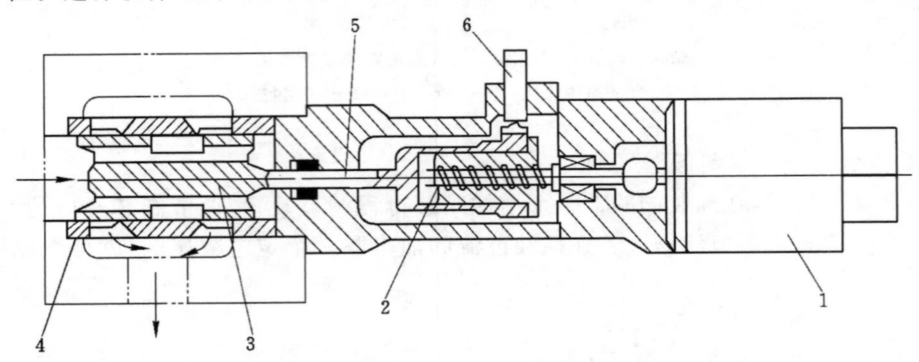

图 3-4-10 增量式数字流量阀

1——步进电动机；2——滚珠丝杠；3——阀芯；4——阀套；5——阀杆；6——零位传感器

四、叠加阀

叠加式液压阀简称叠加阀，它是近 10 年内在板式阀集成化基础上发展起来的新型液压元件。这种阀既具有板式液压阀的工作功能，其阀体本身又同时具有通道体的作用，从而能用其上、下安装面呈叠加式无管连接，组成集成化液压系统。

叠加阀自成体系，每一种通径系列的叠加阀，其主油路通道和螺钉孔的大小、位置、数量都与相应通径的板式换向阀相同。因此，同一通径系列的叠加阀可按需要组合叠加起来组成不同的系统。通常用于控制同一个执行件的各个叠加阀与板式换向阀及底板纵向叠加成一叠，组成一个子系统。其换向阀安装在最上面，与执行件连接的底板块放在最下面，控制液流压力、流量。对单向流动的叠加阀安装在换向阀与底板块之间，其顺序应按子系统动作要求安排。由不同执行件构成的各子系统之间可以通过底板块横向叠加成为一个完整的液压系统，其外观如图 3-4-11 所示。

叠加阀的主要优点有以下几点：

(1) 标准化、通用化、集成化程度高，设计、加工、装配周期短。

(2) 用叠加阀组成的液压系统结构紧凑，体积小，重量轻，外形整齐美观。

(3) 叠加阀可集中配置在液压站上，也可分散安装在设备上，配置形式灵活。系统变化时，元件重新组合叠装方便、迅速。

(4) 因不用油管连接，压力损失小，漏油少，振动小，噪声小，动作平稳，使用安全可靠，维修容易。其缺点是回路形式较少，通径较小，品种规格尚不能满足较复杂和大功率液压系

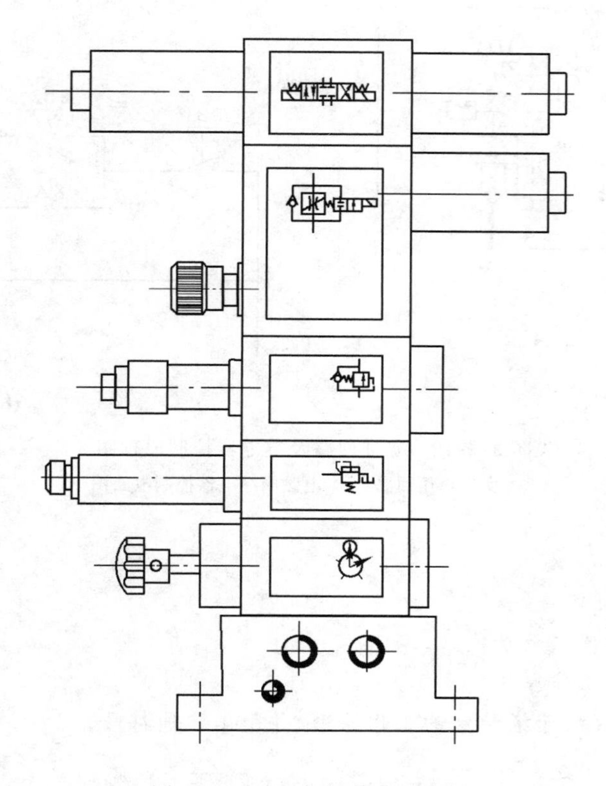

图 3-4-11　叠加阀外观示意图

统的需要。

目前,我国已生产 ϕ6 mm、ϕ10 mm、ϕ16 mm、ϕ20 mm、ϕ32 mm 五个通径系列的叠加阀,其连接尺寸符合标准 ISO 4401,最高工作压力为 20 MPa。

任务实施

实训项目:插装阀控制液压卸荷回路连接与分析

(一) 实训目的

(1) 熟悉插装阀的结构与工作原理;

(2) 能够分析插装阀卸荷回路的工作原理;

(3) 能够正确连接液压回路与电路;

(4) 能够启动运行回路,并排查回路故障。

(二) 实训装置及元件

YL-224A 型液压气动实训装置、定量油泵、溢流阀一个、压力表一个、油缸一个、三位四通手动换向阀一个、二位二通电磁换向阀一个、插装阀一个、溢流阀一个、三通若干。

(三) 实训回路及继电器控制原理图(图 3-4-12)

注:实训步骤与实训注意事项同本项目任务一。

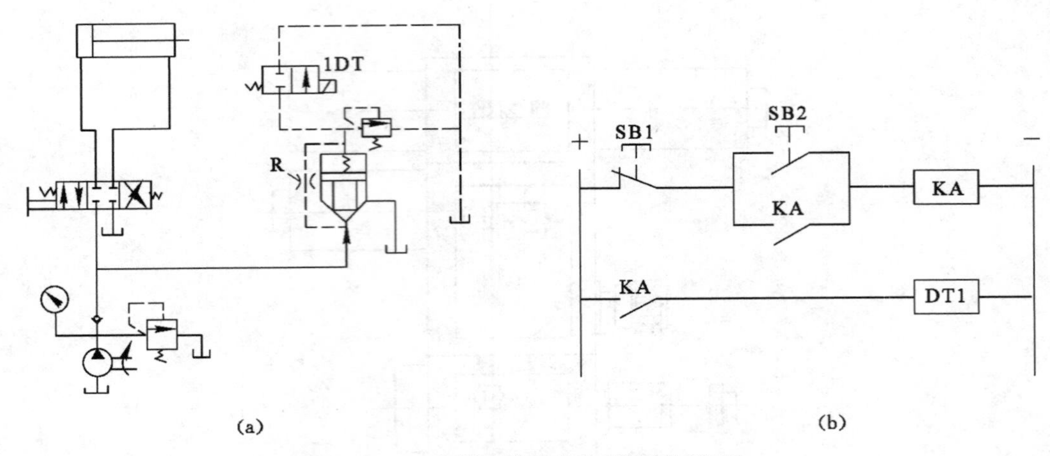

图 3-4-12　实训回路及继电器控制原理图

(a) 实训液压回路；(b) 电磁阀继电器控制电路图

思考与练习

1. 简述比例阀的优点及功能。
2. 简述插装阀的工作原理。
3. 分析图 3-4-13 所示插装阀的工作原理，并画出职能符号。

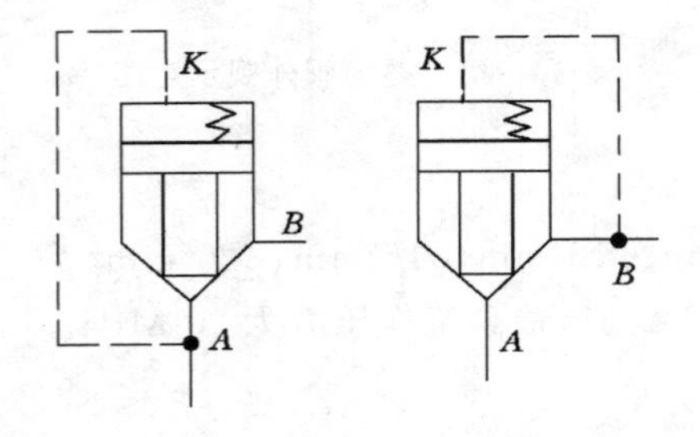

图 3-4-13　题 3 图

4. 分析图 3-4-14 所示插装阀的工作原理，将表 3-4-1 补充完整并画出图形符号。

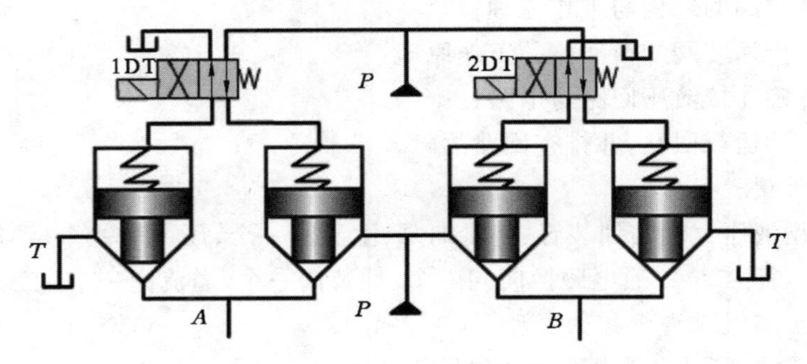

图 3-4-14　题 4 图

表 3-4-1

序号	1	2	3	4
1DT	＋	—	＋	—
2DT	＋	＋	—	—
机能				

任务五　液压伺服阀与液压伺服系统

任务概述

一、任务描述

伺服系统又称随动系统或跟踪系统。液压伺服系统是一种采用液压伺服机构、根据液压传动原理建立起来的自动控制系统。在这种系统中，执行元件能够自动、快速而准确地按照输入信号的变化规律而动作。伺服系统具有结构紧凑、尺寸小、重量轻、刚性好、响应快、精度高等特点，在工业上得到了广泛的应用。

二、任务要求

（1）知识要求：掌握液压伺服系统的工作原理；了解液压伺服系统的特性；掌握各种液压伺服阀的结构及工作原理。

（2）能力要求：能正确识别各种液压伺服阀；能分析液压伺服系统的工作原理及应用。

相关知识

一、液压伺服系统的工作原理及特性

（一）液压伺服系统的工作原理

图 3-5-1 所示是表示推动某工作机构的一个普通液压传动系统。这种由液压泵、换向阀和液压缸所组成的液压系统中，负载工作机构所需的推力和速度可以通过进入液压缸的流量和压力获得。但此系统很难实现工作机构以任意速度移动和在任意位置上停止的要求。换向阀一般只能用来改变执行元件的运动方向，不能用来调速。如果要用换向阀来调节进入液压缸的流量，以改变工作机构的速度，只能一边观察工作机构的运动速度，一边调节换向阀的开口量大小。显然用这种方式操纵比较困难，不能获得正确的速度调节。此外，如果要用换向阀来控制工作机构停止在任意位置上，就得一边观察工作机构的位置，一边操纵换向阀的开或闭，无疑这种操作也是很困难和

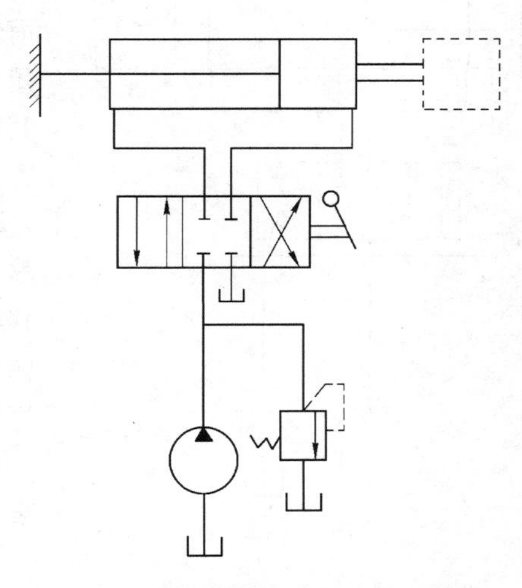

图 3-5-1　普通液压传动系统示意图

麻烦的，特别是不能使工作机构准确地停止在预定位置上。

在上述人工控制系统中，其调节过程是：观察液压缸的速度或位移；与要求的速度或位移（给定值）进行比较，找出偏差和偏差方向；根据偏差的大小和方向再进行控制，使之消除偏差。因此，控制过程就是测量、比较偏差、再控制以纠正偏差的过程，即“检测偏差用以纠正偏差的过程”。这些都是通过人工完成的。

如果将上面的系统稍加改动，如图 3-5-2 所示结构原理图，即将换向阀的阀体与液压缸缸体连接在一起，并使活塞杆固定，而缸体运动，便形成液压伺服系统。如图所示，输入量（输入位移）为伺服滑阀阀芯 3 的位移 x_i，输出量（输出位移）为液压缸的位移 x_o，阀口 a、b 的开口量为 x_v。图中液压泵 2 和溢流阀 1 构成恒压油源。滑阀的阀体 4 与液压缸固连成一体，组成液压伺服拖动装置。

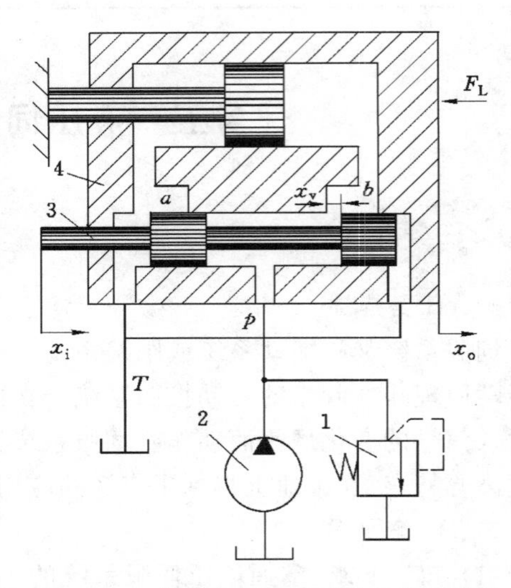

图 3-5-2 机液位置伺服系统结构原理图

1——溢流阀；2——液压泵；3——阀芯；4——阀体（缸体）

当伺服滑阀处于中间位置（$x_v=0$）时，各阀口均关闭，阀没有流量输出，液压缸不动，系统处于静止状态。当伺服滑阀阀芯有输入量 x_i 时，阀口 a、b 便有相应的开口量 x_v，使压力油经阀口 b 进入液压缸的右腔，其左腔油液经阀口 a 回油池，液压缸在液压力的作用下右移 x_o，由于滑阀阀体与液压缸体固连在一起，因而阀体也右移 x_o，则阀口 a、b 的开口量减少（$x_v= x_i-x_o$），直到 $x_v= x_i$，$x_v=0$，阀口关闭，液压缸停止运动，从而完成液压缸输出位移对伺服滑阀输入位移的跟随运动。若伺服滑阀反向运动，液压缸也做反向跟随运动。由此可见，只要给伺服滑阀以某一规律的输入信号，则执行元件就自动地、准确地跟随滑阀按照这个规律运动。这就是液压伺服系统工作原理。

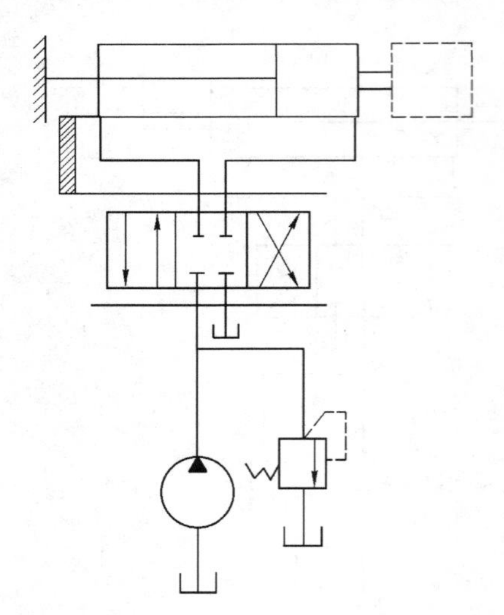

图 3-5-3 液压伺服系统

图 3-5-3 所示为液压伺服系统图。其工作过程可简述为：当换向阀处于中位时，液压缸两腔油口被封闭，工作机构处于静止状态。若给换向阀输入信号，使其阀芯右移 Δs 距离，则阀口便有开口量 Δs，液压泵压力油经右端进入液压缸活塞右腔，活塞左腔的回油经左端阀口流回油箱，液压力推动缸体带动工作机构右移。由于缸体与阀体是连在一起的，所以当缸体向右移动 Δs 距离时，阀体也向右移动 Δs 距离，此时阀芯与阀体的“位差”消失，两端阀口的开口量又变为零，油缸进出油口被封闭，工作机构便停在新的位置上。若将滑阀左移某个距离 Δs，同样能使工作机构左移 Δs 距离并准确停止。

由此可见，利用液压伺服系统可以实现工作机构准确地跟随滑阀运动，并以任意速度运动和停止在任意位置上。

在这一系统中，给定值称为系统的输入信号或输入量，能输入信号的机构称为输入端；被控制量称为系统的输出信号或输出量，能输出信号的机构称为输出端。

（二）液压伺服系统的特点

（1）液压伺服系统是一个位置跟踪系统。系统的输出量（信号或被控量）能够自动、快速而准确地复现输入量的变化规律。

（2）液压伺服系统是一个功率放大系统。移动阀芯所需的力很小，但液压缸输出的力却很大，可带动较大的负载运动。

（3）液压伺服系统是一个负反馈系统。输出位移之所以能够复现输入位移的变化，是因为控制滑阀的阀体和液压缸体固连在一起，构成了一个负反馈控制通路。液压缸输出位移通过这个反馈通路回输给滑阀阀体，并与输入位移相比较，从而逐渐减小和消除输出位移和输入位移之间的偏差，直到两者相同为止。因此负反馈环节是液压伺服系统中必不可少的重要环节。

（4）液压伺服系统是一个有误差系统。液压缸位移和阀芯位移之间不存在偏差时，系统就处于静止状态。由此可见，若使液压缸克服工作阻力并以一定的速度运动，首先必须保证滑阀有一定的阀口开度，即 $x_v = x_i - x_o \neq 0$。这就是液压伺服系统工作的必要条件。液压缸运动的结果总是力图减少这个误差，但在其工作的任何时刻也不可能完全消除这个误差。没有误差，伺服系统就不能工作。

液压伺服系统是以液压元件作动力元件所构成的一种自动调节系统，在采掘机械、挖掘机械、船舶工程、军工产品和机械制造等工业领域有着广泛应用。

（三）液压伺服系统的组成

液压伺服系统的构成形式很多，但不论多么复杂都是由下列几种基本元件组成的。

（1）输入元件：将给定值加于系统的输入端。该元件可以是机械的、电气的、液压的或者是其他的组合形式。

（2）比较元件：将输入信号与反馈信号比较，得出误差信号的元件。

（3）反馈测量元件：测量系统的输出量并转换成反馈信号的元件，各种类型的传感器常用作反馈测量元件。

（4）转换放大装置：将误差信号放大，并将各种形式的信号转换成大功率的液压能的元件。

（5）执行元件：将产生调节动作的液压能量加于控制对象上的元件，如液压缸或液压马达。

（6）控制对象：各类生产设备，如机器工作台、刀架、车辆转向机构等。

液压伺服系统的组成和相互关系可用图 3-5-4 表示。在系统中，输入元件、比较元件和反馈测量元件经常组合在一起，也称偏差（误差）检测器。

（四）液压伺服系统的分类

液压伺服系统可以从不同的角度进行分类：

（1）按控制元件的类型和驱动方式分，液压伺服系统可分为节流控制（阀控制）系统和容积控制（泵控制）系统。其中以阀控制伺服系统较多，此阀称为液压伺服阀，也简称伺服阀。

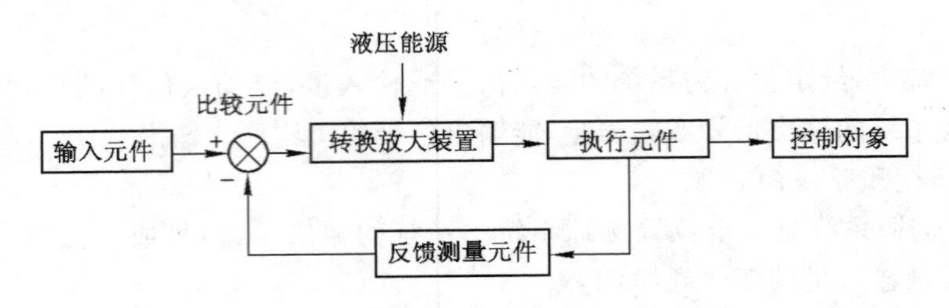

图 3-5-4 液压伺服系统组成方框图

(2) 按所控物理量(输出量)分,有位置控制系统、速度控制系统、加速度控制系统、力控制系统和其他物理量控制系统等多种。

(3) 按控制信号的类别和油路的组成分,有机械液压伺服系统、电气液压伺服系统和气动—液压伺服系统。

(4) 按输出量是否反馈测量分,有闭环液压伺服系统和开环液压伺服系统。

(五) 液压伺服系统的优缺点

液压伺服系统与其他类型的控制相比,具有很多优点,因此它获得广泛的应用,但它也存在一定的缺点。

1. 液压伺服系统的优点

(1) 液压元件的功率、质量比大,传递的力和功率可以很大,因而可组成体积小、质量小,快速动作和大功率的伺服系统;

(2) 液压执行元件响应速度快,调节范围大,低速稳定性好,这是液压伺服系统最主要的优点;

(3) 抗负载的刚度大,因此控制精度高;

(4) 润滑性好、寿命长;

(5) 借助液压传递动力方便,借助蓄能器,能量储存方便。

2. 液压伺服系统的缺点

(1) 用油液作工作介质,总要有泄漏;

(2) 液压元件的加工精度高,价格贵;

(3) 抗污染能力差;

(4) 有火灾危险;

(5) 处理小功率信号的功能较差,不如电子装置。

因此,液压伺服系统适合于大功率输出场合。

二、液压伺服阀的结构与工作原理分析

液压伺服阀是液压伺服系统中最重要、最基本的组成部分,它具有信号转换、功率放大及反馈等控制功能。

典型的液压伺服阀有机液伺服阀和电液伺服阀。此外,随着计算机的推广使用,液压数字阀和数字控制伺服机构也越来越受到重视。

(一) 机液伺服阀

机液伺服阀是以机械运动来控制液体压力和流量的伺服元件。从结构形式上可分为滑阀、射流管阀和喷嘴挡板阀三类。其中,滑阀的结构形式较多,应用也较普遍。

1. 滑阀

根据滑阀控制边(起节流作用的工作边)数目不同,可分为单边滑阀、双边滑阀和四边滑阀。

图 3-5-5(a)所示为单边控制滑阀,滑阀控制边的开口量 x_v 控制着液压缸右腔的压力和流量,从而控制液压缸运动的速度和方向。来自液压泵的压力油进入单杆液压缸的有杆腔,通过活塞上的阻尼小孔 e 进入无杆腔,压力也由 p_s 降为 p_1,再通过滑阀唯一的节流边流回油箱。在液压缸不受外载作用的条件下,$p_1A_1=p_sA_2$。当滑阀阀芯根据输入信号向左移动时,阀开口量 x_v 增大,无杆腔压力 p_1 下降。于是,$p_1A_1<p_sA_2$,缸体向左移。因为缸体和阀体刚性连接成一个整体,故阀体左移,又使 x_v 减小,直至平衡。

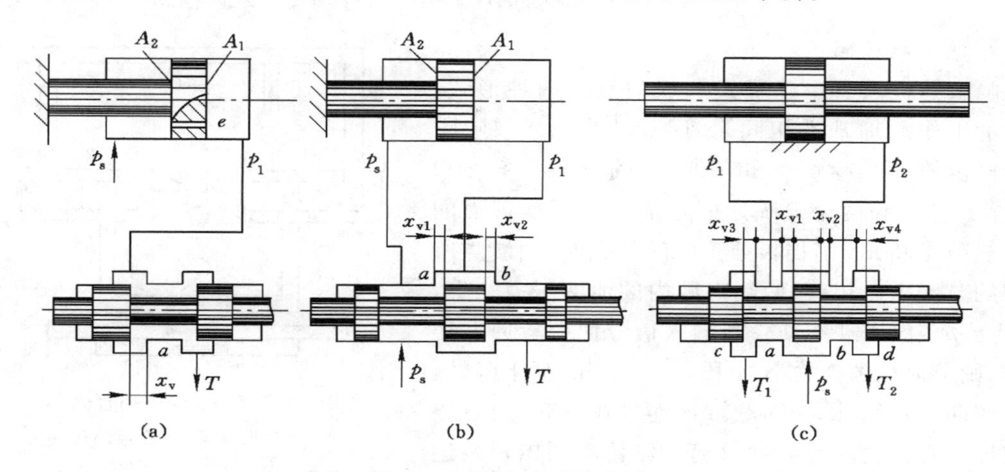

图 3-5-5　滑阀的结构形式

(a) 单边控制滑阀;(b) 双边控制滑阀;(c) 四边控制滑阀

图 3-5-5(b)所示为双边控制滑阀。它的阀芯有两个控制边 a 和 b。压力油一路直接进入液压缸有杆腔;另一路经阀口 a 进入液压缸的无杆腔或再经阀口 b 流回油箱。

当滑阀阀芯向左移动时,x_{v1} 减小,X_{v2} 增大,液压缸无杆腔中的压力 p_1 下降,于是 $p_1A_1<p_sA_2$,缸体也向左移动。双边控制滑阀比单边控制滑阀的调节灵敏度高,工作精度高,但必须保证一个轴向配合尺寸。

图 3-5-5(c)所示为四边控制滑阀,它的阀芯有四个控制边 a、b、c、d,其中 a 和 b 分别控制进入液压缸两腔的压力油,而 c 和 d 分别控制液压缸两腔的回油。当滑阀向左移动时,阀口 x_{v1} 减小、x_{v3} 增大,使 p_1 迅速减小;同时,阀口 x_{v4} 减小,x_{v2} 增大,使 p_2 迅速增大,活塞迅速左移。与双边控制滑阀相比,四边控制滑阀因同时控制液压缸两腔的油液压力和流量,故调节灵敏度更高,工作精度更高,但必须保证三个轴向配合尺寸。

由上述分析可知;各种伺服滑阀的控制作用是相同的,只是控制边数越多,控制精度也越高,但其结构工艺性也越差,故在性能要求较多的伺服系统中,多采用四边控制滑阀。单边、双边控制滑阀用于一般精度的液压系统。

根据滑阀在零位(中间位置)时,其阀芯凸肩宽度 l 与阀体内孔环槽宽度 h 的不同,滑阀的开口形式有负开口($l>h$)、零开口($l=h$)和正开口($l<h$)三种形式,如图 3-5-6 示。负开口滑阀有较大的不灵敏区,会影响精度,故较少采用。正开口滑阀工作精度较负开口阀高,

但在中位时，正开口滑阀总有一部分油液泄漏，消耗一定功率。零开口滑阀的工作精度最高，控制性能最好，故在高精度伺服系统中经常采用（当然，绝对的零开口滑阀是无法做出的）。

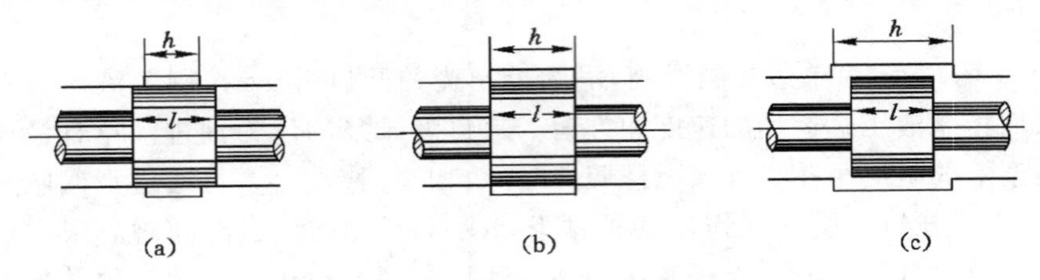

图 3-5-6　滑阀的三种开口形式

(a) 负开口($l>h$)；(b) 零开口($l=h$)；(c) 正开口($l<h$)

2. 喷嘴挡板阀

喷嘴挡板阀有单喷嘴式和双喷嘴式两种形式，两者的工作原理基本相同，如图 3-5-7 示。双喷嘴挡板阀由挡板 1、喷嘴 3 和喷嘴 6、固定节流小孔 2 和 7 组成。挡板和两个喷嘴之间形成两个可变截面的节流缝隙 4 和 5。当挡板处于中间位置时，两缝隙所形成的节流阻力相等，两喷嘴腔内的油液压力相等，即 $p_1=p_2$，液压缸不动。当输入信号使挡板向左摆动时，则节流缝隙 5 关小，4 开大，p_1 上升，p_2 下降，液压缸体向右移动，因喷嘴和缸体连接在一起，所以跟随缸体一起移动。当喷嘴跟随缸体移动到挡板两边对称位置时，液压缸停止运动。

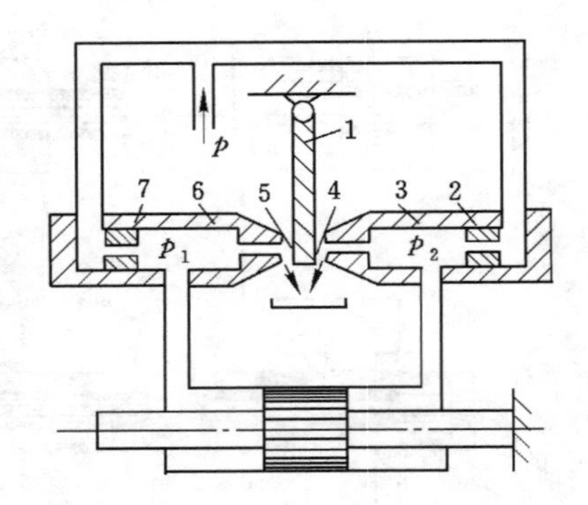

图 3-5-7　双喷嘴挡板阀

1——挡板；2，7——节流小孔；3，6——喷嘴；4，5——节流缝隙

喷嘴挡板阀的优点是结构简单，加工方便，运动部件惯性小且反应快，精度和灵敏度较高。缺点是无用的功率损耗大，抗污染能力差，因而只能用在小功率系统中。多级放大伺服元件的前置级多用喷嘴挡板阀。

3. 射流管阀

如图 3-5-8 示，射流管阀由射流管 3 和接收器 2 等组成。射流管由轴 c 支承，可以绕轴摆动。接收器上的两个接收孔 a、b 分别和液压缸 1 的两腔相通。

压力油由射流管射出，被两个接收孔接收，并加在液压缸左右两腔。在没有输入信号时射流管处于中间位置，喷嘴对准两接收孔中间，两接收孔内油液的压力相等，液压缸不动。有输入信号时射流管偏转，两接收孔接收的油液不相等，加在液压缸两腔压力不相等，液压缸运动。

射流管的优点是结构简单，加工精度低，抗污染能力强；缺点是惯性大，响应速度低，功耗大。因此这种阀只适用于低压、小功率场合。

（二）电液伺服阀

电液伺服阀既是电液转换元件，又是功率放大元件，它能将小功率的电信号转换为大功率的液压信号。

图 3-5-9 所示是一种典型的电液伺服阀的结构原理图。它由电磁和液压两部分组成，电磁部分是一个力矩马达，液压部分是一个两级液压放大器。第一级是双喷嘴挡板阀，称前

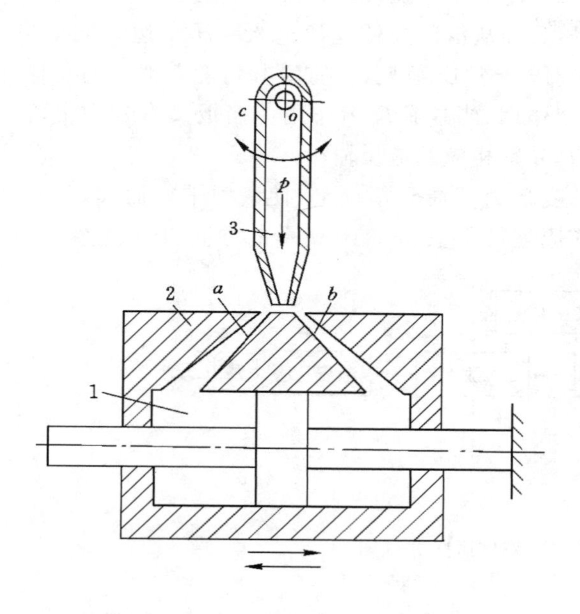

图 3-5-8　射流管阀

1——液压缸；2——接收器；3——射流管

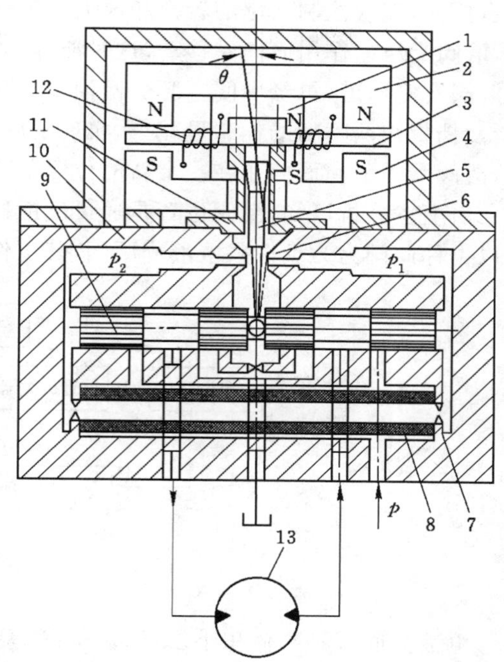

图 3-5-9　电液伺服阀结构原理图

1——永久磁铁；2，4——导磁体；3——衔铁；5——挡板；6——喷嘴；7——固定节流孔；8——过滤器；9——滑阀；10——阀体；11——弹簧管；12——线圈；13——液压马达

置放大级；第二级是零开口四边滑阀，称功率放大级。现分述如下。

1. 力矩马达

力矩马达由一对永久磁铁 1、导磁体 2 及 4、衔铁 3、线圈 12 和弹簧管 11 等组成。其工作原理为：永久磁铁将两块导磁体磁化为 N、S 极。当控制电流通过线圈 12 时，衔铁 3 被磁化。若通入的电流使衔铁左端为 N 极，右端为 S 极，根据磁极间同性相斥、异性相吸的原理，衔铁向逆时针方向偏转 θ 角。衔铁由固定在阀体 10 上的弹簧管 11 支承，这时弹簧管弯曲变形，产生一反力矩作用在衔铁上。由于电磁力与输入电流值成正比，弹簧管的弹性力矩又与其转角成正比，因此衔铁的转角与输入电流的大小成正比。电流越大，衔铁偏转的角度也越大。电流反向输入时，衔铁也反向偏转。

2. 前置放大级

力矩马达产生的力矩很小，不能直接用来驱动四边控制滑阀，必须先进行放大。前置放大级由挡板 5(与衔铁固连在一起)、喷嘴 6、固定节流孔 7 和过滤器 8 组成。工作原理为：力矩马达使衔铁偏转，挡板 5 也一起偏转。挡板偏离中间对称位置后，喷嘴腔内的油液压力 p_1、p_2 发生变化。若衔铁带动挡板逆时针偏转时，挡板的节流间隙右侧减小，左侧增大，于是，压力 p_1 增大，p_2 减小，滑阀 9 在压力差的作用下向左移动。

3. 功率放大级

功率放大级由滑阀 9 和阀体 10 组成。其作用是将前置放大级输入的滑阀位移信号进一步放大,实现控制功率的转换和放大。工作原理为:当电流使衔铁和挡板逆时针方向偏转时,滑阀受压差作用而向左移动,这时油源的压力油从滑阀左侧通道进入液压马达 13,回油经滑阀右侧通道,再经中间空腔流回油箱,使液压马达 13 旋转。与此同时,随着滑阀向左移动,使挡板在两喷嘴的偏移量减小,实现了反馈作用,当这种反馈作用使挡板又恢复到中位时,滑阀受力平衡而停止在一个新的位置不动,并有相应的流量输出。

由上述分析可知,滑阀位置是通过反馈杆变形力反馈到衔铁上,使诸力平衡而决定的,所以也称此阀为力反馈式电液伺服阀,其工作原理可用图 3-5-10 所示的方框图表示。

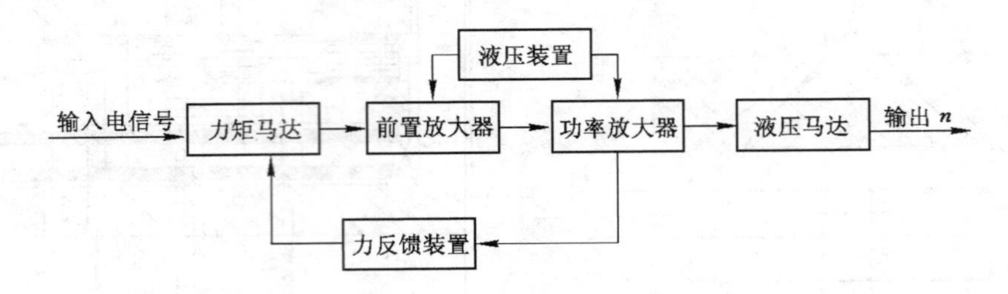

图 3-5-10　力反馈式电液伺服阀方框图

电液伺服阀具有体积小、结构紧凑、放大系数高、控制性能好等优点,在电液伺服系统中得到广泛应用。

三、液压伺服系统分析

(一) 液压伺服变量系统

1. 液压伺服变量系统的控制形式

液压伺服变量系统最常用的控制形式有下列两种。

(1) 如图 3-5-11(a)所示,三位三通伺服滑阀的控制形式。伺服阀阀芯装在变量活塞的内孔内,相当于伺服阀体与变量活塞用机械联系着。主要零件有伺服阀阀芯、伺服阀阀套、变量活塞等。伺服阀芯与控制杆连在一起。伺服阀油口 a 通过油道 c 与变量活塞下腔相通;油口 b 通过油道 d 与变量活塞上腔相通。变量活塞下腔通有泵的压力油,上腔为密封容积腔,上腔面积大于下腔面积。给控制杆输入一个位移信号,因为伺服阀的控制作用,变量活塞将跟随产生一个同方向的位移,泵的斜盘摆动为某一角度,泵输出一定的排量,排量的大小与控制杆的位移信号成比例。

(2) 如图 3-5-12(a)所示,三位四通伺服滑阀的控制形式。四通伺服阀控制的伺服系统,其伺服阀与变量油缸之间以差动杠杆作为反馈联系,其特点是:结构复杂,加工要求高,放大系数和刚度系数大,动作反应灵敏,误差较小,系统稳定性好,多采用低压油源。其工作原理不再赘述。

2. 液压伺服变量系统的基本油路

液压伺服变量系统的基本油路如图 3-5-13 所示。此油路可人工或自动控制大幅度改变主泵的流量和流向。系统中的小型定量辅助泵是用来向伺服系统和补油油路供给压力油的。随动阀是比较器,变量油缸是执行元件,杠杆既是测量反馈元件又是输入元件。杠杆的下端是系统的输入端,变量油缸活塞杆的右端是输出端,它连接控制对象,即主油泵变量机构。

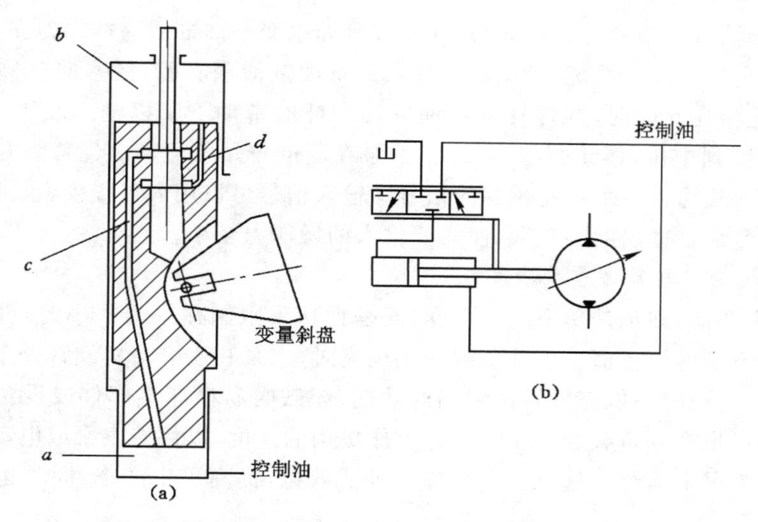

图 3-5-11　三位三通伺服阀的控制系统

(a) 结构原理;(b) 图形符号系统

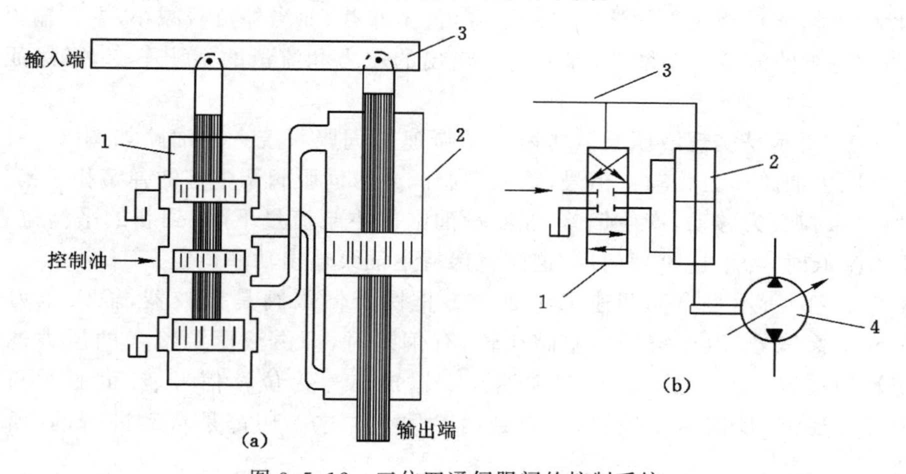

图 3-5-12　三位四通伺服阀的控制系统

(a) 结构原理;(b) 图形符号系统

1——伺服阀;2——伺服液压缸;3——连杆;4——主变量泵

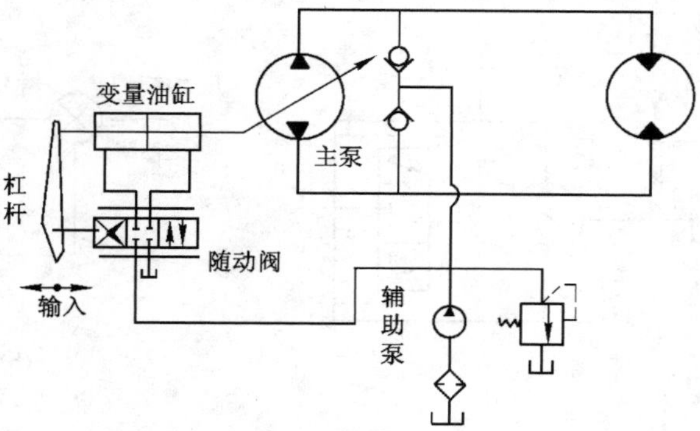

变量油缸

主泵

杠杆

随动阀

输入

辅助泵

图 3-5-13　液压伺服变量系统基本油路

当在输入端输入一个向右位移的信号时，杠杆即以变量油缸活塞杆端为支点，推动随动阀阀芯右移，滑阀左位接入系统，控制油液进入变量油缸活塞右腔，活塞向左移动并带动主泵做相应的变化。在此同时，杠杆在变量油缸活塞杆的带动下又以输入端为支点，向左移动，直到随动阀回到中位，停止跟踪，此时主油泵在新的排量下运转。若需要主泵向相反方向变化，则在输入端输入一个向左位移的信号。输入信号可以用人工提供，也可用自动控制装置来提供，变量油缸输出的力较大，而需要输入的操作力较小。

（二）液压恒功率自动调速伺服系统

所谓恒功率调速，并不是功率绝对不变，而是把功率限制在一个很小的范围内上、下波动，使其为近似不变的恒定值。当外负载变化很大时，主泵和主电动机经常处于欠载或超载的情况下运转。欠载时不能充分发挥它们的效能，超载时易损坏零部件或设备。如采用恒功率自动调整，可根据外负载的变化来调整工作机构的速度，以保持主泵或电动机的功率恒定，使其在满载工况下运行。这就充分发挥了机器效益，提高了生产率，同时也起了安全保护作用。

机械中常用的变量泵-定量马达系统恒功率的自动调速，就是当主泵压力 p 由于外负载增大而增大时，能控制主泵的流量自动下降，甚至卸载；而当外负载减小，主泵输出的压力 p 也减小时，主泵的流量自动增加，保持主泵输出的压力和流量的乘积不变，以保证主泵功率恒定。

图 3-5-14 所示是实现液压泵恒功率自动调速的伺服系统。其油路如图 3-5-14(a)所示。此系统以主油路压力为输入信号，输入伺服阀并与伺服阀调整好的弹簧相平衡，压力升高，伺服阀克服弹簧力移动，产生偏差，经变量油缸使主泵流量下降，到新的平衡位置运转。主油泵压力降低时，与上述过程相反，这样就保持主油泵输出功率恒定。

图 3-5-14(b)所示是自动调速工作原理方框图。伺服阀是比较器，输入压力信号经弹簧转变成位移信号，由比较器伺服阀比较，有偏差时，即由液压源输入的压力油经放大器液压变量油缸进行功率放大，控制主油泵。输出信号为位移信号，经伺服阀与缸体的联系作为机械反馈，反馈给比较器，一直到消除偏差。这一切都是自动进行的，所以说是自动调速。

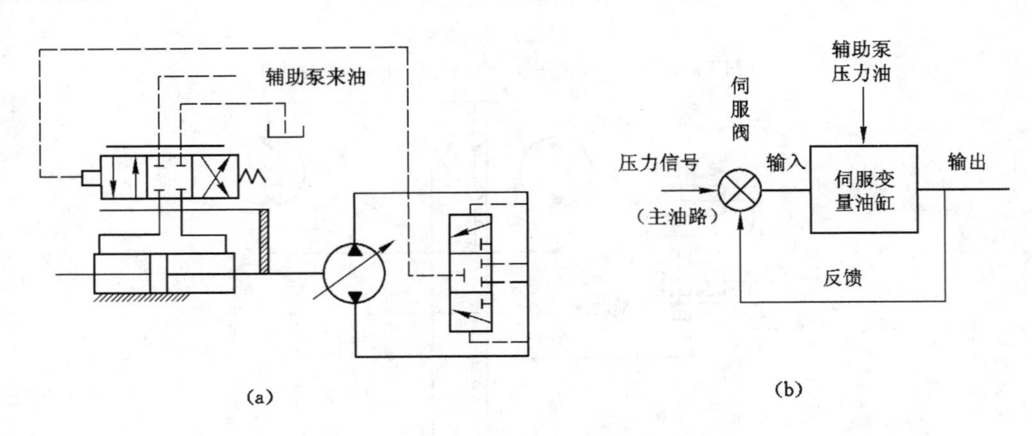

图 3-5-14 液压恒功率自动调速伺服系统

(a) 油路；(b) 自动调速工作原理方框图

（三）机械手液压伺服系统

一般机械手应包括四个伺服系统，分别控制机械手的伸缩、回转、升降和手腕的动作。由于每一个液压伺服系统的工作原理均相同，因此仅以伸缩伺服系统为例，介绍其工作原理。

图 3-5-15 所示是机械手手臂伸缩运动电液伺服系统原理图。系统主要由电放大器 1、电液伺服阀 2、液压缸 3、机械手手臂 4、齿轮齿条机构 5、电位器 6 和步进电动机 7 等元件组成。指令信号由步进电动机发出。步进电动机将数控装置发出的脉冲信号转换成角位移，其输出转角与输入脉冲数成正比，输出转速与输入脉冲频率成正比。步进电动机的输出轴与电位器的动触头连接。电位器输出的微弱电压经放大器放大后产生相应的信号电流控制电液伺服阀，从而推动液压缸产生相应的位移，该位移又通过齿条带动齿轮转动。由于电位器固定在齿轮上，因此，最终又使触头回到中位，从而控制机械手的伸缩运动。其工作过程如下：

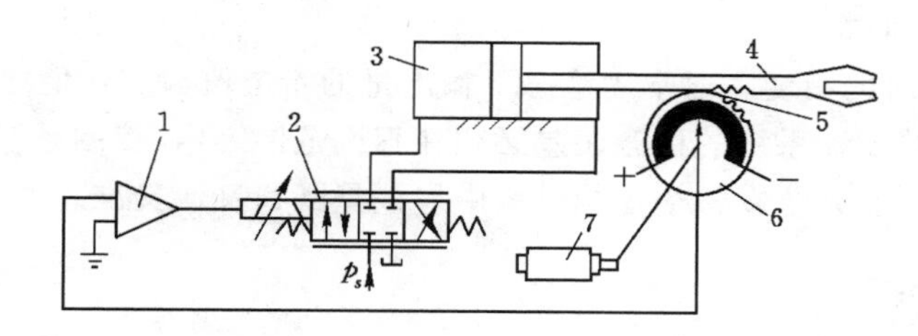

图 3-5-15　机械手手臂伸缩运动伺服系统原理图

1——电放大器；2——电液伺服阀；3——液压缸；4——机械手手臂；5——齿轮齿条机构；6——电位器；7——步进电动机

当数控装置发出一定数量的脉冲时，步进电动机就带动电位器的动触头转动，假定顺时针转过一定的角度 θ，这时，电位器输出电压为 u，经放大器放大后输出 i，使电液伺服阀产生一定的开口量。这时，电液伺服阀处于左位，压力油进入液压缸左腔，推动活塞带动机械手手臂右移，液压缸右腔回油经伺服阀流回油箱。此时，机械手手臂上的齿条带动齿轮也做顺时针转动，当转到 $\theta_f=\theta$ 时，动触头回到电位器中位，电位器输出电压为零，放大器输出电流也为零，电液伺服阀回到零位，没有流量输出，手臂即停止运动。当数控装置发出反向脉冲时，步进电动机逆时针方向转动，机械手手臂缩回。

图 3-5-16 所示为机械手手臂伸缩运动伺服系统方框图。在这个系统中，输入信号为步进电动机的转角 θ，输出信号为液压缸的位移，即机械手的位移 y；反馈信号为齿轮的转角 θ_f；偏差信号为电位器的输出电压 u。

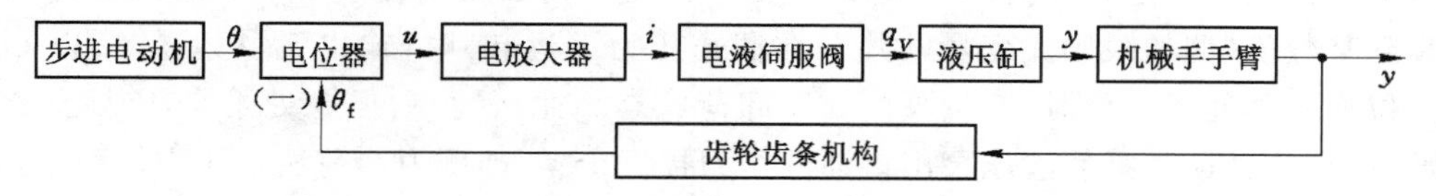

图 3-5-16　机械手手臂伸缩运动伺服系统方框图

四、对液压伺服系统的基本要求

由以上分析可知，伺服系统实质上是反馈控制系统。它是按照偏差原理来进行工作的，当系统的反馈信号与输入信号之间有偏差时，整个系统就动作起来，以达到消除(或减小)此偏差的目的，从而使系统的输出量达到希望值。

在实际工作过程中，由于负载及系统各组成部分都有一定的惯性、油液有可压缩性(混入空气时)等原因，因此当输入信号发生变化时，输出量并不能立刻跟着发生相应的变化，而是需要一段过程。在这个过程中，系统的输出量以及系统各组成的状态随时间的变化而变化，把这个过程称之为过渡过程或动态过程。如果系统的动态过程结束后又达到新的平衡状态，则把平衡状态称为稳态或静态。液压伺服系统的基本要求是“稳、快、准”。

(1) 稳，指动态过程的平稳性。对液压伺服系统的基本要求首先是系统的平稳，不稳定的系统无法正常工作。要求系统在过渡过程中，输出量在希望值附近振荡的幅值应小、振荡的次数少。

(2) 快，指动态过程的快速性。当输入信号改变时，输出量应立即随之变化，并尽快进入稳态。稳和快反映了系统过渡过程的性能，既快又稳则控制过程中输出量偏离希望值小，时间短，表明系统精度高。

(3) 准，指稳态时的精度。通常用稳态下输出量的希望值与实际值之差，即稳态误差来衡量系统稳态时的精度。系统的稳态误差必须在容许范围之内，控制系统才有使用价值。

一个高质量的伺服系统在整个控制过程中应该是既稳又快又准。

思考与练习

1. 什么叫伺服系统？简述液压伺服系统的特点。
2. 根据图 3-5-3 说明液压伺服系统的工作原理。
3. 液压伺服系统有哪些优点和缺点？
4. 简述液压恒功率自动调速伺服系统的工作原理。

任务六　液压其他回路

一、换向阀卸荷回路

电动机和泵的频繁关闭会影响它们的寿命，若液压系统在短时间内停止工作则不易关闭电动机。但让泵在溢流阀调定压力下回油，又会造成很大的能量浪费，使油温升高，系统性能下降。为此应设置卸荷回路解决上述矛盾，以便使泵在功率损耗接近于零的状态下运转。

由于液压泵的功率等于流量和压力的乘积，据此，卸荷有两种途径，一种途径是使液压泵出口流量接近于零达到卸荷，即流量卸荷法。流量卸荷法用于变量泵，一般变量泵当工作压力高到某数值(例如限压式变量叶片泵在截止压力下运转)时，输出流量为零，所以 O 型机能三位换向阀处于中位时，变量泵便处于卸荷状态。此法简单，但泵处于高压状态，磨损比较严重；另一种途径是使液压泵出口油液压力接近于零，即压力卸荷法。压力卸荷法比较适用，所以一般采用此法。常见的压力卸荷回路有以下几种：当三位换向阀的中位机能为 M、H 和 K 型时能使泵卸荷，如图 3-6-1(a)所示。图 3-6-1(b)所示为利用二位二通阀旁路卸荷。这两方法均较简单，但换向阀切换时会产生液压冲击，仅适用于低压、流量小于 40 L/min 处，且配管应尽量短。

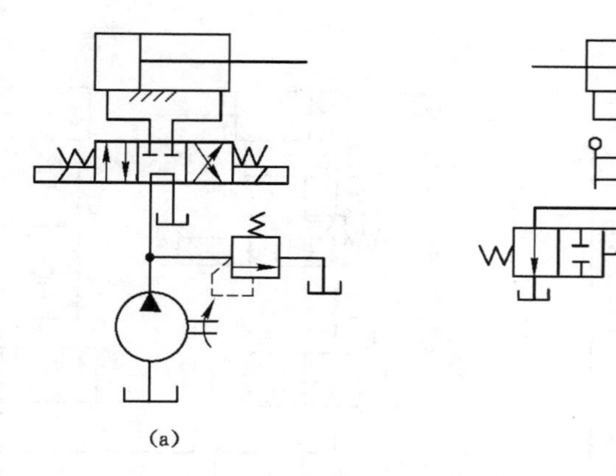

图 3-6-1 换向阀卸荷回路

二、带补偿措施的串联液压缸同步回路

图 3-6-2 中两缸串联，A 腔上腔的有效作用面积等于 B 腔下腔的有效作用面积。若无泄漏，两缸可同步下行。但因有泄漏及制造误差，故同步误差较大。而补偿措施使同步误差在每一次下行运动中都可消除。例如阀 5 在右位工作时，缸下降，若缸 1 的活塞先运动到底，它就触动电气行程开关 1ST，使阀 4 通电，压力油便通过该阀和单向阀向缸 2 的 B 腔补入，推动活塞继续运动到底，误差即被消除。若缸 2 先到底，触动行程开关 2ST，阀 3 通电，控制压力油使液控单向阀反向通道打开，缸 1 的 A 腔通过液控单向阀回油，其活塞即可继续运动到底。这种串联液压缸同步回路只适用于负载较小的液压系统。

三、互锁回路

在多缸工作的液压系统中，有时要求在一个液压缸运动时不允许另一个液压缸有任何运动，因而常采用液压缸互锁回路。

图 3-6-3 所示为双缸并联互锁回路。当三位六通电磁换向阀 5 处于中位，液压缸 B 停止工作时，二位二通液动换向阀 1 右端的控制油路（虚线）经阀 5 中位与油箱连通，因此其左位接入系统。这时压力油可经阀 1、阀 2 进入 A 缸使其工作。当阀 5 左位或右位工作时，压力油可进入 B 缸使其工作。这时压力油还进入了阀 1 的右端使其右位接入系统，因而切断了 A 缸的进油路，使 A 缸不能工作，从而实现了两缸运动的互锁。

四、保压回路

某些机械设备在工作过程中，要求液压执行机构在其行程终止时，保持一段时间的压力，如夹紧缸夹紧工件过程中的保压。最简单的保压回路是使用密封性能较好的液控单向阀保压，但是阀类元件的泄漏使得其保压时间不能太长。

如图 3-6-4 所示的回路，当主换向阀在左位工作时，液压缸前进压紧工件，进油路压力升高，压力继电器发出信号使二通阀通电，泵即卸荷，单向阀自动关闭，液压缸则由蓄能器保压。缸压不足时，压力继电器复位使泵重新工作。保压时间取决于蓄能器容量，调节压力继电器的通断调节区间即可调节缸压力的最大值和最小值，这种保压也称为泵卸荷保压回路。图 3-6-5 所示为多缸系统中的一缸保压回路。进给缸快进时，泵压下降，但单向阀 3 关闭，把夹紧油路和进给油路隔开。蓄能器 4 用来给夹紧缸保压并补偿泄漏。压力继电器 5 的作用是在夹紧缸压力达到预定值时发出电信号，使进给缸动作。

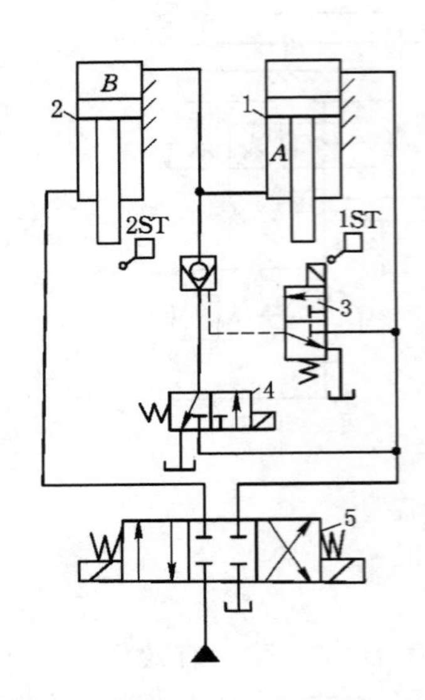

图 3-6-2　带补偿措施的串联液压缸同步回路

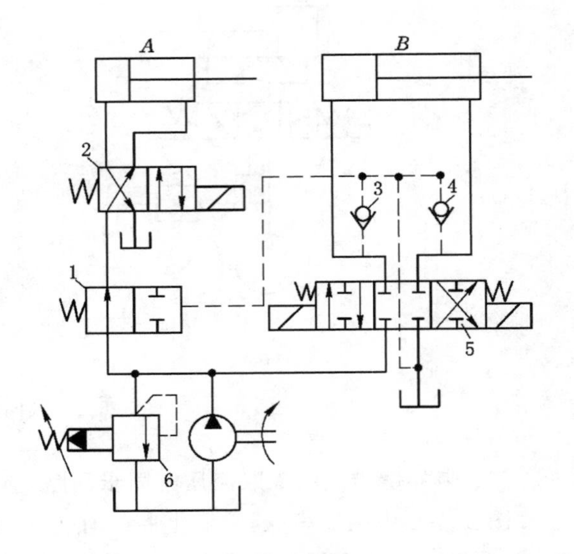

图 3-6-3　双缸并联互锁回路

1——液动换向阀；2,5——电磁换向阀；

3,4——单向阀；6——溢流阀

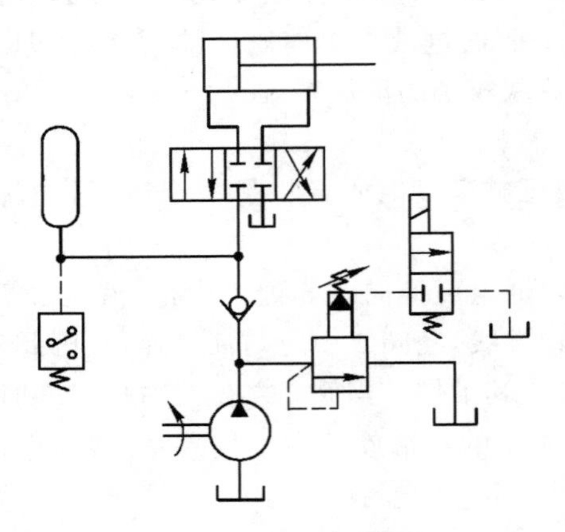

图 3-6-4　泵卸荷的保压回路

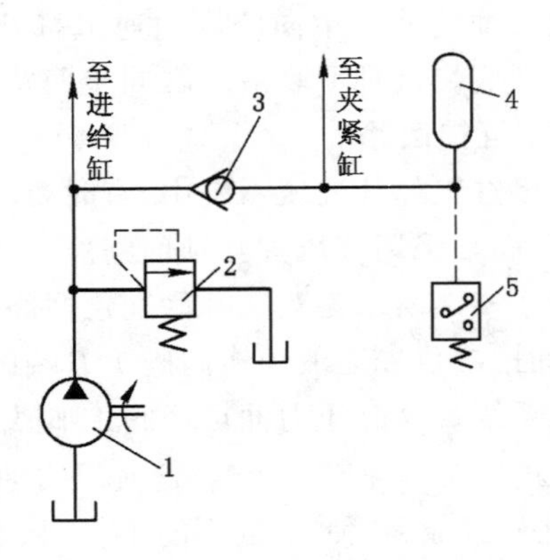

图 3-6-5　多缸系统一缸保压的回路

1——泵；2——溢流阀；3——单向阀

4——蓄能器；5——压力继电器

项目四　液压系统分析与维护

任务一　典型液压传动系统分析

任务概述

一、任务描述

液压传动系统是根据机械设备的工作要求，选用适当的液压基本回路经有机组合而成。阅读一个较复杂的液压系统图，大致可按以下步骤进行：

(1) 了解机械设备工况对液压系统的要求，了解在工作循环中的各个工步对力、速度和方向这三个参数的质和量的要求。

(2) 初读液压系统图，了解系统中包含哪些元件，且以执行元件为中心，将系统分解为若干个工作单元。

(3) 先单独分析每一个子系统，了解其执行元件与相应的阀、泵之间的关系和基本回路。

(4) 根据系统中对各执行元件间的互锁、同步、防干扰等要求，分析各子系统之间的联系以及如何实现这些要求。

(5) 在全面读懂液压系统的基础上，根据系统所使用的基本回路的性能，对系统做综合分析，归纳总结整个液压系统的特点，以加深对液压系统的理解。

二、任务要求

(1) 知识要求：掌握液压传动系统的分析方法；掌握组合机床动力滑台液压系统的工作原理及特点；掌握 XS-ZY-250A 型注塑机液压系统的工作原理及特点。

(2) 能力要求：能够分析一些典型液压系统的回路组成与工作原理。

相关知识

一、组合机床动力滑台液压系统分析

(一) 组合机床动力滑台液压系统应满足的要求

动力滑台是组合机床上用以实现进给运动的一种通用部件，其运动是靠液压缸驱动的。滑台台面上可安装动力箱、多轴箱及各种专用切削头等工作部件。滑台与床身、中间底座等通用部件可组成各种组合机床，完成钻、扩、铰、镗、铣、车、刮端面、攻螺纹等工序的机械加工，并能按多种进给方式实现半自动工作循环。动力滑台液压系统的性能的主要要求是速度换接平稳，进给速度稳定，功率利用合理，系统效率高，发热少。

（二）组合机床动力滑台液压系统工作原理

动力滑台有不同的规格，但液压系统的组成和工作原理基本相同。图 4-1-1 所示是一种典型的动力滑台液压系统的原理图，其进给速度范围是 6.6～600 mm/min，最大进给力 45 kN。该系统采用限压式变量叶片泵及单杆活塞液压缸。通常实现的工作循环是快进→第一次工作进给→第二次工作进给→死挡块停留→快退→原位停止。

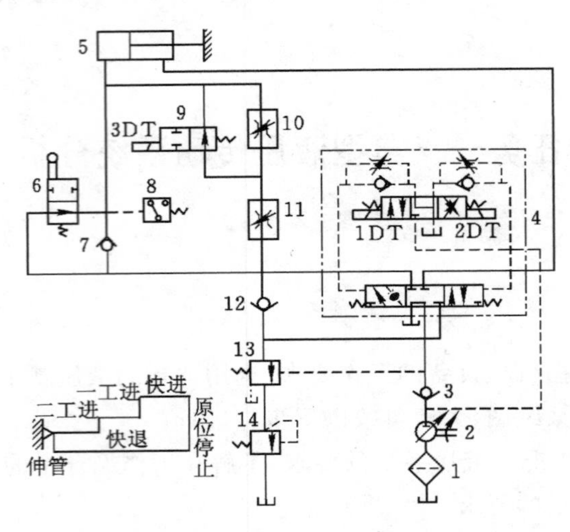

图 4-1-1 动力滑台液压系统原理

1——过滤器；2——变量泵；3，4，6，7，9，10，11，12，13，14——阀；5——液压缸；8——继电器

1. 快进

按下启动按钮，电磁铁 1DT 通电，电液换向阀 4 左位接入系统，顺序阀 13 因系统压力低而处于关闭状态，变量泵 2 则输出较大流量，液压缸 5 两腔连通，实现差动快进，其油路为：

进油路：过滤器 1→变量泵 2→单向阀 3→换向阀 4→行程阀 6→液压缸 5 左腔；

回油路：液压缸 5 右腔→换向阀 4→单向阀 12→行程阀 6→液压缸 5 左腔。

2. 第一次工作进给

当滑台快进结束时，挡块压下行程阀 6，切断快速运动进油路，电磁铁 1DT 继续通电，阀 4 仍以左位接入系统。这时液压油只能经调速阀 11 和二位二通换向阀 9 进入液压缸 5 左腔。由于工进时系统压力升高，变量泵 2 便自动减小其输出流量，顺序阀 13 此时打开，单向阀 12 关闭，液压缸 5 右腔的回油最终经背压阀 14 流回油箱，这样就使滑台转为第一次工作进给运动。进给量的大小由阀 11 调节，其油路是：

进油路：过滤器 1→变量泵 2→阀 3→阀 4→阀 11→阀 9→液压缸 5 左腔；

回油路：液压缸 5 右腔→阀 4→阀 13→阀 14→油箱。

3. 第二次工作进给

第二次工作进给油路和第一次工作进给油路基本上是相同的，不同之处是当第一次工进终了时，滑台上挡块压下行程开关，发出电信号使阀 9 的电磁铁 3DT 通电，使其油路关闭，这时液压油须经阀 11 和 10 进入液压缸左腔。回油路和第一次工作进给时完全相同。因调速阀 10 的通流面积比调速阀 11 通流面积小，故第二次工作进给的进油量由调速阀 10

决定。

4. 死挡块停留

滑台完成第二次工作进给后，碰上死挡块即停留下来。这时液压缸 5 左腔的压力升高，使压力继电器动作，发出电信号给时间继电器，停留时间由时间继电器调定。设置死挡块可以提高滑台加工进给的位置精度。

5. 快速退回

滑台停留时间结束后，时间继电器发出信号，使电磁铁 1DT、3DT 断电，2DT 通电，这时阀 4 右位接入系统。因滑台返回时负载小，系统压力低，变量泵 2 输出流量又自动回复到最大，滑台快速退回，其油路是：

进油路：过滤器 1→变量泵 2→阀 3→阀 4→液压缸 5 右腔。

回油路：液压缸 5 左腔→阀 7→阀 4→油箱。

6. 原位停止

滑台快速退回到原位，挡块压下原位行程开关，发出信号，使电磁铁 2DT 断电，至此全部电磁铁断电，阀 4 处于中位，液压缸两腔油路均被切断，滑台原位停止。这时变量泵 2 出口压力升高，输出流量减到最小，其输出功率接近于零。

系统中各电磁铁及行程阀的动作顺序见表 4-1-1（电磁铁通电、行程阀压下时，表中记“＋”号；反之，记“—”号）。

表 4-1-1　　电磁铁和行程阀动作顺序表

电磁铁、行程阀 / 动作	电磁铁			行程阀
	1DT	2DT	3DT	
快进	＋	－	－	－
一次工进	＋	－	－	＋
二次工进	＋	－	＋	＋
死挡块停留	＋	－	＋	＋
快退	－	＋	－	±
原位停止	－	－	－	－

（三）组合机床动力滑台液压系统的特点

由上述可知，该系统主要由下列基本回路组合而成：限压式变量泵和调速阀的联合调速回路，差动连接增速回路，电液换向阀的换向回路，行程阀和电磁阀的速度换接回路，串联调速阀的二次进给调速回路。这些回路的应用就决定了系统的主要性能，其特点如下：

(1) 由于采用限压式变量泵，快进转换为工作进给后，无溢流功率损失，系统效率较高。又因采用差动连接增速回路，在泵的选择和能量利用方面更为经济合理。

(2) 采用限压式变量泵、调速阀和行程阀进行速度换接，使速度换接平稳；且采用机械控制的行程阀，位置控制准确可靠。

(3) 采用限压式变量泵和调速阀联合调速回路，且在回油路上设置背压阀，提高了滑台运动的平稳性，并获得较好的速度负载特性。

(4) 采用进油路串联调速阀二次进给调速回路，可使启动冲击和速度转换冲击较小，并便于利用压力继电器发出电信号进行自动控制。

(5) 在滑台的工作循环中,采用止挡块停留,不仅提高了进给位置精度,还扩大了滑台工艺使用范围,更适用于镗阶梯孔、锪孔和锪端面等工序。

二、XS-ZY-250A 型注塑机液压系统分析

(一) 注塑机液压系统应满足的要求

塑料注射成型机简称注塑机,它是将颗粒状塑料加热熔化呈流动状态后,以高压、快速注入模腔,并保压和冷却而凝固成型为塑料制品的加工设备。注射成型是一个循环的过程,每一周期主要包括:定量加料—熔融塑化—施压注射—充模冷却—启模取件。取出塑件后又再闭模,进行下一个循环。根据注塑成型工艺的需要,注塑机液压系统应满足如下要求。

1. 有足够的合模力及可调节的开、合模速度

在注射过程中,常以 4～15 MPa 的注射压力将塑料熔体射入模腔,为防止塑料制品产生溢边或脱模困难等现象发生,要求具有足够的合模力。

为了缩短空程时间以提高生产率和保证制品质量,并避免产生冲击,在启、合模过程中,要求合模缸具有慢、快、慢的速度变化。

2. 注射座可整体前进与后退

注射座整体由液压缸驱动,除保证在注射时具有足够的推力,使喷嘴与模具浇口紧密接触外,还应按固定加料、前加料和后加料三种不同的预塑形式调节移动速度。

3. 注射的压力和速度可调节

为适应原料、制品几何形状和模具浇口布局的不同及制品质量的好坏,注射压力和速度应有相应的变化、调节。

4. 可保压冷却

当熔体注入型腔后,要保压和冷却。在冷却凝固时因有收缩,型腔内需要补充熔体,否则会因充料不足而出现残品。因此,要求液压系统保压,并根据制品要求,可调节保压的压力。

5. 预塑过程可调节

在型腔熔体冷却凝固阶段,使料斗内的塑料颗粒通过料筒内螺杆的回转卷入料筒,连续向喷嘴方向推移,同时加热塑化、搅拌和挤压成为熔体。在注塑成型加工中,通常将料筒每小时塑化的重量(称塑化能力)作为生产能力的指标。当料筒的结构尺寸决定后,随塑料的熔点、流动性和制品的不同,要求螺杆转速可以改变,即预塑过程的塑化能力可以调节。

6. 可顶出制品

制品在冷却成型后被顶出。在脱模顶出时,为了防止制品受损,运动要平稳,并能按不同的制品形状对顶出缸的速度进行调节。

(二) XS-ZY-250A 型注塑机液压系统的工作原理

图 4-1-2 所示为系统工作原理图,工作原理简述如下。

1. 启模、合模

用 6DT 通电或 7DT 通电选择启模或合模。给比例电磁铁 E_3 输入适当大小的电气信号,即可确定比例流量阀的适当开度,于是,来自双泵和单泵的油液汇流即可确定高速区段的可变速度。低速区段的可变速度仅由单泵的流量确定。同样,给比例电磁铁 E_1、E_2 输入不同的信号,就使双泵和单泵出口得到不同的压力调整值。

2. 注射、保压

1DT 通电，汇合单泵与双泵的油液流入注射缸 9 的右腔，推动螺杆 8 向左运动，在螺杆的前端通过喷嘴 5 把已经熔融的塑料注入模具型腔。注射期间改变比例流量阀的输入信号，即可控制螺杆的前进速度。保压时，仅由单泵供油，补充保压时的泄漏量。图 4-1-2 所示为 XS-ZY-250A 型注塑机的液压系统原理图。

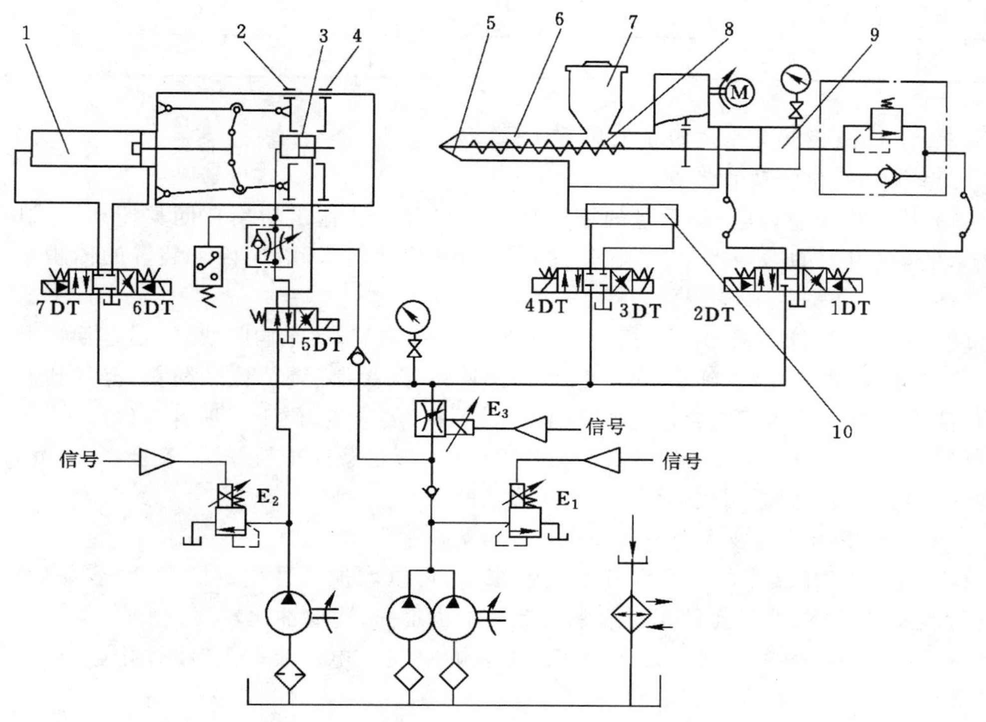

图 4-1-2　XS-ZY-250A 型注塑机液压系统

1——合模缸；2——动模板；3——顶出缸；4——定模板；5——喷嘴
6——斜筒；7——斜斗；8——螺杆；9——注射缸；10——注射座移动缸

其他各阶段的动作原理参见表 4-1-2。

表 4-1-2　**电磁铁动作表**

动作 \ 电磁铁		1DT	2DT	3DT	4DT	5DT	6DT	7DT	E_1	E_2	E_3
合　模	合　模							+	+	+	+
	低压保护							+	+	+	+
	锁　紧							+		+	+
注射座前移				+						+	+
注　　射		+							+	+	+
保　　压		+								+	+
预　　塑				+						+	+

续表 4-1-2

动作 \ 电磁铁	1DT	2DT	3DT	4DT	5DT	6DT	7DT	E_1	E_2	E_3
注射座后移				+					+	+
启　模						+		+	+	+
预　出					+				+	
螺杆后退		+							+	+

(三) XS-ZY-250A 型注塑机液压系统的特点

1. 注塑机液压传动的优点

(1) 从结构上看,其单位重量的输出功率和单位尺寸输出功率在四类传动方式中是出类拔萃的,有很大的力矩惯量比,在传递相同功率的情况下,液压传动装置的体积小、重量轻、惯性小、结构紧凑、布局灵活。

(2) 从工作性能上看,速度、扭矩、功率均可无级调节,动作响应快,能迅速换向和变速;调速范围宽,可达 100 ∶ 1 到 2 000 ∶ 1;动作快速性好;控制、调节比较简单,操纵比较方便、省力;便于与电气控制相配合,以及与 CPU(计算机)的连接,便于实现自动化。

(3) 从使用维护上看,元件的自润滑性好,易实现过载保护与保压,安全可靠;元件易于实现系列化、标准化、通用化。

(4) 所有采用液压技术的设备安全可靠性好。

(5) 经济:液压技术的可塑性和可变性很强,可以增加柔性生产的柔度,容易对生产程序进行改变和调整,液压元件相对说来制造成本也不高,适应性比较强。

(6) 液压易与微机控制等新技术相结合,构成"机—电—液—光"一体化已成为世界发展的潮流,便于实现数字化。

2. 注塑机液压传动的缺点

(1) 液压传动因有相对运动,表面不可避免地存在泄漏,同时油液不是绝对不可压缩的,加上油管等弹性变形,液压传动不能得到严格的传动比,因而不能用于如加工螺纹齿轮等机床的内联传动链中。

(2) 油液流动过程中存在沿程损失、局部损失和泄漏损失,传动效率较低,不适宜远距离传动。

(3) 在高温和低温条件下,采用液压传动有一定的困难。

(4) 为防止漏油以及为满足某些性能上的要求,液压元件制造精度要求高,给使用与维修保养带来一定困难。

(5) 发生故障不易检查,特别是液压技术不太普及的单位,这一矛盾往往阻碍着液压技术的进一步推广应用。液压设备维修需要依赖经验,培训液压技术人员的时间较长。

近年来我国越来越多地采用比例阀和变量泵改进注塑机的液压系统,便于实现远控、程控,提高效率,也为实现计算机控制创造了条件。

1. 图 4-1-1 所示动力滑台液压系统是由哪些基本液压回路组成的?单向阀 12 在油路

中起什么作用？

2. 根据 XS-ZY-250A 型注塑机液压系统说明以下问题：

(1) 注塑机的工作循环是怎样实现的？

(2) 为使注塑机安全可靠和平稳工作，系统中采取了哪些措施？

(3) 注塑机液压系统的主要特点是什么？

3. 图 4-1-3 所示是某液压钻床动力滑台液压系统，分析其动作过程，并按其动作循环顺序填写表 4-1-3 中电磁铁的动作（电磁铁得电或失电状态）。

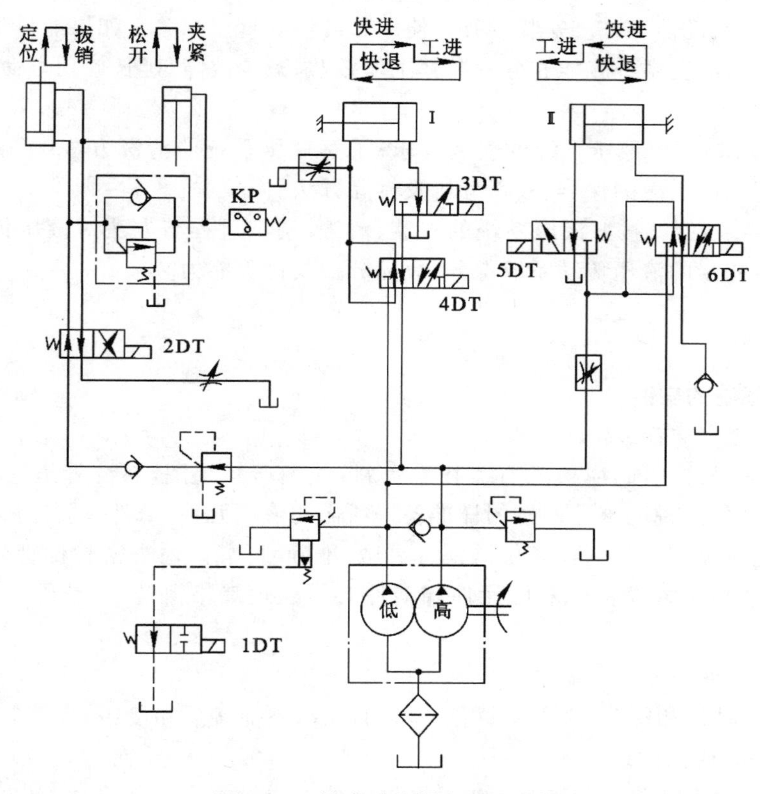

图 4-1-3　钻床动力滑台液压系统

表 4-1-3　　电磁铁动作顺序表

动作名称	电气元件							备注
	1DT	2DT	3DT	4DT	5DT	6DT	KP	
定位夹紧								(1) Ⅰ、Ⅱ两回路各自进行独立循环，互不约束 (2) 4DT、6DT 中任何一个通电，1DT 便通电；4DT、6DT 均断电，1DT 才断电
快　进								
工进卸荷(低)								
快　退								
松开拔销								
原位卸荷(低)								

任务二　液压传动系统维护

任务概述

一、任务描述

液压传动系统是由多个液压元件按照所完成的功能合理组合而成的。液压系统的工作性能与相关元件的设计、制造、安装、调试、使用和维护等直接相关。如果能科学、正确、合理地完成上述环节，液压系统就能充分发挥其工作效益，减少故障，延长使用寿命。

二、任务要求

(1) 知识要求：了解液压系统的安装要求；了解液压系统的清洗方法；了解液压系统的调试过程；了解液压系统的保养、故障分析及排除方法。

(2) 能力要求：能够按照液压系统的安装、清洗、调试过程与方法对液压传动系统进行实践操作；具备初步的液压传动系统保养、故障分析及排除能力。

相关知识

一、液压系统的安装

(一) 安装前的准备工作和要求

在安装液压系统之前，应熟悉有关技术资料，如液压系统图，系统管道连接图，有关的泵、阀、辅助元件使用说明书等。按图样准备好所需的液压元件、部件、辅件并要进行认真的检查，看元件是否完好、灵活，仪表仪器是否灵敏、准确、可靠。检查密封件型号是否合乎图样要求和完好。对装入设备的液压元件和辅件必须经过严格清洗，以清除一切污物、防锈剂等。

(二) 液压元件的安装与要求

(1) 安装各种泵和阀时，必须注意各油口的位置，不能接反和接错，各接口要固紧，密封应可靠，不得漏气或漏油。

(2) 液压泵输入轴与电动机驱动轴的同轴度偏差应控制在 $\phi 0.1$ mm 以内。安装好后，用手转动时，应轻松无卡滞现象。

(3) 液压缸的安装应保证活塞杆(或柱塞)的轴线与运动部件导轨面平行度，一般应控制在 0.1 mm 以内。安装好后，用手推拉工作台时，应灵活轻便无局部卡滞现象。

(4) 阀件安装前后均应检查各控制阀移动或转动是否灵活，若出现呆滞现象，应查明是否由于脏物、锈斑、平直度不好或紧固螺钉扭紧力不均衡使阀体变形等引起，应通过清洗、研磨、调整加以消除。如不符合要求应及时更换。

(5) 方向控制阀一般应保持轴线水平安装，蓄能器一般应保持轴线竖直安装。

(6) 各种仪表的安装位置应考虑便于观察和维修。

(7) 安装时应强调清洁，不准戴手套进行安装，不准用纤维织品擦拭结合面，以防纤维类脏物侵入阀内。

(8) 阀类元件安装完毕后，应使调压阀的调节手柄(螺钉)处于放松状态，流量阀的调节手柄(螺钉)应处于使阀关闭的状态，换向阀的阀芯位置应尽量处于原理图所示位置。

（三）液压管路的安装与要求

液压系统的全部管路在正式安装前要准确下料和弯制，然后进行配管试装。试装合适后将油管拆下，用温度为40～60 ℃、10%～20%的稀硫酸或稀盐酸溶液酸洗30～40 min。取出后再用30～40 ℃苏打水中和，最后用温水清洗、干燥、涂油，转入正式安装。

（1）管道的布置要整齐，油路走向应平直，距离短，尽量少转弯。其目的力求美观和减少沿程损失，检修方便。各平行与交叉的油管之间应有10 mm以上的空隙，管子安装应牢靠，连接处要固紧。刚性差的油管应用管夹固定好。对于较复杂的油路系统在拆卸管道时，为了避免重新安装时装错，可着色或编号加以区别。各油管接头要固紧可靠，密封良好，不得泄漏。

（2）液压泵吸油管的高度一般不大于500 mm 。吸油管和泵吸油口连接处应涂密封胶，保证密封良好，否则会混入空气而影响正常工作。在吸油管口上应设置滤油器。

（3）回油管口应尽量远离吸油管口而伸至距油箱底面两倍管径处，以防飞溅形成气泡。深入油中的一端的管口应切成45°的斜面，并朝箱壁，使回油平稳，便于散热。凡外部有泄油口的阀（如减压阀、顺序阀等），其泄油口与回油管相通时，不允许在回油管上有背压。否则应单独设回油管，且不插入油中。

（4）系统中的主要管道和过滤器、蓄能器、测压表、流量计等辅助元件应能自由拆装而不影响其他元件。布置活接头时，应保证其拆装方便。

（5）高压管路必须使用按其工作压力选用的无缝钢管，其管路连接应采用法兰连接。

（6）管道安装间歇期间，各管口应严密封闭。

二、液压系统的清洗

新制的或修理的液压机械设备，当液压系统安装好后，为了确保液压系统正常工作，在进入试车阶段，必须对管路油箱等进行清洗。要求高的系统可以分两次进行。

第一次以清洗回路为主，清洗前应先清洗油箱并用绸布擦干，然后注入油箱容量60%～70%的工作油或试车油。再按图4-2-1(a)所示的方法将有溢流阀及其他阀的排油回路的阀进口处临时切断；将液压缸两端油管直接连通（使油液不流经液压缸），并使换向阀作一次换向（不处于中位）；在主回油管处接一滤油器，进行自动循环；其过滤可用80～150 μm的网式滤油器，以便滤出主系统的杂质和异物，且尽量保持油箱干净。若将清洗油加热到50～80 ℃，对油管内的橡胶、煤渣的去除效果更好。为了提高清洗质量，应使泵作间歇运转，并在清洗过程中不断轻轻敲击油管，使管道各处的微粒都被冲洗干净。对于较复杂的液压系统可分区域对各部进行清洗，做法同上。清洗时间视系统复杂程度等具体情况而定。一般为几小时至十几小时不等。清洗后必须将清洗油尽可能排干净，然后再次清洗油箱并用绸布擦干净，防止清洗油混入新液压油中而引起液压油变质，影响液压油的使用寿命。

第二次清洗是对整个液压系统进行清洗。清洗前首先将系统恢复到正常运转状态[图4-2-1(b)]，然后向油箱注入工作油液和所需油量，再启动液压泵对系统各部分进行清洗。清洗时间一般为2～4 h。清洗结束时过滤器的过滤网上应无杂质。这次清洗后的油液可继续使用。

三、液压系统的调试

新设备和大修后的设备，在安装和几何精度检验合格后必须进行调试，使液压系统的性能达到预定的要求，即令其具有可靠协调的工作循环，并获得各参数所要求的准确数值，才

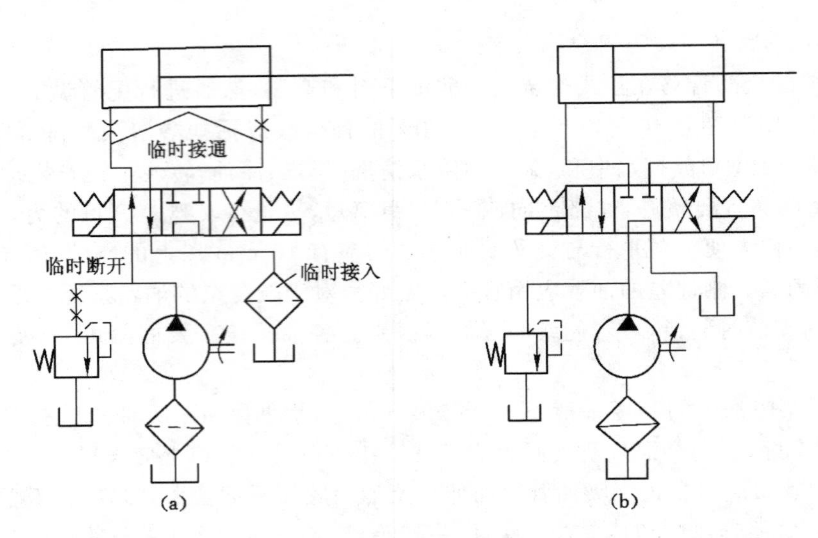

图 4-2-1 液压系统的清洗
(a) 第一次清洗;(b) 第二次清洗

能投入生产运行。

液压元件组成液压回路,液压回路组成液压系统。在进行液压调试之前,应全面了解被调试设备的用途、性能、结构、使用要求和操作方法,掌握液压系统的工作原理和主要液压元件的结构、性能和调整部位,明确机械、液压和电器三者的关系及其联系环节,仔细分析液压系统工作循环压力变化、速度变化及功率利用分配情况。在此基础上确定调试内容、步骤及测试方法,准备测试仪表,同时还应考虑调试中可能出现的问题及应采取的措施。

调试应做好必要检查,检查管路连接和电气线路是否正确、牢固、可靠;泵和电动机的转向是否正确;油箱中油液的牌号及油面高度是否符合要求;各控制手柄是否在关闭或卸荷位置;各行程挡块是否在合适的位置及防护装置是否完好。待各处按试车要求调整好之后,方可进行空载试车。

液压系统的调整和试车一般不能截然分开,往往是试中有调、调中有试,调试分为空载调试和负载调试。

(一) 空载试车

空载试车是全面检查液压系统各回路、各个液压元件及各辅助装置的工作是否正常,工作循环或各种动作的自动转换是否符合要求。

1. 启动液压泵电动机

先向液压泵内灌油,然后从断续直至连续启动液压电动机,观察其运转方向是否正确,运转情况是否正常,有无异常噪声等,并观察液压泵是否漏气及油面泡沫情况。泵在卸荷状态下,其卸荷压力是否在允许的范围内。若泵不排油,应检查电动机接线是否接反。

2. 液压缸的排气

放松溢流阀,按压相应的按钮使各液压缸来回运动,若系统压力低,液压缸不动作,可逐渐旋紧溢流阀,至液压缸能实现全行程往复运动数次,将系统中的空气排除干净。对低速性能要求比较高的,应注意排气操作。因为在液压缸内混有空气后,会影响液压缸的运动平稳性,引起工作台在低速运动时的爬行,也会影响机床的换向精度,甚至在开车时会使运动部件产生前冲。排气时应先将排气阀打开，调整节流阀使流量加大，然后使液压缸全行程往复多次，即可使缸内空气排净，然后将排气阀关闭。

3. 压力阀的调整

各压力阀应按其在液压系统原理图上的位置，从泵源附近的溢流阀依次调整。调整应在运动部件处于“停”位或低速运动时，由低到高边观察压力表及油路工作情况边调整，直至调到规定数值，并使泵在工作状态下运转，检查溢流阀在调节过程中有无异常声响，压力是否稳定，检查系统各管道接头、元件接合面是否漏油。压力调定后，将压力阀的调整螺杆锁紧，并将相应的压力表油路关闭，以防压力变化损坏压力表。

4. 其他控制阀的调整

为使液压缸（液压马达）在空载条件下按设计要求动作，操纵相应的控制阀（包括行程挡铁、微动开关），使各液压缸（液压马达）在空载条件下按预定的顺序动作，检查各动作的协调和顺序的正确性，以及启动、换向和换速的平稳性，注意有无爬行、跳动和冲击现象。

运动部件动作后，由于大量的油液进入系统内，油箱的油液减少，若油液不足应及时补油，使系统工作时始终保持油面的高度在油标指示位置。

各工作部件在空载条件下，按预定的工作循环或工作顺序连续运转 2～4 h 后，应再检查油温及液压系统所要求的各项精度，一切正常后，方可进入负载试车。

（二）负载试车

负载试车是在规定的负载条件下运转，进一步检查系统的运行质量和存在的问题。一切正常后，可逐渐将压力阀和流量阀调到规定值，检查功率、发热、噪声、振动、高速冲击、低速爬行等方面的情况；检查各部分的漏油情况。若系统正常，便可正式投入使用。

负载试车时，一般应先在低于最大负载和速度的情况下试车，如果轻载试车一切正常，才逐渐将压力阀和流量阀调节到规定值，以进行最大负载试车。

（三）调试注意事项

（1）不准在执行元件运动状态下调节系统的工作压力；

（2）调压前应先检查压力表有无异常现象，若有异常现象，待压力表更换后再调节压力。无压力表的系统，不许调压。

（3）调压大小应按说明书规定的压力值或按实际要求的压力值调节。

四、液压系统的保养、故障分析及排除方法

液压系统工作性能的保证，在很大程度上取决于正确的使用与及时维护，以保证液压系统正常而有效地工作。

（一）液压系统使用注意事项

（1）操作者应掌握液压系统的工作原理，熟悉各种操作特点、按钮的位置等。

（2）工作中应随时注意油位高度和温升，油液的工作温度范围应在 35～60 ℃。

（3）液压油要定期检查和更换，保持油液清洁。对于新投入使用的采煤机，使用三个月左右应清洗油箱，更换新油，以后按使用说明书的要求每隔半年或一年进行一次清洗或换油。

（4）使用中应注意过滤器、吸排气塞的工作情况，滤芯和吸排气塞应定期清洗或更换。平时要防止杂质进入油箱。

（二）液压系统维护与保养

维护保养应分为日常维护、定期检查和综合检查三个阶段进行。

1. 每班检查项目

(1) 每班检查液压油箱的油位。

(2) 每班检查液压软管、接头是否有漏损、扭结、磨损或松动等现象。

2. 定期检查与维护

定期检查的内容包括日常检查维护中发现异常现象的原因并进行排除，对需要维修的部位，必要时进行分解检修。定期检查可分为周检、月检、季检。

(1) 液压系统吸油过滤器应定期拆下清洗，必要时应更换。

(2) 磁性过滤器每 15 个班要拆下清洗或更换。

(3) 动力补油过滤器应定期清洗。

(4) 吸排气塞每 15 个班要拆下清洗或更换。

(5) 高压过滤器应定期清洗或更换。

(6) 定期检查液压系统的空载压力和油液的工作温度，若空载压力超过规定值，说明系统中的高压过滤器已堵塞，则滤芯需要清洗或更换。

(7) 检查液压系统安全阀的压力值，当高于或低于调定值时，则需要进行调整。

3. 综合检查

综合检查大约一年一次，其主要内容是检查液压元件和部件，判断其性能和寿命，并对产生故障的部位进行检修或更换。综合检查的方法主要是分解检查，要重点排除一年内可能产生的故障因素。

定期检查和综合检查均应做好记录，作为液压系统出现故障查找原因或采煤机大修的依据。

（三）液压系统故障诊断及排除方法

1. 故障诊断技术

液压元件的工作机构和油液封闭在壳体和管路内，因此，液压系统的故障具有隐蔽性。影响液压系统正常工作的原因，有些是渐发的，如因零件磨损引起间隙逐渐增大；有些是突发的，如元件因异物突然卡死、动作失灵所引起的突发性故障；有时还会因机械、电气以及外界因素影响而引起液压系统故障。这些因素都给分析液压系统故障增加了难度而不易判断。一般的诊断方法有：

(1) 感观诊断法

感观诊断法主要是通过看、听、摸、问、闻等途径来诊断液压系统是否正常。

观察液压系统的工作状态，一般有六看：

① 看速度，看执行机构运动速度有无变化；

② 看压力，观察液压系统各测压点压力有无波动现象；

③ 看油液，观察油液是否清洁、是否变质，油量是否满足要求及表面有无泡沫等；

④ 看泄漏，观察液压系统各接头处是否泄漏；

⑤ 看振动，看活塞杆或工作台等运动部件运行时，有无跳动、冲击等异常现象；

⑥ 看产品，即从加工出来的产品判断运动机构的工作状态，观察系统压力和流量的稳定性。

用听觉来判断液压系统的工作是否正常，一般有四听：

① 听噪声，即听液压泵和系统噪声是否过大，液压阀等元件是否有尖锐响声；

② 听冲击声，即听执行元件换向冲击声是否过大；

③ 听泄漏声，即听油路板内部有无细微而连续不断的声音；

④ 听敲打声，即听液压泵和管路中是否有敲打撞击声。

用手摸运动部件的温升和工作状况，一般有四摸：

① 摸温升，即用手摸液压泵、油箱和阀体等温度是否过高；

② 摸振动，即用手摸运动部件和管子有无振动；

③ 摸爬行，当工作台慢速运行时，用手摸其有无爬行现象；

④ 摸松紧度，即用手拧一拧挡铁、微动开关等的松紧程度。

询问设备操作者，了解设备的平时工作状况。一般有六问：

① 问液压系统是否正常；

② 问液压油最近的更换日期，滤网的清洗和更换情况；

③ 问事故出现前调压阀或调速阀是否调节过，有无不正常现象；

④ 问事故出现前液压件或密封件是否更换过；

⑤ 问事故前后液压系统的工作差别；

⑥ 问过去常出现哪类事故及排除经过。

另外还可以闻和查阅技术资料。闻即闻一闻油液是否有变质异味。

感观分析只是一个定性分析，必要时应对有关元件在试验台上做定量分析测试。

（2）逻辑分析法

对于复杂的液压系统故障，经常采用逻辑分析法，即根据故障产生的现象，采取逻辑分析与推理的方法。

采用逻辑分析法诊断液压系统故障通常有两个出发点：一是从主机出发，主机故障也就是指液压系统执行机构工作不正常；二是从系统本身故障出发，有时系统故障在短时间内不影响主机，如油温变化、噪声增大等。逻辑分析法只是定性地分析，若将逻辑分析法与专用监测仪器的测试相结合，就可显著提高故障诊断的效率及准确性。

（3）专用仪器检测法

采用专门的液压系统故障检测仪器来诊断系统故障，该仪器能够对液压系统故障做出定量的检测。国内外用许多专用的便携式液压系统故障检测仪来测量流量、压力和温度，并能测量泵和马达的转速等。

（4）状态测量法

状态测量用的仪器种类很多，通常有压力传感器、流量传感器、位移传感器和油温检测仪等。把测试到的数据输入计算机系统，计算机根据输入的数据提供各种信息及技术参数，由此判别出某个液压元件和液压系统某个部位的工作状况，并可发出报警或自动停机等信号。所以状态检测技术可解决仅靠人的感觉器官无法判断的故障，并为维修提供准确的信息。

2. 液压系统常见故障现象、原因与排除方法

故障现象、产生原因及其排除方法见表 4-2-1。

表 4-2-1　液压系统常见故障现象、产生原因及其排除方法

故障现象	产生原因	排除方法
压力不正常	油箱油位过低	将油加至正常位置
	泵转向相反	改正电机接线
	泵速过低	检查电动机的调定速度，检查电压是否过低
	吸油管、过滤器、阻尼孔堵塞	排出阻塞物
	吸、压油管密封不严，造成吸空	检查管路，拧紧接头，加强密封
	排气孔堵塞	清洗排气孔
	油液黏度过高	换用低黏度油
	减压阀定值过低或损坏	调整、修理或更换
	溢流阀失调	修理、清洗或更换
	系统泄漏	加强密封，防止泄漏，修复或更换零件
	温升过高，降低油液黏度	查明发热原因，采取相应措施
	液压缸高低压腔相通	修配活塞，更换密封件
振动噪声过大	油箱吸油管路部分堵塞	排除堵塞物
	泵内零件卡死或损坏	修复或更换
	泵与电动机联轴器不同心或松动	重新安装紧固
	溢流阀阻尼孔堵塞，阀座损坏或调压弹簧永久变形	清洗阻尼孔，修复阀座或更换弹簧
	电液换向阀动作失灵	修复
	液压缸缓冲装置失灵造成液压冲击	检修并调整
	电动机振动，轴承磨损严重	更换轴承
	油液黏度过大	换用合适黏度的油
	空气由管路泄漏处进入系统	检查接头、软管等，紧固接头，更换已损软管
系统泄漏	密封件损坏或装反	更换密封件，按正确方向安装密封件
	管接头松动	拧紧管接头
	单向阀阀芯磨损，阀座损坏	更换阀芯，配研阀座
	相对运动零件磨损，间隙过大	更换磨损零件，减小配合间隙
	压力调整过高	降低工作压力
	油液黏度太低	选用合适的液压油
	工作温度太高	降低工作温度或采取冷却措施
运动部件爬行	流量阀的节流口处有油污，通油量不足	检修或清洗流量阀
	活塞式液压缸端盖密封圈压得太紧	调整压盖螺钉
	油箱、液压缸、油管等混入空气	加强密封、利用排气装置排气
	导轨接触精度不良，摩擦力不均匀	检修导轨
	导轨润滑油不足或选用不当	调整润滑油量，选用合适的润滑油
	油液污染	清洗液压元件，更换油液，加强过滤
	液压缸安装不良，中心线与导轨不平行	重新安装
	活塞杆刚度不够	加大活塞杆直径

续表 4-2-1

故障现象	产生原因	排除方法
系统油温过高	安全阀压力调定不当或阀故障	检查调整压力,更换失效的阀
	泄漏严重	加强密封
	管路太细而且弯曲,压力损失大	加大管径,缩短管路,使油流通畅
	相对运动零件间摩擦力过大	提高零件加工精度,减小运动摩擦力
	油液黏度过大	选用黏度适当的液压油
	由外界热源引起温升	查明原因,隔绝热源
阀和液压缸过度磨损	油液有研磨性颗粒	更换过滤元件
	活塞和活塞杆同轴度不好	检查并重新调整同轴度
	压力过高	检查安全阀并重新调定
	油液黏度过低	检查并换黏度高或黏度指数高的油
	系统中混入空气	检查泄漏并排气
	零件安装过松	紧固零件,修理或更换
泵的气穴	进油滤油器过小或堵塞	清洗或更换
	吸入管路的管径太细	更换合适的进油管
	吸入管路弯头太多	更改管道设计
	吸入管太长或阻力太大	减小长度或加粗管道,排除阻力因素
	油液温度太低	把油加热到合适温度
	油液黏度太高	更换合适的液压油
	辅助泵故障	修理或更换
	泵转速太快	减小到合适转速
	泵离液面太高	更改泵安装位置

思考与练习

1. 叙述液压系统的安装与调试的流程。
2. 常发生故障的液压元件中,阀类有哪几种?
3. 搜集工程用挖掘机液压系统常见故障及处理措施案例。

项目五 气动动力、执行与辅助元件

任务一 气源装置与气动执行元件

任务概述

一、任务描述

气压传动在工业生产中得到了广泛的应用。气压传动是以压缩空气为工作介质进行能量传递、转换和控制的传动形式。由于空气介质来源易得、无污染，易防火、防爆，因此，气压传动在一些行业生产中起着重要的作用。气源装置是气压传动系统的动力部分，是将机械能转换为气体压力能的装置；气动执行元件是将气体压力能转换为机械能的装置，这两者是气动系统正常工作的能量转换元件。

二、任务要求

(1) 知识要求：掌握空气压缩机的结构组成和工作原理；掌握空气压缩机的使用注意事项；掌握各种气缸的工作原理；了解气动马达的选用及使用要求。

(2) 能力要求：能够正确操作运行压缩机；能够分析各种气缸的运动特点及使用场合。

相关知识

气源装置的主体是空气压缩机，是气动系统的动力源。气动执行元件有气缸和气马达，其工作原理类似于液压缸和液压马达，但气缸的类型相对液压缸的类型要多。

一、气源装置

(一) 空气压缩机的类型

空气压缩机的种类很多，按照工作原理的不同，可分为容积式和动力式两大类。在气压传动中，多采用容积式空气压缩机。按照结构的不同，容积式空气压缩机可分为往复式和旋转式，往复式细分为活塞式和膜片式；旋转式细分为叶片式、螺杆式和涡旋式，其中，最常用的是活塞式空气压缩机，各种类型的压缩机都有不同的特点，应用日益广泛。

(二) 空气压缩机的工作原理

容积式空气压缩机的工作原理类似于容积式液压泵。活塞式空气压缩机的结构原理如图 5-1-1 所示，通过曲柄滑块机构使活塞做往复直线运动，使气缸内容积的大小发生周期性的变化，从而实现对空气的吸入、压缩和排气过程。

(三) 空气压缩机使用时应注意的事项

(1) 选用。选择空气压缩机的主要依据是气动系统的工作压力和流量。选择工作压力时，考虑到沿程压力损失，气源压力应比气动系统中工作装置所需的最高压力再增大 20%左

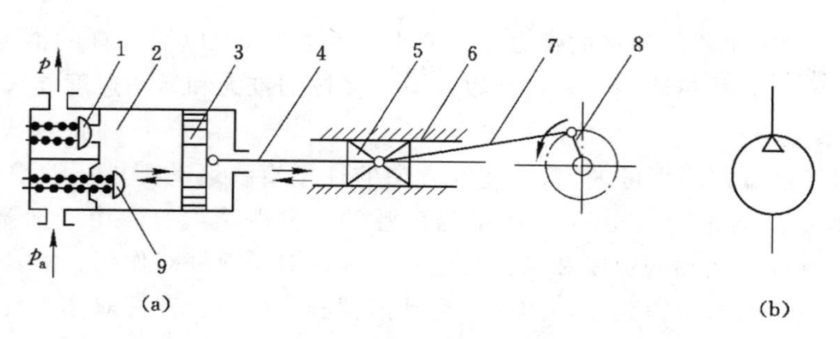

图 5-1-1　活塞式空气压缩机工作原理

(a) 结构原理；(b) 图形符号；

1——排气阀；2——气缸；3——活塞；4——活塞杆；

5，6——十字头与滑道；7——连杆；8——曲柄；9——吸气阀

右。至于气动系统中工作压力较低的工作装置，则可采用减压阀减压供气。空气压缩机的输出流量以整个气动系统所需的最大理论耗气量为选择依据，再考虑到泄漏等影响加上一定的余量。

(2) 空压机的安放位置。空压机的安装地点必须清洁，应无灰尘、通风好、湿度小、温度低，且要留有维护保养空间，所以一般要安装在专用机房内。

(3) 噪声。因为空压机一运转就产生噪声，所以必须考虑噪声的防治，如设置隔声罩，设置消声器，选择噪声较低的空压机等。一般而言，螺杆式空压机的噪声较小。

(4) 使用专用润滑油并定期更换，启动前应检查润滑油位，并用手拉动传动带使机轴转动几圈，以保证启动时的润滑。启动前和停车后应及时排除空压机气罐中的水分。

气动执行元件用来将压缩空气的压力能转化为机械能，从而实现所需的直线运动、摆动或回转运动等。与液压系统相似，气动执行元件主要有气缸和气动马达两大类。

二、气动执行元件

(一) 气缸

气缸是气动系统中最常用的一种执行元件，用于实现往复直线移动，输出推力和位移。

1. 气缸的分类

气缸的种类很多，总体上可按如下方法分类：

(1) 按气缸活塞的受压状态可分为单作用气缸和双作用气缸。

(2) 按气缸的结构特征可分为活塞式气缸、柱塞式气缸、薄膜式气缸、叶片式摆动气缸和齿轮齿条式摆动气缸等。

(3) 按气缸的安装方式可分为固定式气缸、轴销式气缸、回转式气缸和嵌入式气缸等。

(4) 按气缸的功能可分为普通气缸(包括单作用和双作用式气缸)和特殊功能气缸。

2. 几种常用气缸的介绍

(1) 普通气缸

普通气缸有单作用气缸和双作用气缸。

① 单作用气缸。单作用气缸只有一端进气，活塞单方向的直线运动由压缩空气驱动，而活塞的返回则依靠弹簧力或重力等其他外力实现。其结构原理见图 5-1-2 。单作用气缸结构

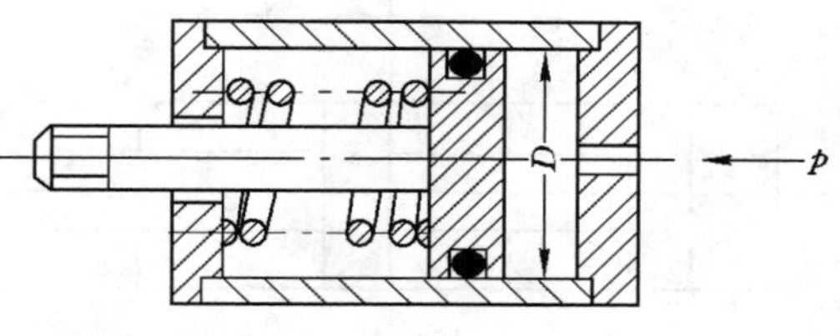

图 5-1-2　单作用气缸

简单、耗气量小，但由于复位弹簧的弹力与其变形大小相关，所以活塞杆的推力和运动速度在其行程中是变化的，故只能用于短行程以及对活塞杆的推力和运动速度要求不高的场合，如定位和夹紧装置等。

② 双作用气缸。两端都可进气，活塞双方向的往复直线运动都由压缩空气驱动完成。图 5-1-3 所示为单杆双作用气缸，是应用最为广泛的一种普通气缸。由于活塞两侧的受压面积不等，因此其往复运动的速度和输出力也不相等。对于双杆双作用气缸，则由于活塞两端的活塞杆直径相同，可以得到相同的往复运动速度和输出力。双杆双作用气缸应用较少，常用于气动加工机械及包装机械设备上。

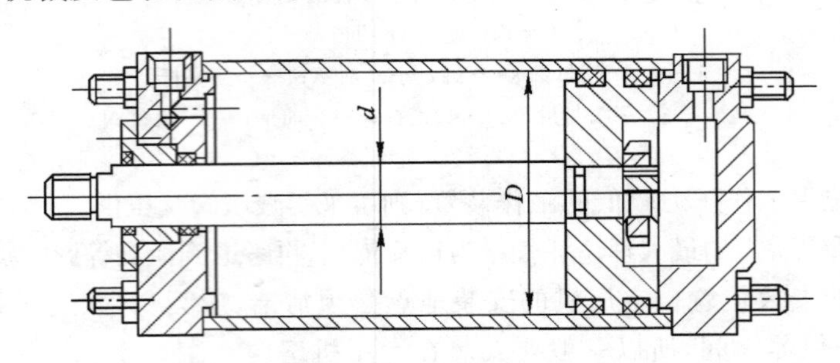

图 5-1-3 单杆双作用气缸

(2) 气-液阻尼缸

气-液阻尼缸由气缸和液压缸组合而成，它以压缩空气为能源，利用油液的不可压缩性和控制流量来获得活塞的平稳运动和调节活塞的运动速度。与气缸相比，它传动平稳，停止精确、噪声小，与液压缸相比，它不需要液压源，经济性好，同时具有气缸和液压缸的优点，因此得到了越来越广泛的应用。气-液阻尼缸有串联式和并联式，下面说明串联式气-液阻尼缸的工作原理。

如图 5-1-4 所示，若压缩空气自 A 口进入气缸左侧，必推动活塞向右运动，因液压缸活塞与气缸活塞是同一个活塞杆，故液压缸也向右运动，此时液压缸右腔排油，油液由 A 口经节流阀而对活塞的运行产生阻尼作用，调节节流阀，即可改变阻尼缸的运动速度；反之，压缩空气自 B 口进入气缸右侧，活塞向左移动，液压缸右侧排油，此时单向阀开启，无阻尼作用，活塞快速向左运动。

(3) 薄膜气缸

图 5-1-5 所示为薄膜气缸，它主要由膜片和中间硬芯相连来代替普通气缸中的活塞，依靠膜片在气压作用下的变形来使活塞杆前进。活塞的位移较小，一般小于 40 mm；平膜片

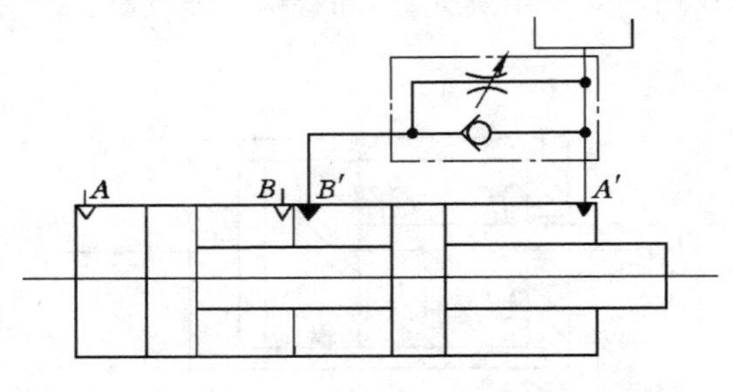

图 5-1-4 串联式气-液阻尼缸

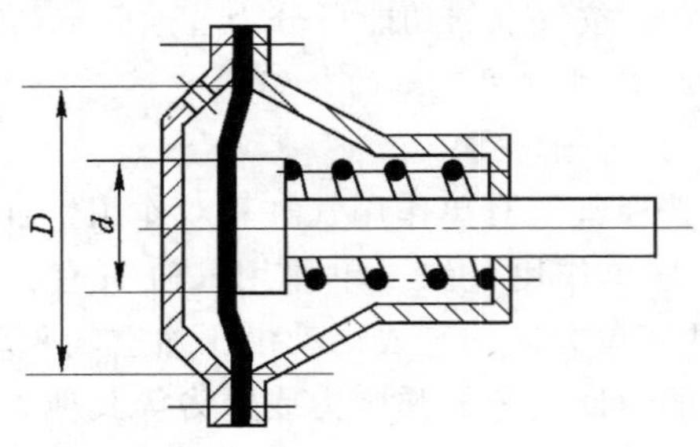

图 5-1-5 薄膜气缸

的行程则是其有效直径的 1/10，有效直径的定义为

$$D_{m}=\frac{1}{3}(D^{2}+Dd+d^{2}) \tag{5-1-1}$$

（4）冲击气缸

如图 5-1-6 所示。冲击气缸是一种较新型的气动执行元件，与普通气缸相比，在结构上增加了一个具有一定容积的蓄能腔和喷嘴。其结构原理为中盖 5 和缸体 8 固定在一起，它和活塞 7 把气缸容积分隔成三部分：蓄能腔 3、活塞腔 2 和活塞杆腔 1。压缩空气进入蓄能腔中，通过喷嘴作用在活塞上。由于此时活塞上端气压作用于面积较小的喷嘴口 4，而活塞下端受压面积较大（一般设计成喷嘴口面积的 9 倍），活塞杆腔的压力虽因排气而下降，但此时活塞下端向上的作用力仍然大于活塞上端向下的作用力。蓄能腔进一步充气，压力继续增大，活塞杆腔的压力继续降低，活塞上下端的压差逐渐达到能够驱使活塞向下移动，活塞一旦离开喷嘴，蓄能腔内的高压气体突然通过喷嘴口作用在活塞上端的全面积上，使活塞在很大的压力差作用下迅速加速，在很短的时间内获得很大的动能，在冲程达到一定时，获得最大冲击速度和能量，利用这个能量对工件进行冲击做功，可以产生很大的冲击力。冲击气缸广泛应用于锻造、冲压、下料及压坯等方面。

（5）摆动式气缸

摆动式气缸是将压缩空气的压力能转变成气缸输出轴的有限回转的机械能，多用于安装位置受到限制，或转动角度小于 360°的回转工作部件，如夹具的回转、阀门开启、自动线上物料的转位等场合。如图 5-1-7 所示，其工作原理与摆动液压缸相同。

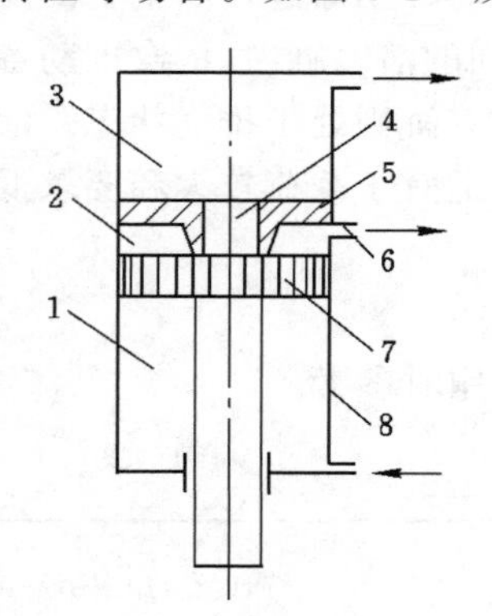

图 5-1-6　冲击气缸结构原理图

1——活塞杆腔；2——活塞腔；3——蓄能腔；
4——喷嘴口；5——中盖；6——泄气口；
7——活塞；8——缸体

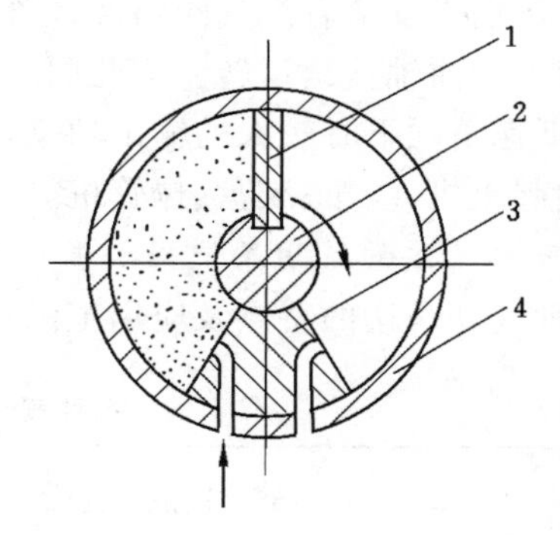

图 5-1-7　摆动式气缸

1——叶片；2——转子；
3——定子；4——缸体

（二）气动马达

气动马达是将压缩空气的压力能转换成旋转的机械能的装置，在气压传动中使用最广泛的是叶片式气动马达和活塞式气动马达。

1. 叶片式气动马达

如图 5-1-8(a)所示，当压缩空气从 A 口进入气室时，驱使叶片带动转子逆时针旋转，产生转矩。废气从排气口 C 排出，而残留气体则从 B 口排出。如需改变气动马达旋转方向，

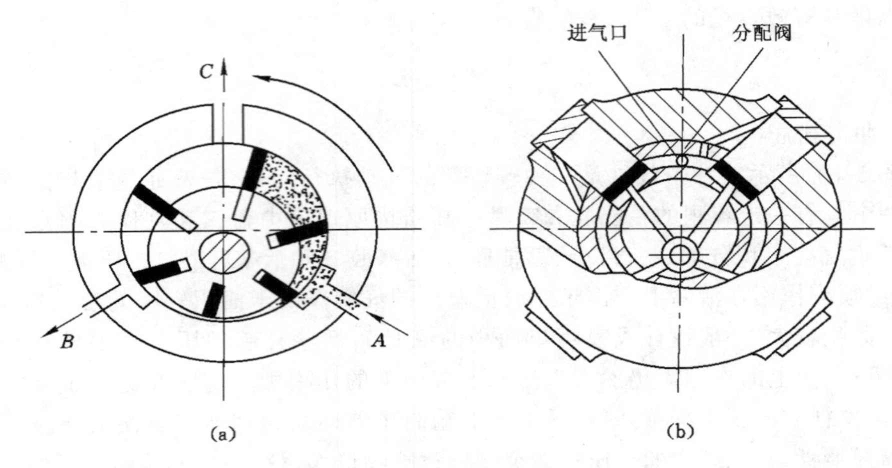

图 5-1-8 气动马达原理图
(a) 叶片式;(b) 活塞式

只需改变进、排气口即可。叶片式气动马达制造简单,结构紧凑,但低速转动时转矩小,低速性能不好,适用于中、低功率的机械,目前在矿山及风动工具中应用普遍。

2. 活塞式气动马达

图 5-1-8(b)所示是径向活塞式气动马达的原理图。压缩空气由进气口经配气阀配气后再进入气缸,推动活塞及连杆组件运动,使曲轴旋转。同时带动固定在曲轴上的配气阀同步转动,使压缩空气随着配气阀角度位置的改变而进入不同的活塞缸内,依次推动各个活塞运动,从而带动曲轴连续运转。与此同时,与进气缸相对的气缸则处于排气状态。活塞式气动马达在低速情况下有较大的输出功率,它的低速性能好,适宜于载荷较大和要求低速转矩的机械,如起重机、绞车、绞盘、拉管机等。

3. 气动马达的选用及使用要求

各种气动马达的特点及应用范围见表 5-1-1,可供选用时参考。

表 5-1-1 各种气动马达的特点及应用范围

形式	转矩	速度	功率/kW	每千瓦耗气量 $Q/(m^3 \cdot min^{-1})$	特点及应用范围
叶片式	低转矩	高速	1～3	小型:1.8～2.3 大型:1.0～1.4	制造简单,结构紧凑,但低速启动转矩小,低速性能不好。适用于要求低中功率的机械,如手提工具、复合工具、传送带、升降机、泵、拖拉机等
活塞式	中高转矩	低速或中速	0.7～25	小型:1.9～2.3 大型:1.0～1.4	低速时有较大的功率输出和较好的转矩特性。启动准确,且启动和停止特性均较叶片式好,适用于载荷较大和要求低速转矩较高的机械,如手提工具、起重机、绞车、绞盘、拉管机等
薄膜式	高转矩	低速	<1	1.2～1.4	适用于控制要求很精确、启动转矩极高和速度低的机械

任务实施

一、实训项目:空气压缩机的结构分析与运行

(1) 根据实训装置上配套的空气压缩机,分析空气压缩机的结构及组成;

(2) 通过连接简单气压回路,启动运行;

(3) 填写工作页相关实训报告任务。

二、实训项目:气缸的结构分析与运行

(1) 根据实训装置上配套的单杆活塞式和双杆活塞式气缸,分析气缸的结构;

(2) 通过连接简单气压回路,启动运行,分析其性能参数。

(3) 填写工作页相关实训报告任务。

思考与练习

1. 气源为什么要净化? 气源装置主要由哪些元件组成?
2. 简述活塞式空气压缩机的工作原理。
3. 画出串联式气-液阻尼缸原理图,说明工作原理。
4. 画出冲击气缸原理图,说明工作原理。

任务二　气动辅助元件

任务概述

一、任务描述

在气动控制系统中,工作介质来源于大气,必须具有一定的净化程度。另外,气压传动系统工作时其压力脉动和噪声大、稳定性和对系统润滑性差等,这些因素将直接影响气压传动系统的正常工作,所以,气动辅助元件是气压传动系统不可缺少的组成部分。

二、任务要求

(1) 知识要求:了解气动辅助元件的作用;掌握气动辅助元件的使用方法。

(2) 能力要求:能够正确选用气动辅助元件;能够正确地将各辅助元件连接在气动回路中。

相关知识

使用辅助元件对空气压缩机产生的压缩空气进行处理,以便达到气动系统的使用要求。常用的气动辅助元件主要有冷却器、过滤器、干燥器、消声器和油雾器等。

一、冷却器

当气体受到压缩时,气体体积缩小,压强增大,温度随之升高,因此空气压缩机的排气温度一般可达 140～170 ℃。冷却器安装于空气压缩机的排气口,用来冷却排出的压缩空气,并将其中在高温下汽化的水汽、油雾等冷凝成水滴和油滴析出。冷却器有风冷式和水冷式两种,一般采用水冷式。图 5-2-1 所示为蛇管式冷却器,热压缩空气在冷水蛇形管外流动,

通过管壁冷却。应注意冷却水与热空气的流动方向相反，以达到较佳的冷却效果。除蛇管式外，水冷式冷却器还有套管式、列管式、散热片式和板式等。

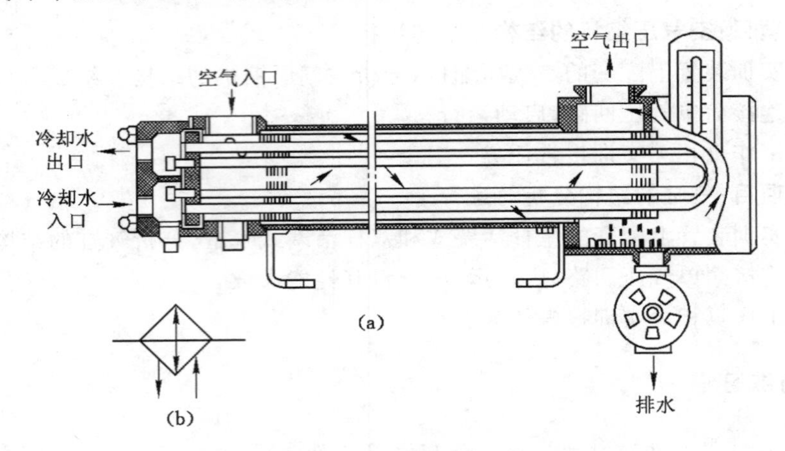

图 5-2-1　蛇管式冷却器

(a) 结构原理；(b) 图形符号

二、储气罐

储气罐用来储存空气压缩机排出的气体，可以减小输出压缩空气的压力脉动，增大其压力稳定性和连续性，进一步分离水分和油分等杂质，并在空气压缩机意外停机时，避免气动系统立即停机。储气罐一般采用圆筒状焊接结构，有立式和卧式两种，大多为立式。如图 5-2-2 所示，立式储气罐的高度 H 为其内径 D 的 2～3 倍，进气口在下，出气口在上，而且应尽量使二者间距离较远，以利于分离油、水等杂质。在生产实践中，冷却器、除油器和储气罐三者一体的结构形式现在已有应用，使得压缩空气站的设备大为简化。同时，每个储气罐应有以下附件：

(1) 安全阀。调整极限压力，通常比正常工作压力高 10%。

(2) 清理、检查用的孔口。

(3) 指示储气罐罐内空气压力的压力表。

(4) 储气罐底部应有排放油、水的接管。

在选择储气罐的容积 V_c 时，一般都是以空气压缩机每分钟的排气量 q 为依据选择的，即：

(1) 当 $q<6.0\ \mathrm{m^3/min}$ 时，取 $V_c=1.2\ \mathrm{m^3}$；

(2) 当 $q\geqslant 6.0\sim 30\ \mathrm{m^3/min}$ 时，取 $V_c=1.2\sim 4.5\ \mathrm{m^3}$；

(3) 当 $q>30\ \mathrm{m^3/min}$ 时，取 $V_c=4.5\ \mathrm{m^3}$。

三、除油器

除油器又称为油水分离器，用于分离压缩空气中凝聚的水分和油分等杂质，以初步净化空气。除油器有撞击挡板式、环形回转式、离心旋转式和水浴式等。图 5-2-3 所示为撞击挡板式除油器。压缩空气从入口进入，受到隔离板的阻挡转而向下流动，再折返向上回升并形成环形气流，气体最后通过除油器上部从出口流出。空气流动过程中，由于油分和水分的密度比空气大，在惯性力和离心力的作用下分离析出，沉降于除油器底部，定期打开阀门排出。

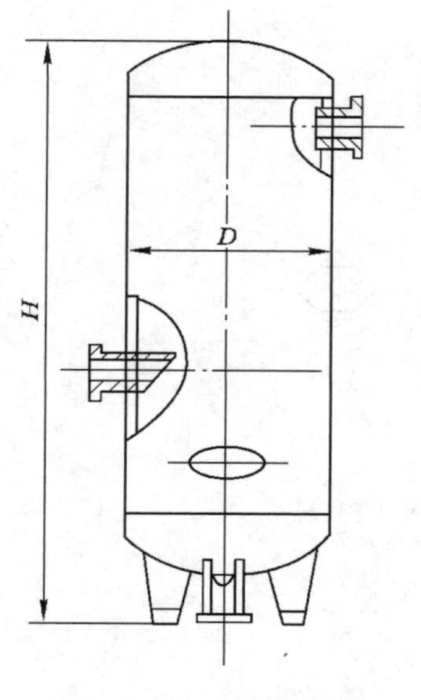

图 5-2-2　立式储气罐

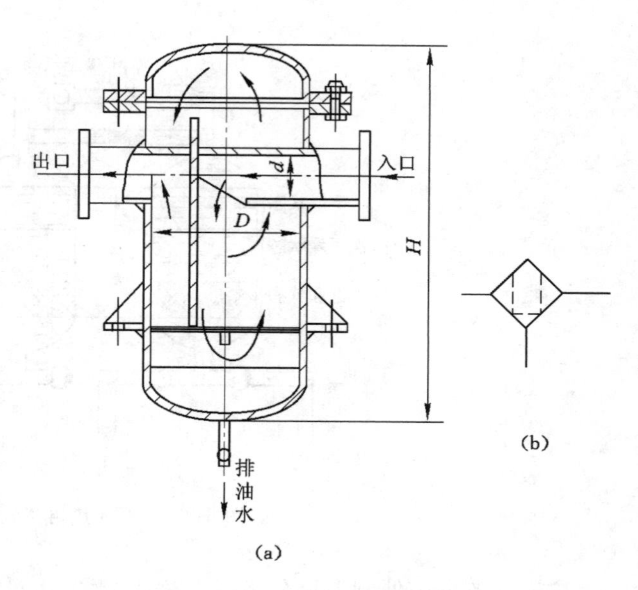

图 5-2-3　撞击挡板式除油器
(a) 结构原理；(b) 图形符号

四、空气干燥器

经过冷却器、除油器和储气罐三者初步净化处理后的压缩空气已能满足一般气动系统的使用要求，但对于一些精密机械和仪表等装置，还需进行进一步的干燥和精过滤处理，为防止初步净化后的气体中的含湿量对精密机械、仪表产生锈蚀，需要进行干燥和再精过滤。目前使用的干燥器主要有冷冻式、吸附式。

(1) 冷冻式干燥器。它是使压缩空气冷却到一定的露点温度，然后析出相应的水分，使压缩空气达到一定的干燥度。此方法适用于处理低压大流量，并对干燥度要求不高的压缩空气。压缩空气的冷却除用冷却设备外也可用制冷剂直接蒸发，或用冷却液间接冷却。

(2) 吸附式干燥器。它主要是利用硅胶、活性氧化铝、焦炭、分子筛等物质表面能吸附水分的特性来清除水分的。由于水分和这些干燥剂之间没有化学反应，所以不需要更换干燥剂，但必须定期再生干燥。

图 5-2-4 所示为一种不加热再生式干燥器，它有两个填满干燥剂的相同容器。空气从一个容器的下部流到上部，水分被干燥剂吸收而得到干燥，一部分干燥后的空气又从另一个容器的上部流到下部，从饱和的干燥剂中把水分带走并放入大气，即实现了不须外加热源而使吸附剂再生。Ⅰ、Ⅱ两容器定期的交换工作（一般为 5～10 min）使吸附剂产生吸附和再生，这样可得到连续输出的干燥压缩空气。

五、空气过滤器

空气中所含的杂质和灰尘，若进入机体和系统中，将加剧相对滑动件的磨损，加速润滑油老化，降低密封性能，使排气温度升高，功率损耗增加，从而使压缩空气的质量大为降低。所以在空气进入压缩机之前，必须经过空气过滤器，以滤去其中所含的灰尘和杂质。过滤的原理是根据固体和空气分子的大小和质量不同，利用惯性、阻隔和吸附的方法将灰尘和杂质与空气分离。

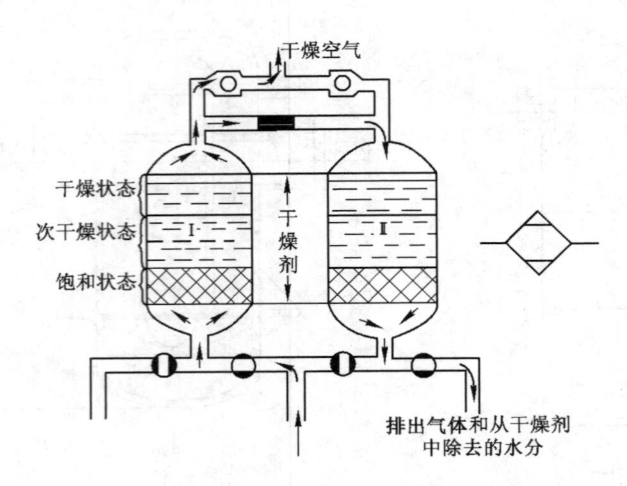

图 5-2-4　不加热再生式干燥器

按过滤效率由低到高可分为一次过滤器、二次过滤器和高效过滤器三种。

一次过滤器也称简易空气过滤器，由壳体和滤芯组成，滤芯材料多为纸质或金属。空气在进入空气压缩机之前必须先经过一次过滤器的过滤。

二次过滤器也称空气过滤器或分水滤气器，图 5-2-5 所示为手动式空气过滤器结构简图。压缩空气由输入口引入带动高速旋转的旋风叶子 1，其上开有许多成一定角度的缺口，迫使空气沿切线方向强烈旋转，从而使空气中的水分、油分等杂质因离心力而被分离出来，沉降于存水杯 3 的底部，然后空气通过中间的滤芯 2 得到再次过滤，最后经输出口输出。挡

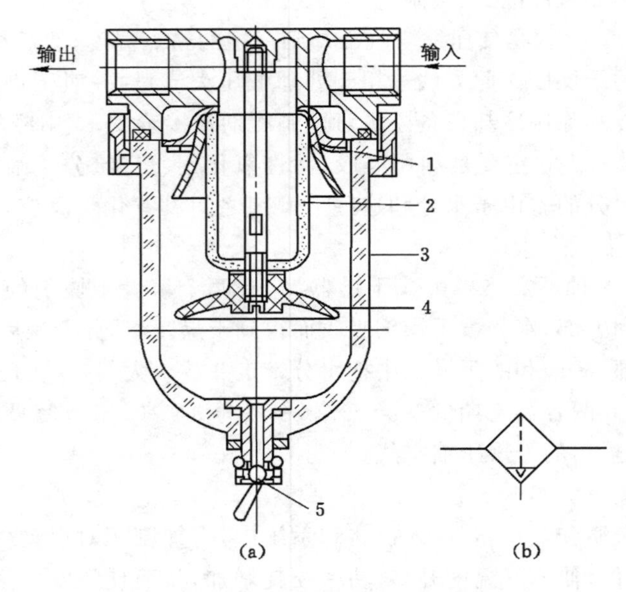

图 5-2-5　手动式空气过滤器

(a) 结构原理；(b) 图形符号

1——旋风叶子；2——滤芯；3——存水杯；4——挡水板；5——手动排水阀

水板 4 的作用是防止水杯底部的污水被卷起，污水可通过定期打开手动排水阀 5 排出。某些不便手动操作的场合，可采用自动排水装置。

六、油雾器

气动系统中的气动控制阀、气动马达和气缸等大都需要润滑。油雾器是一种特殊的润滑装置，它可将润滑油雾化后混合于压缩空气中，并随其进入需要润滑的部位。这种润滑方法具有润滑均匀、稳定，耗油量少和不需要大的储油设备等优点。过滤器、油雾器和减压阀常组合使用，统称气动三大件。

图 5-2-6 所示为普通油雾器的结构示意图。气动系统在正常工作时，压缩空气经气流入口 1 进入油雾器，大部分经出口 4 输出，一小部分通过小孔 2 进入截止阀 10，在钢球 12 的上下表面形成压力差，和弹簧力相平衡，钢球处于阀座的中间位置，压缩空气经阀 10 侧面的小孔进入储油杯 5 的上腔 A，使油面压力增高，润滑油经吸油管 11 向上顶开单向阀 6，继续向上再经可调节流阀 7 流入视油器 8 内，最后滴入喷嘴小孔 3 中，被从入口到出口的主管道中通过的气流引射出来成雾状，随压缩空气输出。

当气动系统不工作即没有压缩空气进入油雾器时，钢球在弹簧力的作用下向上压紧在截止阀 10 的阀座上，封住加压通道，阀处于截止状态。

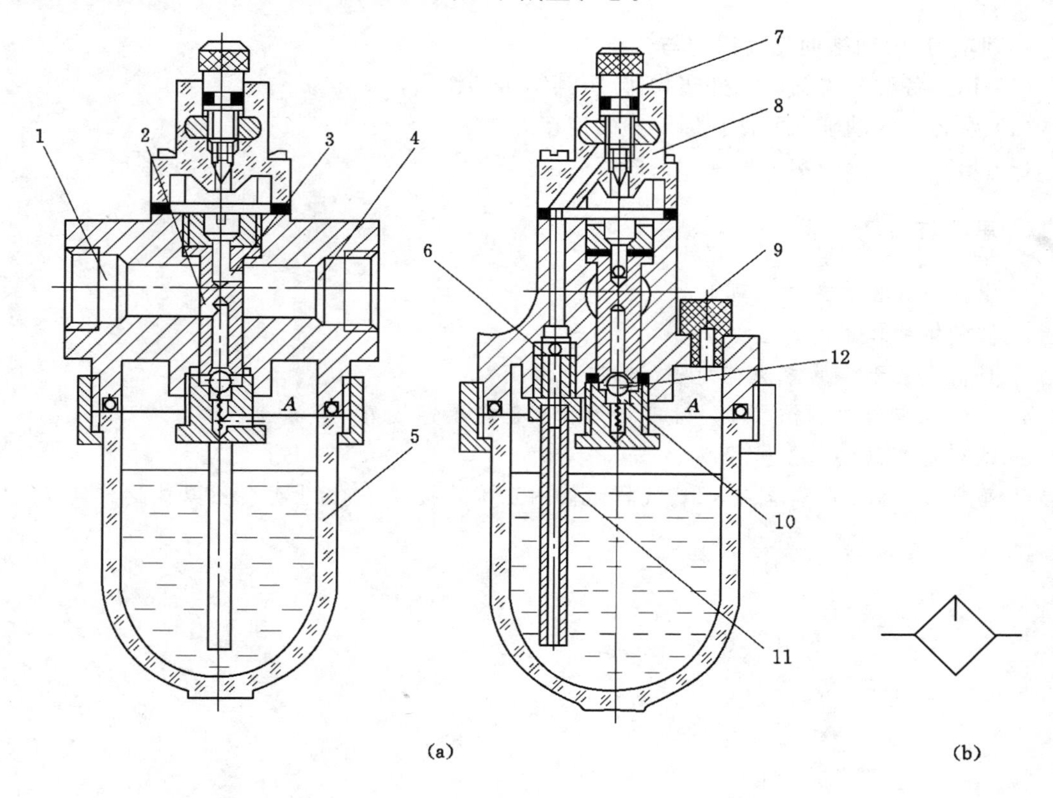

图 5-2-6　普通油雾器

(a) 结构原理；(b) 图形符号

1——气流入口；2，3——小孔；4——出口；5——储油杯；6——单向阀；

7——节流阀；8——视油器；9——油塞；10——截止阀；11——吸油管；12——钢球

在气动系统正常工作过程中，若需向储油杯5中添加润滑油时，可以不停止供气而实现加油。此时只需拧松油塞9，储油杯5的上腔A立即和外界大气沟通，油面压力下降至大气压，钢球在其上方的压缩空气的作用下向下压紧在截止阀10的阀座上，封住加压通道；同时由于吸油管11中的油压下降，单向阀6也处于截止状态，防止压缩空气反向通过节流阀7和吸油管11倒灌入储油杯5，从而实现气动系统在不停气的情况下添加润滑油。

七、消声器和转换器

气动系统用后的压缩空气一般直接排入大气，由于气体体积急剧膨胀而产生刺耳的噪声。为降低噪声，可在气动装置的排气口安装消声器。常用的消声器按消声原理不同，可分为吸收型消声器、膨胀干涉型消声器和膨胀干涉吸收复合型消声器三种。

气动控制系统中经常综合应用到气、电、液三方面，例如利用电来产生、处理和输送电信号，利用气动进行控制，最后通过液力驱动等。转换器即是实现气、电、液三者间信号相互转换的辅助元件。常用的转换器有气—电、电—气和气—液等。

消声器和转换器的具体结构形式和原理可参考相关资料，本书不再赘述。

任务实施

实训项目：气动辅助元件识别与分析

(1) 识别各种气动辅助元件实物，分析其结构和作用；

(2) 熟悉各气动辅助元件在回路中的连接方法；

(3) 填写工作页中实训报告相关内容。

思考与练习

1. 空气过滤器的工作原理是什么？
2. 储气罐的作用是什么？
3. 目前空气干燥的方法有哪些？其原理如何？
4. 简述油雾器的工作原理。油雾器为什么能在不停气情况下加油？
5. 试述消声器的工作机理。
6. 画出减压阀、油雾器、分水滤气器之间的正确连接顺序，指出为什么只能这样连接。

项目六　气动控制阀与基本回路

任务一　方向控制阀与方向控制回路

任务概述

一、任务描述

气动系统中的控制元件是控制和调节压缩空气的压力、流量、流动方向和发送信号的重要元件。气动控制元件可分为压力控制阀、流量控制阀、方向控制阀和气动逻辑元件等。气动基本回路主要有方向控制回路、压力控制回路、速度控制回路等。本任务学习气动方向控制阀与方向控制回路。

二、任务要求

(1) 知识要求:掌握气动或门、与门型梭阀的工作原理;掌握气动快速排气阀的工作原理;掌握各种气动换向阀的工作原理。

(2) 能力要求:能根据实物识别各种气动方向控制阀;能根据气动回路工作要求正确选用换向阀;能正确设计出基本的气动换向回路;能正确连接气动基本换向回路,并启动运行;能排查基本回路运行过程中出现的故障。

相关知识

方向控制阀是气动系统中应用最多的一种元件,用以改变压缩空气的流动方向和气流的通断,从而控制执行元件的启动、停止及其运动方向。按阀内气体的流动方向分类,方向控制阀可分为单向型和换向型两种。

一、方向控制阀的结构与工作原理

(一) 单向型控制阀

单向型控制阀只允许气流向一个方向流动,包括单向阀、或门型梭阀、与门型梭阀和快速排气阀等。单向阀的工作原理、结构和图形符号与液压阀类似,不再赘述。

1. 或门型梭阀

或门型梭阀相当于两个单向阀的组合。如图 6-1-1(a)所示,当压缩空气从 P_1 口进入时,阀芯 2 被推向右边,将 P_2 口关闭,气流从 A 口流出;反之,当压缩空气从 P_2 口进入时,则阀芯被推向左边将 P_1 口关闭,气流从 P_2 口流至 A 口。若 P_1 口和 P_2 口同时进气,则哪端压力高,A 口就与哪端相通,而另一端关闭。或门型梭阀的作用相当于逻辑或,广泛应用于逻辑回路和程序控制回路中。

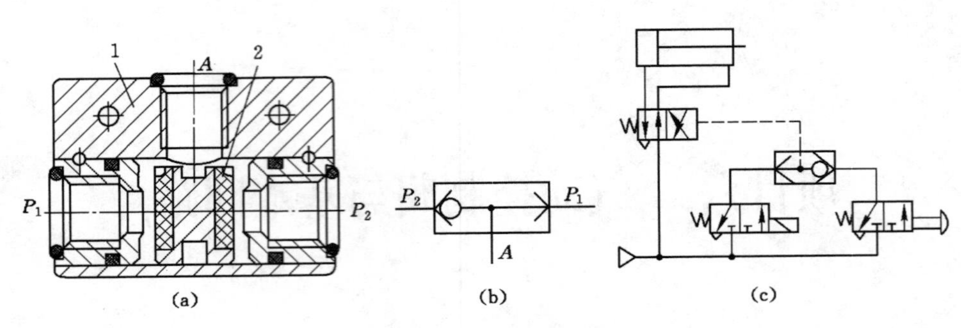

图 6-1-1　或门型梭阀

(a) 结构原理;(b) 图形符号;(c) 应用

1——阀体;2——阀芯

2. 与门型梭阀

它也称双压阀,相当于两个单向阀的组合。如图 6-1-2(a)所示,当仅有 P_1 口或 P_2 口单独供气时,阀芯被推向右端或左端,通入气流的一侧流向 A 口的通路被关闭,无气流输出,但另一侧流向 A 口的通路被打开。当 P_1 口和 P_2 口同时供气时,设 P_1 口气压高,则阀芯被推向右端,将 P_1 口至 A 口的通路切断,而 P_2 口至 A 口的通路被打开,从 P_2 口流入的压缩空气经 A 口输出。可见,只有当 P_1 和 P_2 口都有输入时,才有输出,其作用相当于逻辑与。

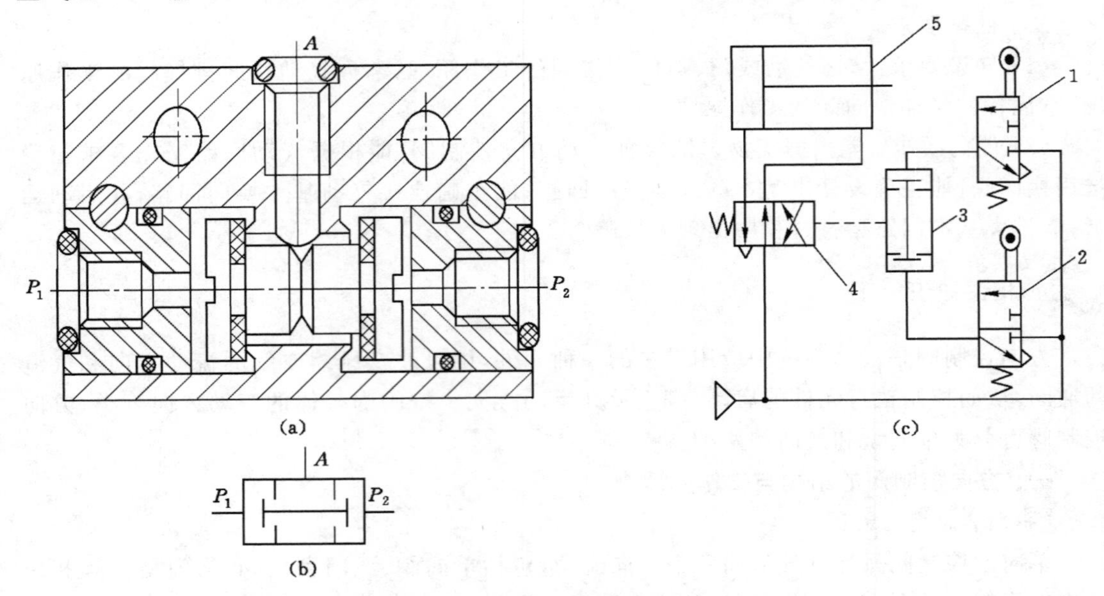

图 6-1-2　与门型梭阀结构图

(a) 结构原理;(b) 图形符号;(c) 应用

1,2——行程阀;3——与门梭型阀;4——换向阀;5——钻孔缸

3. 快速排气阀

快速排气阀可以实现气动元件的快速排气。图 6-1-3(a)所示为膜片式快速排气阀结构简图及图形符号。当 P 口有压缩空气输入时,膜片 1 被压下,封住 O 口,气流经膜片四周小孔流至 A 口输出。当 P 口无压缩空气输入时,在 A 口和 P 口的压差作用下,膜片被立即顶

起，封住 P 口，气流自 O 口直接流至 A 口排出，排气速度很快。

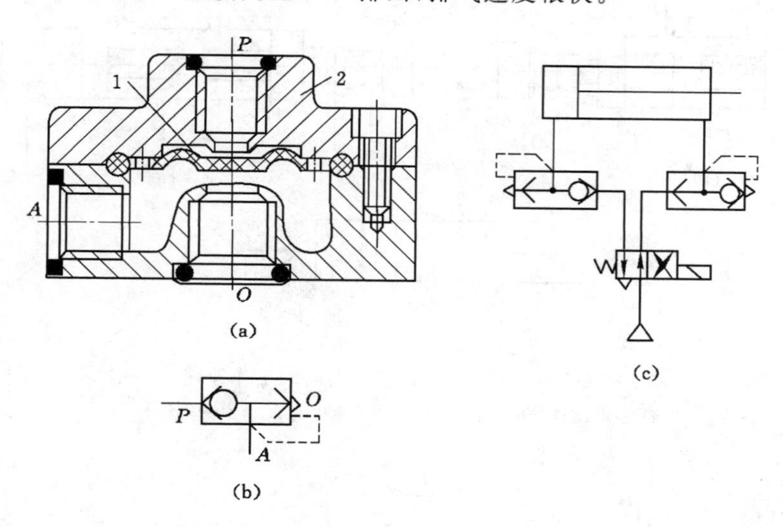

图 6-1-3　膜片式快速排气阀结构图

(a) 结构原理；(b) 图形符号；(c) 应用

1——膜片；2——阀体

（二）换向型方向控制阀(换向阀)

换向型方向控制阀的功用是改变气体通道使气体流动方向发生变化，从而改变气动执行元件的运动方向。与液压换向阀类似，气动换向型方向控制阀按切换位置和管路接口的数目也可分为几位几通阀。另外，根据其控制方式的不同，又可分为气压控制、电磁控制、机械控制、手动控制和时间控制阀等。气动换向型方向控制阀的结构、工作原理和图形符号与液压换向阀类似。图 6-1-4 所示为单电磁铁换向阀工作原理；图 6-1-5 所示为双电磁铁直动式换向阀工作原理；图 6-1-6 所示为双电磁铁先导式换向阀工作原理。这些换向阀及机动控制换向阀、手动控制换向阀与相应的液动阀类似，这里不再赘述。下面分析时间控制换向阀的工作原理。

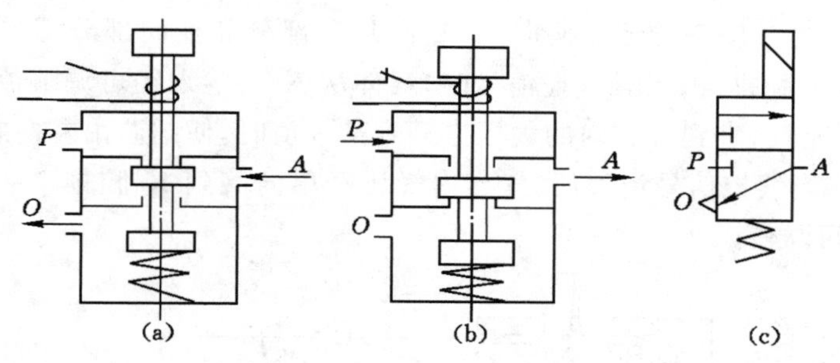

图 6-1-4　单电磁铁换向阀工作原理

(a) 电磁铁失电时；(b) 电磁铁带电时；(c) 电磁阀符号

时间控制换向阀是使气流通过气(如小孔、缝隙等)节流后到气容(储气空间)中，经一定时间气容内建立起一定压力后，再使阀芯换向的阀。在不允许使用时间继电器的场合(如易燃、易爆、粉尘等)，用气动时间控制就显示出其优越性。

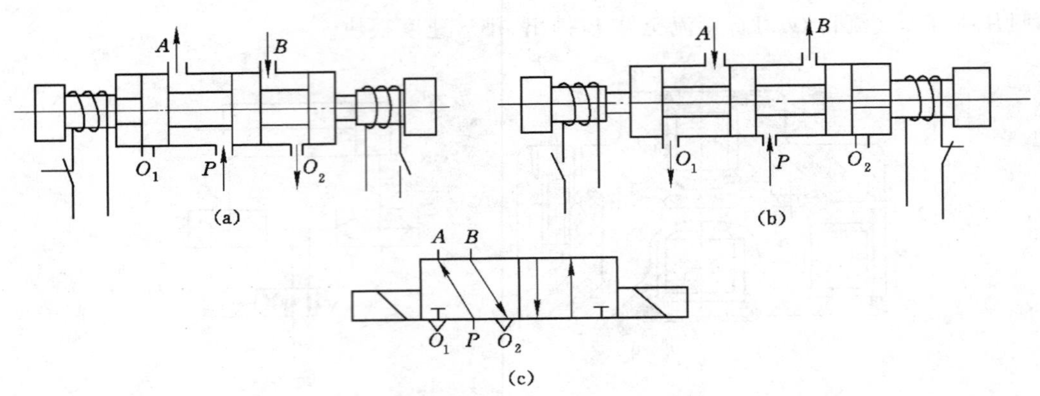

图 6-1-5　双电磁铁直动式换向阀工作原理

(a) 左电磁铁带电时；(b) 右电磁铁带电时；(c) 电磁阀符号

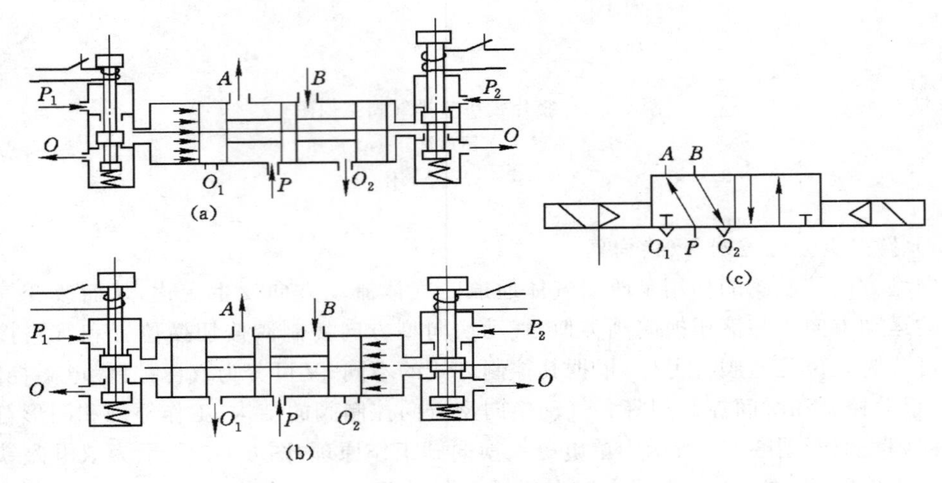

图 6-1-6　双电磁铁先导式换向阀工作原理

(a) 左先导阀电磁铁带电时；(b) 右先导阀电磁铁带电时；(c) 先导式换向阀符号

图 6-1-7 所示为二位三通延时换向阀，它由延时部分和换向部分组成。当无气控信号时，P 与 A 断开，A 腔排气；当有气控信号时，气体从 K 腔输入经可调节流阀节流后到气容 a 内，使气容不断充气，直到气容内的气压上升到某一值时，使阀芯由左向右移动，使 P 与 A 接通，A 有输出。当气控信号消失后，气容内气压经单向阀到 K 腔排空。这种阀的延时时间可在 0～20 s 间调整。

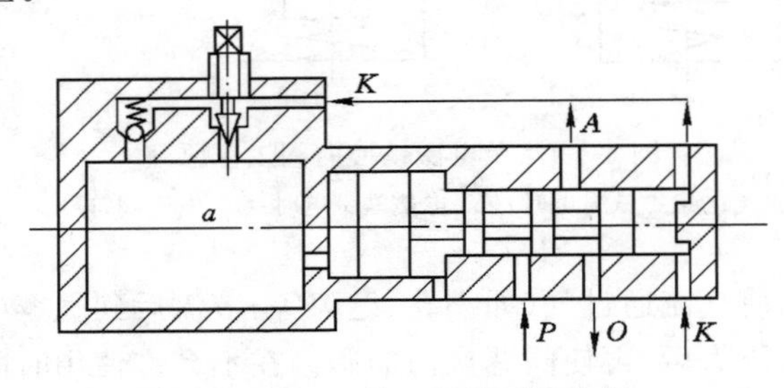

图 6-1-7　二位三通延时换向阀

二、气动方向控制回路分析

（一）单作用气缸换向回路

图 6-1-8 所示为单作用气缸换向回路。图(a)所示为由二位三通电磁阀控制的换向回路。当换向阀电磁铁通电时，活塞杆在气压作用下伸出，而断电时换向阀复位，活塞杆在弹簧力作用下缩回。图(b)所示为由三位四通电磁阀控制的换向回路，它能在换向阀两侧电磁铁均断电，即中位工作时，使气缸停留在任意位置。但由于气体的可压缩性，活塞的定位精度不高，而且停止时间不能过长。

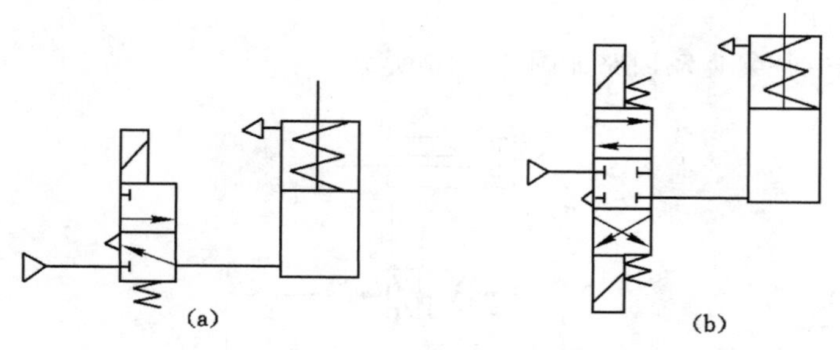

图 6-1-8　单作用气缸换向回路

(a) 二位三通电磁阀控制；(b) 三位四通电磁阀控制

（二）双作用气缸换向回路

双作用气缸换向回路如图 6-1-9 所示。图(a)所示是单一端气控的五通阀控制的换向回路；图(b)所示是两端电磁铁控制的二位四通阀的换向回路。图(c)和图(d)所示分别为由双气控二位五通阀和中位封闭式双气控三位五通阀控制的换向回路。这些回路的分析方法和液压回路相似，但应注意不能在换向阀两侧同时操作电磁铁线圈按钮或加等压气控信号，否则气缸易出现误动作。

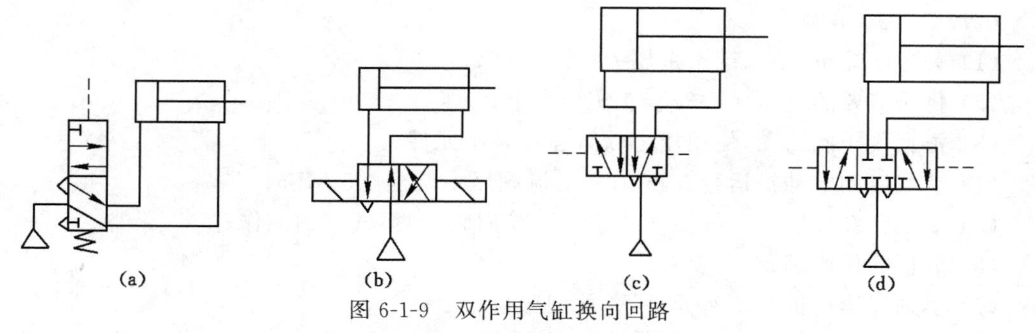

图 6-1-9　双作用气缸换向回路

(a) 单一端气控的五通阀控制；(b) 两端电磁铁控制；

(c) 双气控二位五通阀控制；(d) 中位封闭式双气控三位五通阀控制

任务实施

实训项目：双气控气动单缸往复运动回路连接与分析

（一）实训目的

(1) 熟悉气动换向阀的结构与工作原理；

(2) 能够正确选用回路所需气动元件；

(3) 能够正确连接双气控单缸往复运动回路；

(4) 能够分析气缸运动原理；

(5) 能够启动运行，并排查故障。

(二) 实训装置及元件

YL-224B 型液压气动实训装置、压缩机、气缸一个、双气控二位五通换向阀一个、按钮式二位三通换向阀两个、气动三联件一个、压力软管若干、三通若干。

(三) 实训回路图

双气控气动单缸往复运动回路如图 6-1-10 所示。

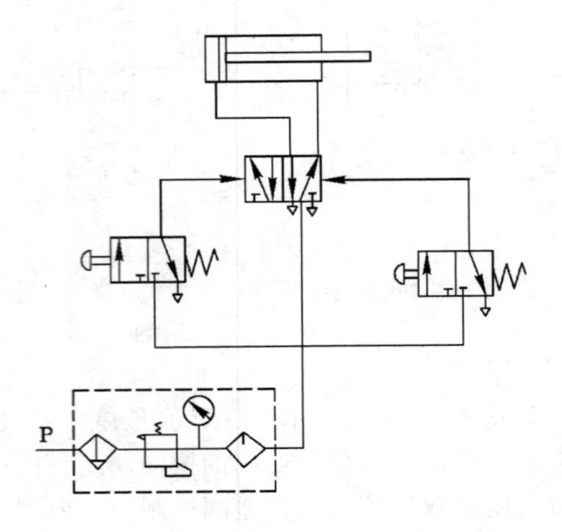

图 6-1-10 双气控气动单缸往复运动回路

(四) 实训步骤

(1) 关掉压缩机，使系统不带压力；

(2) 将所需要的气压元件安装在实训台上；

(3) 根据气压回路图，使用压力软管连接各个元件；

(4) 空载启动电动机运行 5 min，将溢流阀压力调至 0.5 MPa；

(5) 双手交替按压两个按钮式二位三通换向阀，观察气缸的动作；

(6) 分析动作原理；

(7) 实训完毕后拆卸所有元件，并放回原位；

(8) 填写工作页中实训报告相关内容。

(五) 实训注意事项

(1) 关掉压缩机后连接回路；

(2) 认真检查无误后方可通电；

(3) 正确拿放各种气压元件；

(4) 注意保护环境卫生。

思考与练习

1. 画出下列气动元件图形符号。

(1) 与门型梭阀　　(2) 或门型梭阀　　(3) 快速排气阀

2. 延时回路相当于电气元件中的什么元件?

3. 气动系统双压阀的作用相当于逻辑元件中的__________;气动系统的梭阀作用相当于逻辑元件中的__________;气动系统的快速排气阀是指气缸在排气时气体不经过__________而直接排出。

任务二　压力控制阀与压力控制回路

任务概述

一、任务描述

压力控制阀主要用来控制系统中气体的压力,满足各种压力要求或节能。气动压力控制阀有溢流阀、减压阀和顺序阀。压力控制阀的工作原理是利用阀芯上压缩空气的作用力和弹簧力相平衡的原理来工作的。由压力控制阀所控制的相应回路为压力控制回路。

二、任务要求

(1) 知识要求:掌握气动压力控制阀的结构组成与工作原理;掌握气动压力控制阀的功能;掌握气动压力控制阀的工作特性;掌握气动压力控制阀所控制的基本回路。

(2) 能力要求:能识别各种气动压力控制阀;能正确设计出基本的压力控制回路;能正确连接各压力控制回路,并启动运行;能排查各回路运行过程中出现的故障。

相关知识

一、气动压力控制阀的结构与工作原理

(一) 溢流阀的结构与工作原理

一方面,安全阀保证当输入压力在一定范围内改变时,输出压力保持不变;另一方面,当管路中压力超过允许压力时,为了保证系统的工作安全,利用安全阀实现自动排气,以使系统的压力下降。溢流阀按控制形式分为直动式和先导式两种。图 6-2-1 所示为直动式溢流阀的工作原理图。

当气动系统中的压力超过设定值时,溢流阀自动打开并排气,以降低系统压力,保证系统安全。当气动系统工作时,由 P 口进入压缩空气,当进气压力低于弹簧的调定压力,即 $p<p_t$时,阀口被阀芯关闭,如图 6-2-1(a)所示,溢流阀不工作;而当系统压力逐渐升高并作用在阀芯上的气体压力略大于等于弹簧的调定压力,即 $p\geqslant p_t$时,阀芯被向上顶开,溢流阀阀芯开启实现溢流,如图 6-2-1(b)所示,保持溢流阀的进气压力稳定在调定压力值上。

先导式溢流阀与直动式溢流阀类似,但需加装一个减压阀作为其先导阀,由减压阀设定压力来代替直动式溢流阀中弹簧的调定压力,其流量特性更好。

(二) 减压阀的结构与工作原理

气动系统中,一般气源压力都高于每台设备所需的压力,而且许多情况下是多台设备共

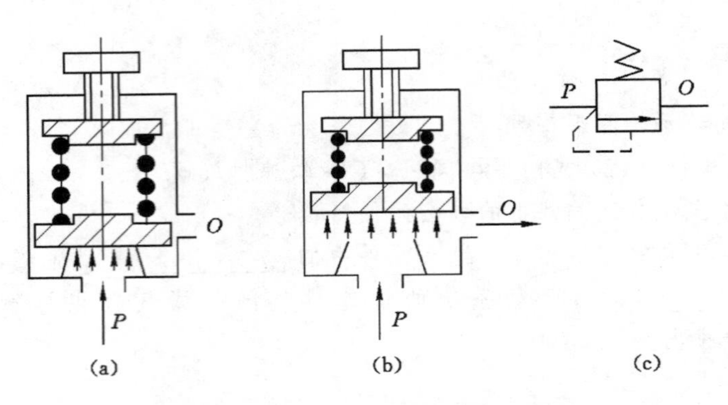

图 6-2-1　直动式溢流阀工作原理

(a) $p<p_t$；(b) $p\geqslant p_t$；(c) 图形符号

用一个气源。利用减压阀可以将气源压力降低到各个设备所需的工作压力，并保持出口压力稳定。气动减压阀也称为调压阀，与液压减压阀一样，都是以阀的出口压力作为控制信号。调压阀按调压方式不同可分为直动式和先导式，图 6-2-2 所示为直动式减压阀的结构原理图。

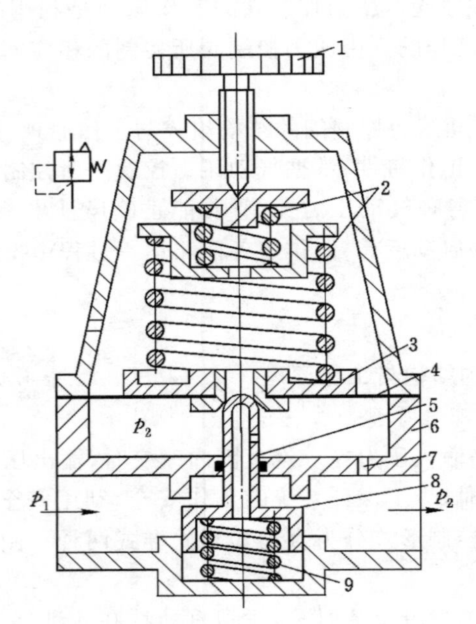

图 6-2-2　直动式减压阀的结构原理

1——调整手柄；2——调压弹簧；3——下弹簧座；4——膜片；
5——阀芯；6——阀套；7——阻尼孔；8——阀口；9——复位弹簧

当顺时针方向转动调整手柄 1 时，调压弹簧 2(实际上有两个弹簧)推动下弹簧座 3、膜片 4 和阀芯 5 向下移动，使阀口开启，气流通过阀口后压力降低，从右侧输出二次压力气。与此同时，有一部分气流由阻尼孔 7 进入膜片室，在膜片下产生一个向上的推力与弹簧力平衡，调压阀便有稳定的压力输出。当输入压力 p_1 增高时，输出压力 p_2 也随之增高，使膜片下的压力也增高，将膜片向上推，阀芯 5 在复位弹簧 9 的作用下上移，从而使阀口 8 的开度减小，节流作用增强，使输出压力降低到调定值为止；反之，若输入压力下降，则输出压力也随之下降，膜片下移，阀口开度增大，节流作用降低，使输出压力回升到调定压力，以维持压力稳定。

调整手柄 1 可以控制阀口开度的大小，即可控制输出压力的大小。调压时，应从低向高调，直到调至设定压力为止。阀不用时应将调整手柄 1 放松，以避免膜片 4 变形。

（三）顺序阀的结构与工作原理

顺序阀是依靠气路中压力的大小来使阀芯启闭，从而控制系统中各个执行元件先后顺序动作的压力控制阀，其工作原理与液压顺序阀基本相同。顺序阀常与单向阀组合成单向顺序阀。如图 6-2-3 所示，若压缩空气自 P 口进入，当作用在阀芯 3 上的气体压力产生的作用力大于等于弹簧力时，阀芯 3 被向上顶开，气流经 A 口输出。若气流反向流动，压缩空气自 A 口流入时，气体作用力将单向阀 4 顶开，气流经 P 口流出。调节旋钮 1 即可调节单向顺序阀的开启压力。

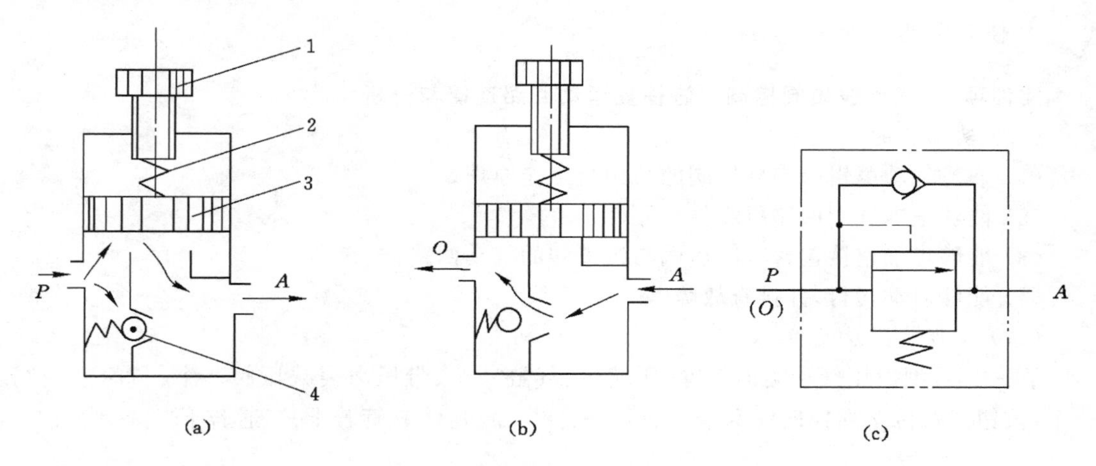

图 6-2-3　单向顺序阀工作原理图

(a) 压缩空气自 P 口流入；(b) 压缩空气自 A 口流入；(c) 图形符号

1——旋钮；2——弹簧；3——活塞；4——单向阀

二、气动压力控制回路分析

压力控制回路的功用是使系统保持在某一规定的压力范围内，常用的有一次压力控制回路、二次压力控制回路和高低压转换回路。

（一）一次压力控制回路

一次压力控制回路主要用来控制储气罐内的压力，使其不超过规定值。其措施是在空压机的出口安装溢流阀，当储气罐内压力达到调定值时，溢流阀即开启排气。也可在储气罐上安装电接点压力计，当压力达到调定值时，用其直接控制空气压缩机的停止或启动。

（二）二次压力控制回路

为保证气动系统使用的气体压力为一稳定值，多用如图 6-2-4 所示的由空气过滤器—减压阀—油雾器（气动三大件）组成的二次压力控制回路，但要注意，供给逻辑元件的压缩空气不要加入润滑油。

（三）高低压转换回路

该回路利用两个减压阀和一个换向阀控制输出低压或高压气源，如图 6-2-5 所示，若去掉换向阀，就可同时输出高压、低压两种气源。

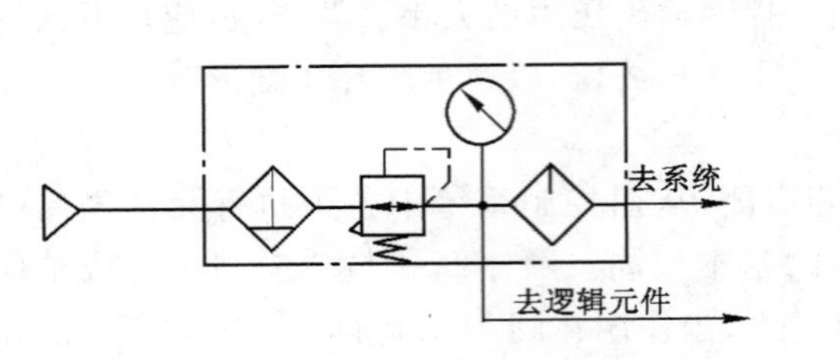

图 6-2-4　二次压力控制回路

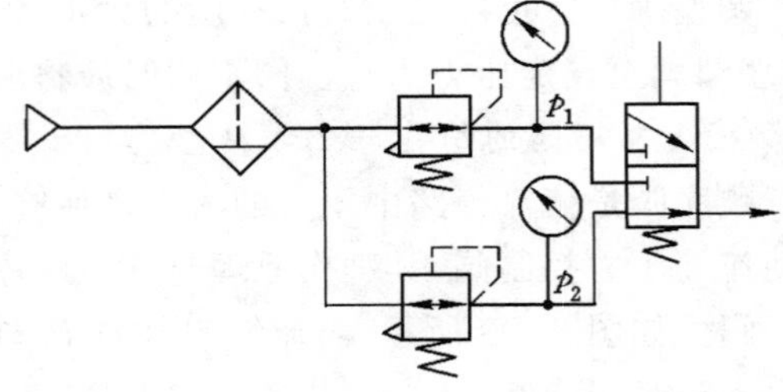

图 6-2-5　高低压转换回路

任务实施

实训项目：气动逻辑阀控制单缸往复运动回路连接与分析

（一）实训目的

（1）熟悉气动逻辑阀与减压阀的结构与工作原理；

（2）能够正确选用回路所需气动元件；

（3）能够正确连接包含有减压阀与逻辑阀的气动回路；

（4）能够启动运行，并排查故障。

（二）实训装置及元件

YL-224B 型液压气动实训装置、压缩机、气缸一个、带压力表减压阀一个、与门型梭阀一个、按钮式二位三通换向阀两个、气动三联件一个、压力软管若干、三通若干。

（三）实训回路图

逻辑阀控制单缸往复运动回路如图 6-2-6 所示。

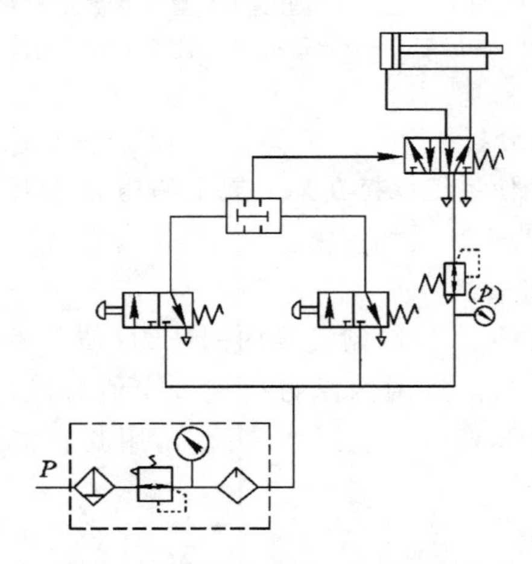

图 6-2-6　逻辑阀控制单缸往复运动回路

（四）实训步骤

(1) 关掉压缩机，使系统不带压力；

(2) 将所需要的气压元件安装在实训台上；

(3) 根据气压回路图，使用压力软管连接各个元件；

(4) 空载启动电动机运行 5 min，将溢流阀压力调至 0.5 MPa；

(5) 双手交替按压两个按钮式二位三通换向阀，观察气缸的动作；

(6) 实训完毕后拆卸所有元件，并放回原位；

(7) 填写工作页中实训报告相关内容。

（五）实训注意事项

(1) 关掉压缩机后连接回路；

(2) 认真检查无误后方可通电；

(3) 正确拿放各种气压元件；

(4) 注意保护环境卫生。

思考与练习

1. 气动系统中常用的压力控制回路有哪些？

2. 减压阀、顺序阀、安全阀这三种压力阀的图形符号有什么区别？它们各有什么用途？

3. 画出下列气动元件职能符号。

(1) 气动溢流阀；(2) 气动减压阀；(3) 气动顺序阀。

任务三　流量控制阀与速度控制回路

任务概述

一、任务描述

在气压传动系统中，经常要求控制气动执行元件的运动速度，这主要靠控制气体流量来实现，这类阀称为流量控制阀。流量控制阀是通过改变阀的通流面积来实现流量控制的元件。流量控制阀包括节流阀、单向节流阀、排气节流阀和柔性节流阀等。

二、任务要求

(1) 知识要求：掌握节流阀与调速阀的结构与工作原理；掌握流量阀控制节流调速回路的速度负载特性；掌握各种调速回路的调速原理。

(2) 能力要求：能正确识别节流阀、调速阀；能正确连接各种调速回路；能正确分析各种调速回路的调速原理与特点。

相关知识

气动流量阀的工作原理与液压的节流阀相似，以下仅对排气节流阀和柔性节流阀作一简要介绍。

一、气动流量控制阀的结构与工作原理

（一）排气节流阀

排气节流阀的节流原理和节流阀一样，也是靠调节通流面积来调节阀的流量的。它们的区别是：节流阀通常是安装在系统中调节气流的流量，而排气节流阀只能安装在排气口处，调节排入大气的流量，以此来调节执行机构的运动速度。图 6-3-1 所示为排气节流阀的工作原理图，气流从 A 口进入阀内，由节流阀 1 节流后经消声套 2 排出。因而它不仅能调节执行元件的运动速度，还能起到降低排气噪声的作用。

排气节流阀通常安装在换向阀的排气口处与换向阀联用，起单向节流阀的作用。它实际上是节流阀的一种特殊形式。由于其结构简单，安装方便，能简化回路，故应用日益广泛。

（二）柔性节流阀

图 6-3-2 所示为柔性节流阀的原理图，依靠阀杆夹紧柔韧的橡胶管而产生节流作用，也可以利用气体压力来代替阀杆压缩橡胶管。柔性节流阀结构简单，压力降低，动作可靠性高，对污染不敏感，通常工作压力范围为 0.3～0.63 MPa。

由于气体的可压缩性，气动流量控制阀的控制精度较低，为提高精度或运动平稳性，可采用气液联动的方式。

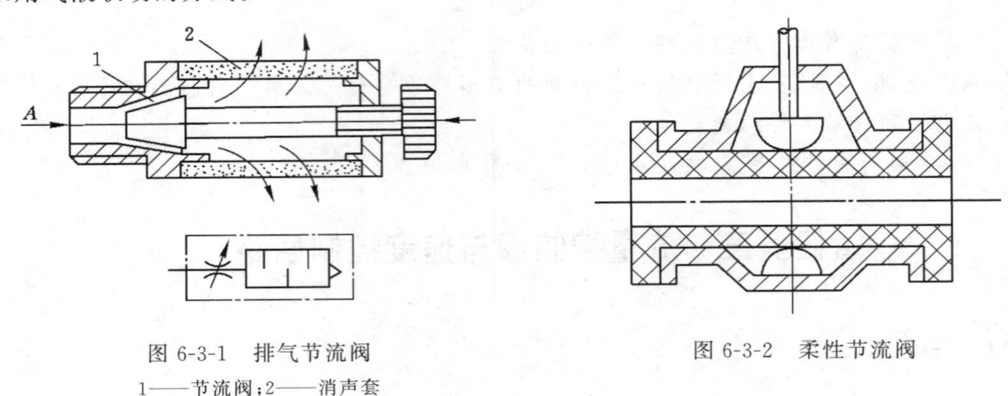

图 6-3-1　排气节流阀

1——节流阀；2——消声套

图 6-3-2　柔性节流阀

二、气动速度控制回路分析

（一）单作用气缸速度控制回路

图 6-3-3(a)所示单作用气缸速度控制回路，用两个相反安装的单向节流阀来分别控制活塞杆的伸出及缩回速度。图 6-3-3(b)所示为快速返回回路，气缸上升时可调速，下降时则通过快速排气阀排气，使气缸快速返回。

（二）双作用气缸速度控制回路

1. 调速回路

图 6-3-4 所示为双作用缸单向调速回路。图 6-3-4(a)所示为节流供气调速回路。图示位置，当气控换向阀不换向时，进入气缸 A 腔的气流流经节流阀，B 腔排出的气体直接经换向阀快排。当节流阀开度较小时，由于进入 A 腔的流量较小，压力上升缓慢，当气压达到能克服负载时，活塞前进，此时 A 腔容积增大，结果使压缩空气膨胀，压力下降，使作用在活塞上的力小于负载，因而活塞就停止前进。这种由于负载及供气的原因使活塞忽走忽停的现象，叫作气缸的“爬行”。所以，节流供气多用于垂直安装的气缸的供气回路中。水平安装的

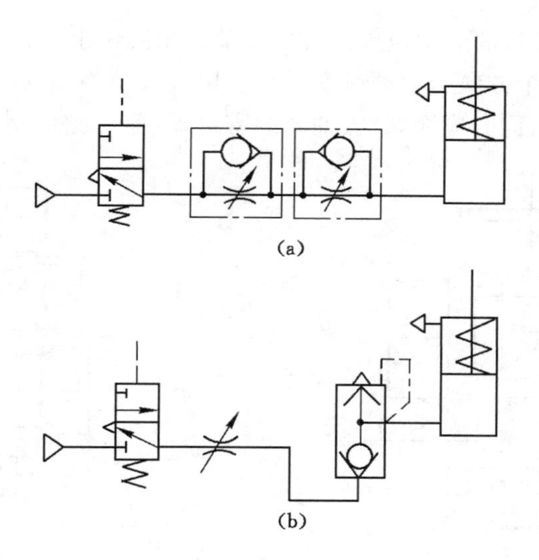

图 6-3-3　单作用气缸的速度控制回路

气缸则一般采用节流排气调速回路，如图 6-3-4(b)所示。在气缸的进、排气口都装上节流阀，则可实现进、排气的双向调速，构成双向调速回路，如图 6-3-4(c)所示。

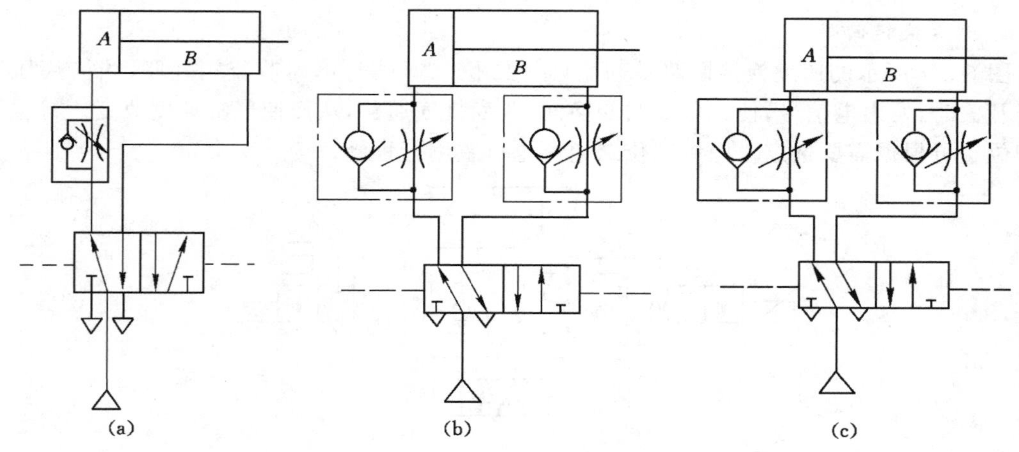

图 6-3-4　双作用气缸调速回路

(a) 节流进气调速回路；(b) 节流排气调速回路；(c) 双向节流调速

2. 缓冲回路

如图 6-3-5 所示，当活塞向右伸出时，气缸左端进气，右端排气通过机控换向阀再经三位五通阀排出；当活塞向右运动到接近行程末端时，活塞压下了机控换向阀，切断了机控换向阀到三位五通阀的排气通路，气缸右端排气只能通过节流阀再经三位五通阀排出，起到活塞行程末端缓冲变速的作用。改变机控换向阀的安装位置，即可以改变缓冲的开始时刻，以达到良好的缓冲效果。

3. 气液联动速度控制回路

如图 6-3-6 所示。该回路利用气液转换器 1 和 2 将气压转换成液压，通过液压油驱动液压缸 3 运动,从而获得平稳的运动速度。分别调节液压缸进出油路上的两个节流阀,即可改变活塞杆伸出和缩回两个方向的运动速度。在选用气液转换器时,一般应使其储油量大于液压缸 3 容积的 1.5 倍,同时应注意气、油间的密封,避免气、油互串。

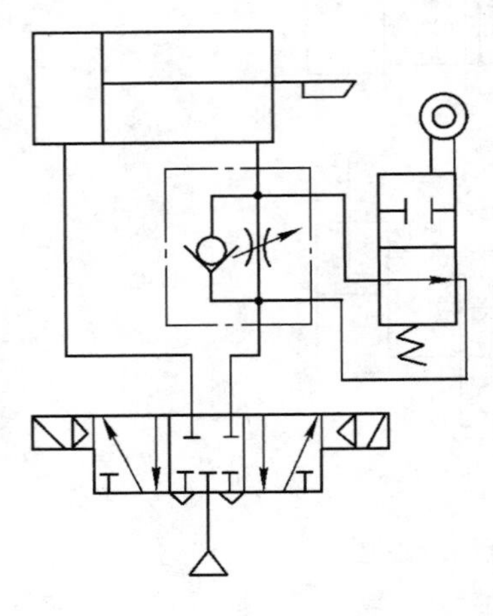

图 6-3-5 缓冲回路

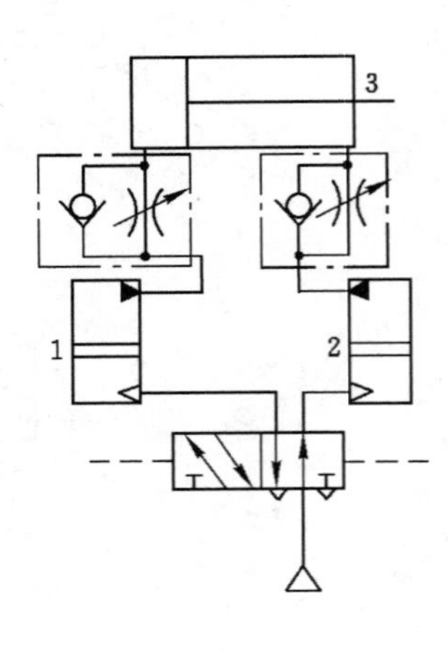

图 6-3-6 气液联动速度控制回路

1,2——气液转换器;3——液压缸

4. 速度换接回路

图 6-3-7 所示的速度换接回路是利用两个二位二通阀与单向节流阀并联,当撞块压下行程开关时,发出电信号,使二位二通阀换向,改变排气通路,从而使气缸速度改变。行程开关的位置可根据需要选定。图中二位二通阀也可改用行程阀。

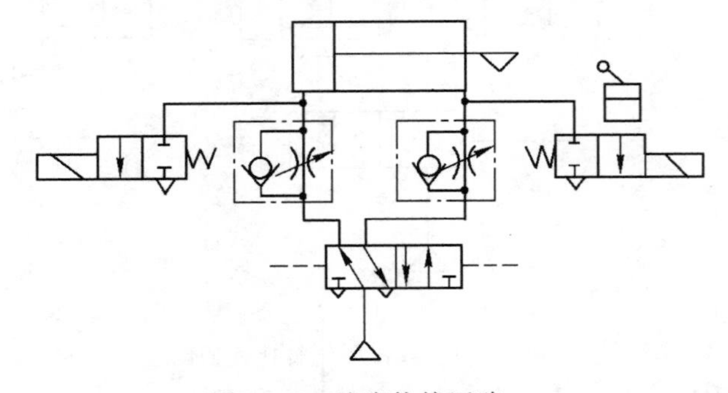

图 6-3-7 速度换接回路

任务实施

实训项目:气动双缸调速回路连接与分析

(一) 实训目的

(1) 熟悉气动流量控制阀的结构与工作原理;

(2) 能够正确选用回路所需气动元件;

(3) 能够正确连接气动速度控制回路与电磁阀电路;

(4) 能够启动运行,并排查故障。

（二）实训工具及器材

YL-224B型液压气动实训装置、压缩机、气缸两个、单电控二位五通换向阀两个、单向节流阀四个、行程开关三个、气动三联件一个、压力软管若干、三通若干。

（三）实训回路及继电器控制原理图

调速阀控制速度换接回路如图6-3-8所示，继电器控制原理图如图6-3-9所示。

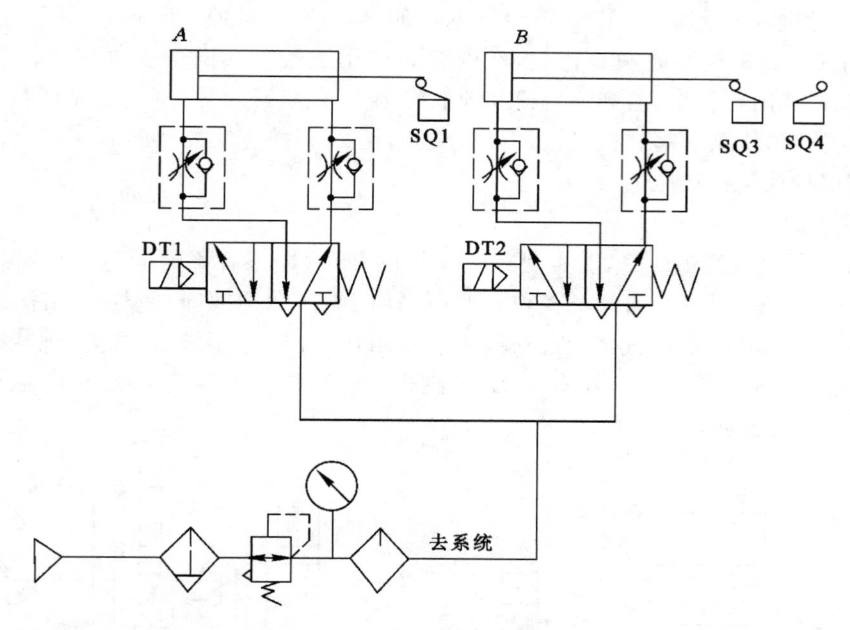

图6-3-8　调速阀控制速度换接回路

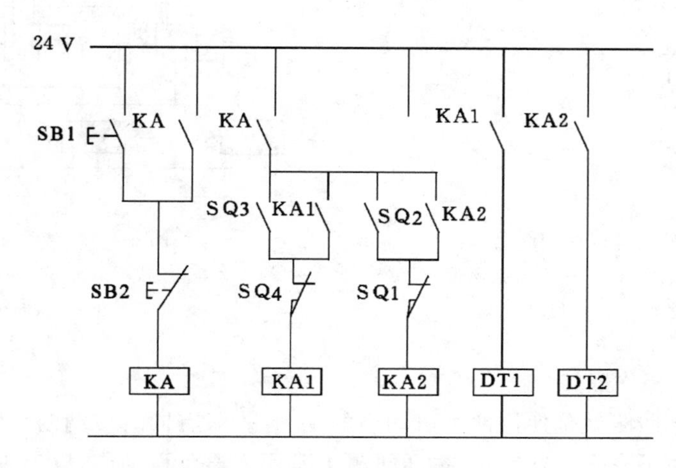

图6-3-9　继电器控制原理图

实训步骤与实训注意事项参考本项目任务一。

思考与练习

1. 气动速度控制回路有哪些？

任务四　气动其他回路

一、过载保护回路

如图 6-4-1 所示，此回路正常工作时，按下手动换向阀 1，压缩空气作用在气控换向阀 4 的左侧，使气控换向阀 4 左位工作，气缸活塞杆伸出，行至将机控换向阀 5 压下，气控换向阀 4 左侧控制气体经机控换向阀 5 排气，在弹簧力作用下气控换向阀 4 复位，活塞杆自动缩回。若活塞杆伸出行程中，遇到障碍或其他偶然因素，使负载过大，则气缸无杆腔气压升高，当超过设定值时，使顺序阀 3 打开，压下气控换向阀 2，同样使气控换向阀 4 复位，活塞杆自动缩回，实现过载保护功能。

二、互锁回路

图 6-4-2 所示为互锁回路，能实现三个气缸的互锁，即三者不能同时动作，保证只有一个活塞动作。例如：操纵换向阀 7 换位，则气控换向阀 4 随即换向，使气缸 A 活塞杆伸出；同时，A 缸进气通路的高压气体通过梭阀 1、2 作用在气控换向阀 5、6 右侧，将其锁住，保证此时即使换向阀 8、9 有气控信号输入，B、C 缸也不会动作。若要使 B 缸或 C 缸动作，必须先将控制 A 缸的换向阀 7 复位。

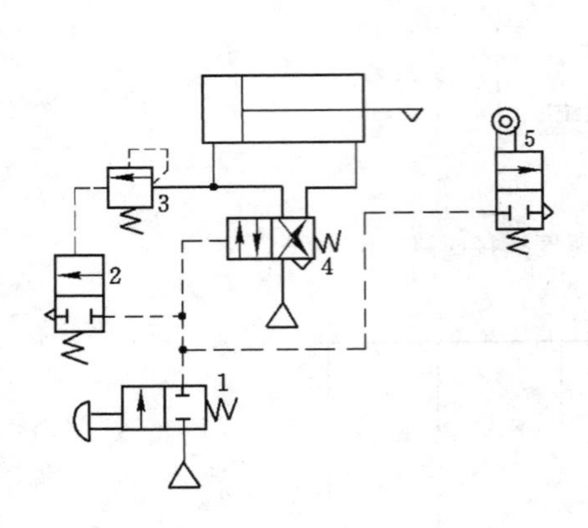

图 6-4-1　过载保护回路

1——手动换向阀；2，4——气控换向阀；3——顺序阀；5——机控换向阀

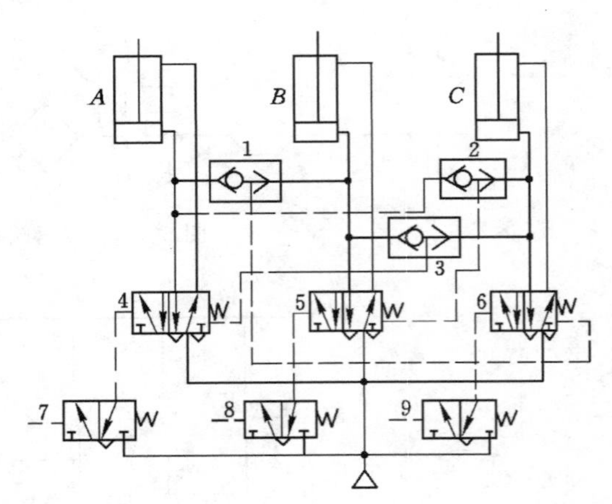

图 6-4-2　互锁回路

1，2，3——梭阀；4，5，6——气控换向阀；7，8，9——换向阀

三、双手同时操作回路

双手同时操作回路就是使用两个启动用的手动阀，只有同时按动两个阀才动作的回路。这种回路主要是为了安全。在锻造、冲压机械上常用来避免误动作，以保护操作者安全。

如图 6-4-3(a)所示回路，只有在两手同时按下两个手动阀时，才能使主阀换向，从而使气缸活塞下落。此回路中，如果两阀之一因弹簧折断而不能复位，则单独按下另一手动阀，活塞也可下落。因此该回路并不十分安全。

如图 6-4-3(b)所示回路，只有手动阀 2 和 3 同时动作时，主控阀 1 换向到上位，活塞杆前进；当手动阀 2 和 3 同时松开时，主控制阀 1 换向到下位，活塞杆返回；若手动阀 2 或 3 任

何一个动作，将使主控制阀复位到中位，活塞杆处于停止状态。

在双手同时操作回路中，两个手动阀间的安装距离必须保证使单手不能同时操作。

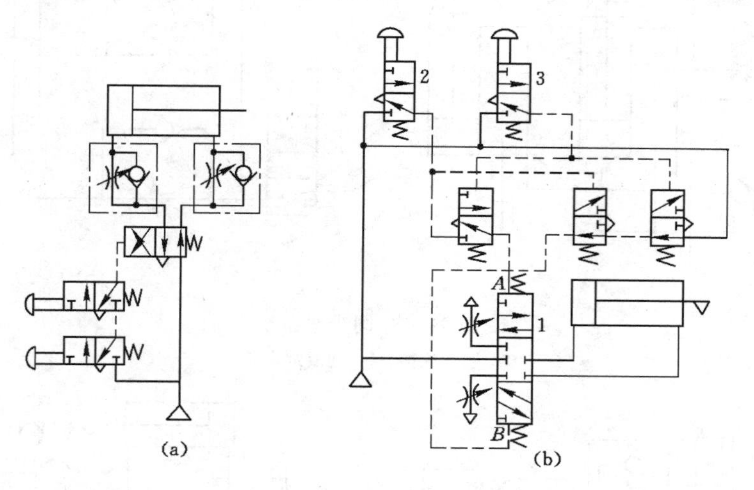

图 6-4-3　双手同时操作回路

1——主控阀；2，3——手动阀

四、顺序动作回路

顺序动作回路是指气动回路中，各气缸按一定程序完成各自的先后动作。常用的有单往复和连续往复动作回路等。实际上，在图 6-4-1 所示的过载保护回路中，就利用机控换向阀 5 实现了气缸的单往复动作。图 6-4-4 所示为一种常用的连续往复动作回路。按下手控换向阀 1 后，随着活塞杆移动，行程阀 2 和 3(阀 3 画在压下工作状态)不断改变工作位置，使气控换向阀 4 相应换向，实现气缸活塞杆在行程阀 2 和 3 之间的往复运动。

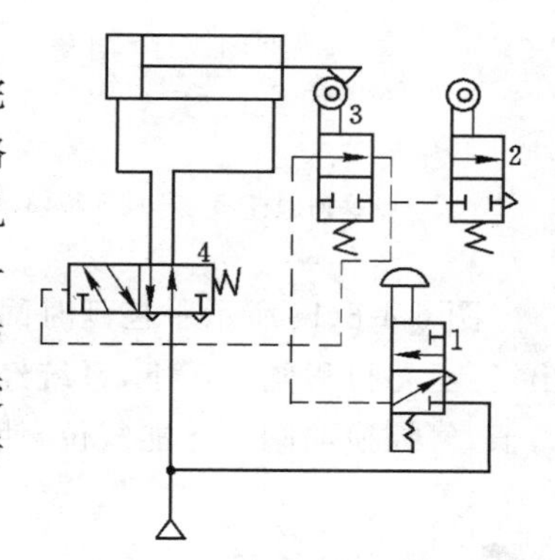

图 6-4-4　连续往复动作回路

1——手控换向阀；2，3——行程阀；

4——气控换向阀

五、同步回路

同步回路是指保证两个以上气动执行元件在运动过程中保持同步的回路。

图 6-4-5(a)所示回路采用刚性连接部件 C 连接两气缸 A 和 B，迫使二者保持同步。

图 6-4-5(b)所示为气液缸串联同步回路。气液缸 1 的下腔和气液缸 2 的上腔注满液压油，两腔相串联。在图示位置工作时，缸 2 活塞上升，将缸 2 上腔中的油液压入缸 1 下腔中，使缸 1 同时上升。只要使缸 2 上腔和缸 1 下腔的活塞作用面积相等，就可实现同步。回路中 3 处接放气装置，用于排除混入液压油中的气体。

六、延时回路

在图 6-4-6(a)所示气控延时回路中，气控换向阀 4 输入气控信号后换向，压缩空气经单向节流阀 3 向储气罐 2 缓慢充气，经一定延迟时间 t 后，充气压力达到设定值，使换向阀 1 换向，输出压缩空气。改变单向节流阀 3 的节流口开度即可调整延时时间长短。

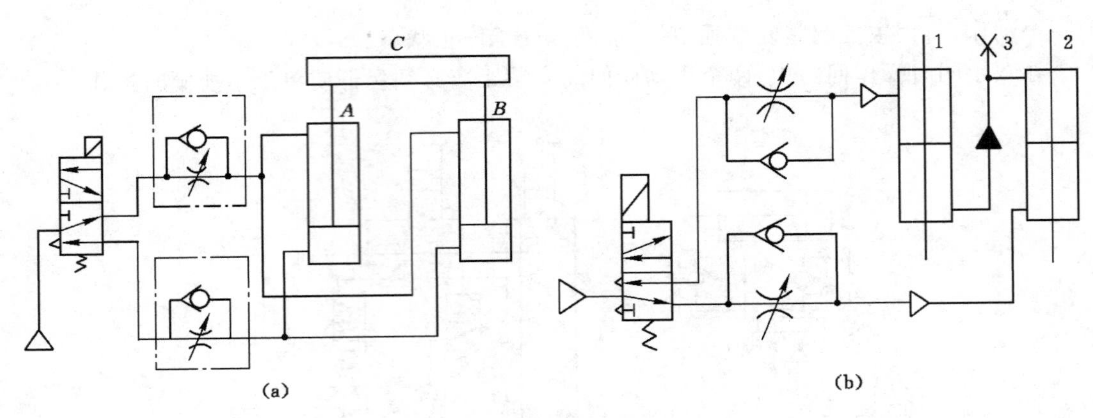

图 6-4-5　同步回路

(a) 刚性连接；(b) 气液缸串联

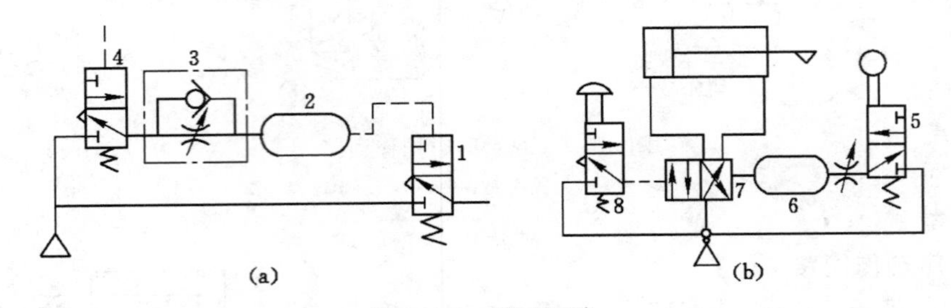

图 6-4-6　延时回路

(a) 气控；(b) 手控

1——换向阀；2，6——储气罐；3——单向节流阀；4，7——气控换向阀；5——行程阀；8——手控换向阀

图 6-4-6(b)所示手控延时回路中，按下手控换向阀 8 后，气控换向阀 7 换位，活塞杆伸出，行至将行程阀 5 压下，系统经节流阀缓慢向储气罐 6 充气，延迟一定时间后，达到设定压力值，气控换向阀 7 才能复位，使活塞杆返回。

思考与练习

1. 分析图 6-4-7 所示回路的工作原理，并指出元件的名称。

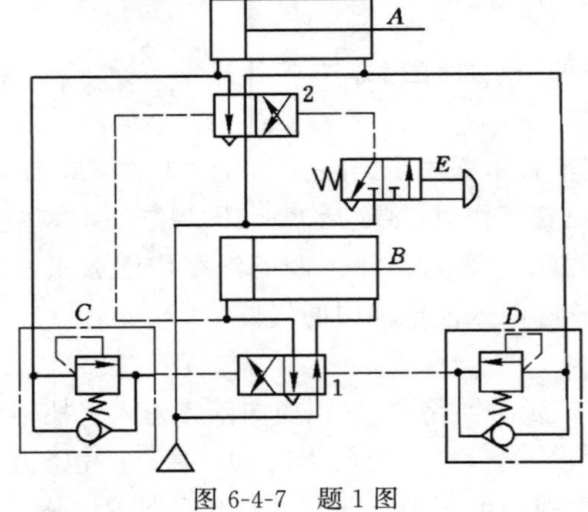

图 6-4-7　题 1 图

2. 利用两个双作用气缸，一只顺序阀，一个二位四通单电控换向阀设计顺序动作回路。

3. 图 6-4-8 所示为气动机械手的工作原理。试分析并回答以下各题。

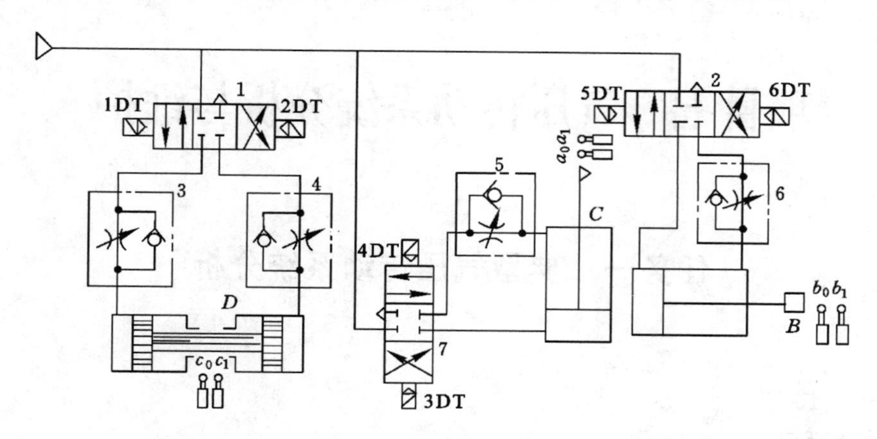

图 6-4-8　题 3 图

(1) 写出元件 1、3 的名称。

(2) 填写电磁铁动作顺序表(表 6-4-1)。

表 6-4-1　　**电磁动作顺序表**

电磁铁	垂直缸 C 上升	水平缸 B 伸出	回转缸 D 转位	回转缸 D 复位	水平缸 B 退回	垂直缸 C 下降
1DT						
2DT						
3DT						
4DT						
5DT						
6DT						

项目七　气压传动系统分析与维护

任务一　典型气压传动系统分析

任务概述

一、任务描述

气压传动系统是根据机械设备的工作要求，选用适当的气压基本回路经有机组合而成。阅读一个较复杂的气压系统图，与液压系统图的方法一致。

二、任务要求

(1) 知识要求：掌握气压传动系统的分析方法；掌握气压动力滑台传动系统；掌握气压工件夹紧传动系统。

(2) 能力要求：能够分析一些典型气压系统的回路组成与工作原理。

相关知识

一、气液动力滑台传动系统分析

气液动力滑台是采用气-液阻尼缸作为执行元件，在机械设备中用来实现进给运动的部件。图 7-1-1 所示为气液动力滑台气压传动系统的原理图。该气液动力滑台能完成两种工作循环，下面对其作一简单介绍。

(一) 快进→慢进(工进)→快退→停止

当图 7-1-1 中手动阀 4 处于图示状态时，就可实现快进→慢进(工进)→快退→停止的动作循环，其动作原理为：

当手动阀 3 切换到右位时，实际上就是给予进刀信号，在气压作用下气缸中活塞开始向下运动，液压缸中活塞下腔的油液经行程阀 6 的左位和单向阀 7 进入液压缸活塞的上腔，实现了快进；当快进到活塞杆上的挡铁 *B* 切换行程阀 6(使它处于右位)后，油液只能经节流阀 5 进入活塞上腔，调节节流阀的开度，即可调节气液缸运动速度，所以活塞开始慢进(工作进给)；当慢进到挡铁 *C* 使行程阀 2 复位时，输出气信号使手动阀 3 切换到左位，这时气缸活塞开始向上运动。液压缸活塞上腔的油液经行程阀 8 的左位和手动阀 4 中的单向阀进入液压缸下腔，实现了快退，当快退到挡铁 *A* 切换行程阀 8 而使油液通道被切断时，活塞便停止运动。所以改变挡铁 *A* 的位置，就能改变“停”的位置。

(二) 快进→慢进→慢退→快退→停止

把手动阀 4 关闭(处于左侧)时，就可实现快进→慢进→慢退→快退→停止的双向进给程序。其动作循环中的快进→慢进的动作原理与上述相同。当慢进至挡铁 *C* 切换行程阀 2

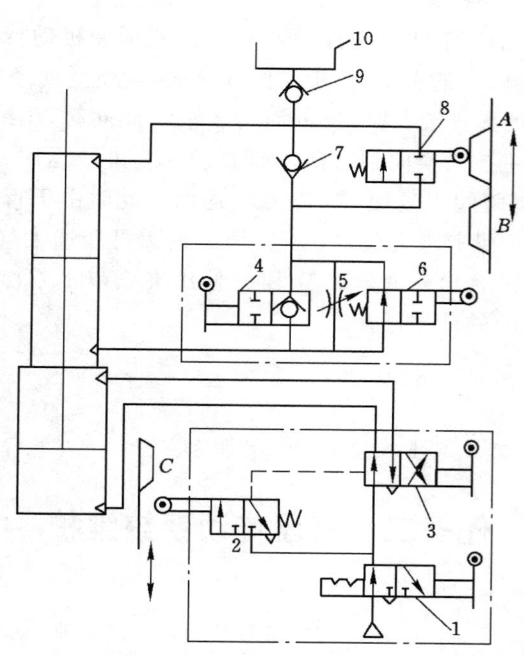

图 7-1-1　气液动力滑台气压传动系统

1,3,4——手动阀;2,6,8——行程阀;5——节流阀;7,9——单向阀;10——补油箱

至左位时,输出气信号使手动阀 3 切换到左位,气缸活塞开始向上运动,这时液压缸活塞上腔的油液经行程阀 8 的左位和节流阀 5 进入活塞下腔,亦即实现了慢退(反向进给),慢退到挡铁 B 离开行程阀 6 的顶杆而使其复位(处于左位)后,液压缸活塞上腔的油液就经行程阀 6 左位而进入活塞下腔,开始了快退,快退到挡铁 A 切换行程阀 8 而使油液通路被切断时,活塞就停止运动。

图中带定位机构的手动阀 1、行程阀 2 和手动阀 3 组合成一只组合阀块,手动阀 4、节流阀 5 和行程阀 6 为一组合阀,补油箱 10 是为了补偿系统中的漏油而设置的,一般可用油杯来代替。

二、气压工件夹紧传动系统分析

图 7-1-2 所示是机械加工自动线组合机床中常用的工件夹紧的气压传动系统图。其工作原理是:当工件运行到指定位置后,气缸 A 的活塞杆伸出,将工件定位锁紧后,两侧的气缸 B 和 C 的活塞杆同时伸出,从两侧面压紧工件,实现夹紧,而后进行机械加工,其气压系统的动作过程如下。

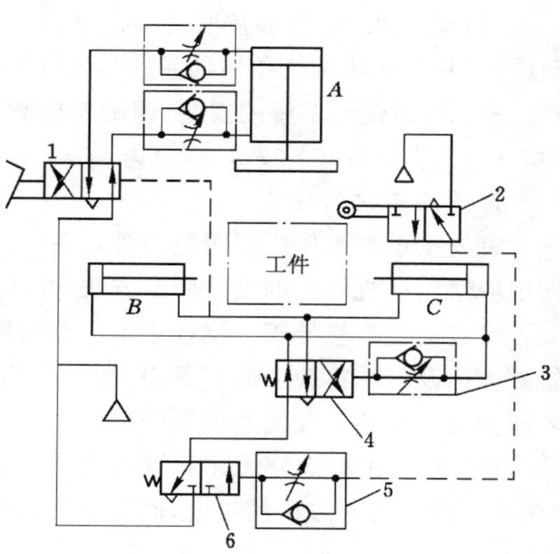

图 7-1-2　工件夹紧气压传动系统

1——脚踏阀;2——行程阀;

3,5——节流阀;4——主控阀;6——中继阀

当用脚踏下脚踏阀 1(在自动线中往往采用其他形式的换向方式)后,压缩空气经单

向节流阀进入气缸 A 的无杆腔,夹紧头下降至锁紧位置后使机动行程阀 2 换向,压缩空气经单向节流阀 5 进入中继阀 6 的右侧,使中继阀 6 换向,压缩空气经中继阀 6 通过主控阀 4 的左位进入气缸 B 和 C 的无杆腔,两气缸同时伸出。与此同时,压缩空气的一部分经单向节流阀 3 调定,延时后使主控阀换向到右侧,则两气缸 B 和 C 返回。在两气缸返回的过程中有杆腔的压缩空气使脚踏阀 1 复位,则气缸 A 返回。此时由于行程阀 2 复位(右位),所以中继阀 6 也复位,由于中继阀 6 复位,气缸 B 和 C 的无杆腔通大气,主控阀 4 自动复位,由此完成了一个缸 A 压下($A1$)→夹紧缸 B 和 C 伸出夹紧($B1$、$C1$)→夹紧缸 B 和 C 返回($B0$、$C0$)→缸 A 返回($A0$)的动作循环。

思考与练习

1. 简述图 7-1-2 工件夹紧气压传动系统工作原理。

任务二　气压传动系统维护

任务概述

一、任务描述

气压传动系统是由多个气压元件按照所完成的功能合理组合而成的,与液压传动系统一样,气压传动系统也需要科学地、正确地、合理地进行安装、调试、维护,以便保证气压传动系统能充分发挥其工作效益,减少故障,延长使用寿命。

二、任务要求

(1) 知识要求:了解气压传动系统的安装方法与要求;了解气压传动系统的调试与维护方法;了解气压传动系统及其元件的常见故障及排除方法。

(2) 能力要求:能够按照气压传动系统的安装、调试、维护方法对气压传动系统进行实践操作;具备初步的气压传动系统与元件故障分析及排除能力。

一、气压传动系统的安装、调试与维护

(一) 管路系统的安装、调试与维护

1. 管路系统的安装

首先按系统工作原理图绘制管路系统安装图,各个系统的安装图要单独绘制。在安装图中应绘出在机体上的安装固定方法,并注明管子和其他部件、标准件的代号和型号。

安装前要检查导管。硬管中不应有切屑、锈皮及其他杂物,否则要清洗后才能安装。导管外表面及两端接头应完好无损,加工后几何形状应符合要求,经检查合格的导管须吹风后才能安装。安装中要注意如下问题:

(1) 导管扩口部分的几何轴线必须与管接头的几何轴线重合,否则,当外套螺母拧紧时,扩口部分的一边压紧过度,而另一边则压得不紧,导致产生安装应力或密封不好。见图 7-2-1(a)。

(2) 螺纹连接接头的拧紧力矩要适中,拧得太紧,扩口部分受挤压太大会损坏,拧得不够紧也会影响密封性。

(3) 连接前平管嘴表面和螺纹应涂密封胶或黄油。为防止它们进入导管,螺纹前端 2～3

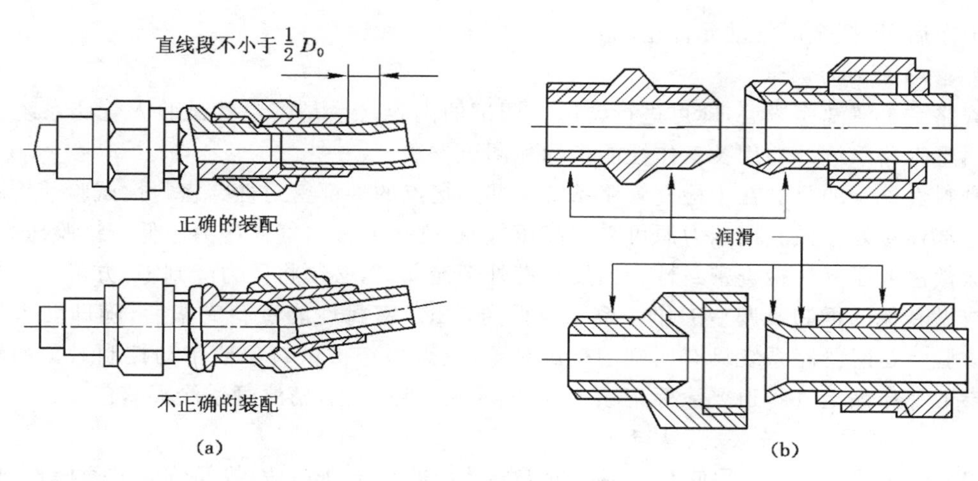

图 7-2-1　导管的连接

扣处不涂或拧入 2～3 扣后涂。如用密封带，应在螺纹前端 2～3 扣后再卷绕。见图 7-2-1(b)。

(4) 软管的抗弯刚度小，在软管接头的接触区内产生的摩擦力又不足以消除接头的转动，因此在安装后有可能出现软管的扭曲变形。检查方法是在安装前给软管表面涂一条纵向色带，安装后以色带判断软管是否被扭曲。防止软管被扭曲的方法是在最后拧紧外套螺母以前将软管接头向拧紧外套螺母相反的方向转动 1/6～1/8 圈。

软管不允许急剧弯曲，通常弯曲半径应大于其外径的 9～10 倍。为防止软管挠性部分的过度弯曲和在自重作用下发生变形，往往采用能防止软管过度弯曲的接头。

(5) 硬管一般情况下弯曲半径应不小于管子外径的 2.5～3 倍。在管子弯曲过程中为避免管子圆截面产生变形，常给管子内部装入填充剂，填充剂在内部起支撑管壁的作用。

(6) 为保证焊缝质量，零件上应开焊缝坡口，焊缝部位要清理干净(除去氧化皮和油污、镀锌层等)。焊接导管的装配间隙最好保持在 0.5 mm 左右。应尽量采用平焊位置，焊接时可以边焊边转动，一次焊完整条焊缝。

(7) 导管的走向要合理。一般来说，管路越短越好，弯曲部分越少越好，并避免急剧弯曲。短软管只允许进行平面弯曲，长软管可以进行复合弯曲。

2. 管道系统的检查

安装工作质量检查可按系统分段检查或整个系统安装完毕后进行总检查。一般检查可归纳为下列几条。

(1) 对导管、导管连接件、紧固件全部做直观检查，检查其是否有划伤、碰伤、压扁及磨损现象。

(2) 检查软管有无扭曲、损伤及急剧弯曲的情况。在外套螺母拧紧的情况下，若软管接头处用手能拧动，应重新紧固安装。

(3) 对扩口连接的管道，应检查是否对导管外表面有超过允许限度的挤压。

(4) 管路系统内部清洁度的检查方法，用洁净的细白布擦拭导管的内壁或让吹出的风通过细白布，观察细白布上有无灰尘或其他杂物，以此判别系统内部的清洁程度。气动系统安装后应进行吹风，以除去安装过程中带入管路系统内部的灰尘及其他杂质。吹风前应将系统的有些气动元件(如单向阀、减压阀、电磁阀、气缸等)用工艺辅件或导管替换。整个系统吹干净后，再把全部气动元件还原安装。

3. 管路系统的调试

管路系统清洗完毕后，即可进行调试。调试的内容之一是密封性试验。管路系统调试前要熟悉管路系统的功用及工作性能指标和调试方法。

密封性试验的目的在于检查管路系统全部连接点的外部密封性。密封性试验前管路系统要全部连接好。试验用压力源可采用高压气瓶，气瓶的输出气体压力不低于试验压力，用皂液涂敷法或压降法检查密封性。当发现有外部泄漏时，必须将压力降到零，方可拧动外套螺母或做其他的拆卸及调整工作。系统应保压 2 h。密封性能试验完毕后，随即转入工作性能试验。这时管路系统具有明确的被试对象，重点检查被试对象或传动控制对象的输出工作参数。压缩空气管道要涂标记颜色，一般涂灰色或蓝色，精滤管道涂天蓝色。

（二）控制元件的安装、调试与维护

(1) 减压阀安装时必须使其后部靠近需要减压的系统，阀的安装部位应方便操作，压力表应便于观察。减压阀要垂直安装，手柄朝上还是朝下须看减压阀的具体结构。为延长减压阀的使用寿命，减压阀不用时应旋松调压手柄，以免膜片长期受压引起塑性变形。减压阀的安装方向不能搞错，阀体上的箭头即气体的流动方向。在环境恶劣、粉尘多的场合，需要在减压阀之前安装过滤器。油雾器必须安装在减压阀的后面。安装减压阀之前的管路系统必须经过清洗。由外部先导式减压阀构成遥控调压系统时，为避免信号损失及滞后，其遥控管路最长不得超过 30 m；精密减压阀(如 Q017 型)的遥控距离，规定不得超过 10 m。

(2) 顺序阀的安装位置要便于操作。在有些不便于安装机控行程阀的场合，可安装单向顺序阀。

(3) 滑阀式方向控制阀须水平安装，以保证阀芯换向时所受阻力相等，使方向控制阀可靠工作。

(4) 人工操作阀应安装在便于操作的地方，操作力不宜过大。脚踏阀的踏板位置不宜太高，行程不能太长，脚踏板上应有防护罩。在有剧烈振动的场合，为安全起见，应附加锁紧装置。

(5) 机控阀操纵时不允许压下量超过规定行程。用凸轮操纵滚子或杆件时，应使凸轮具有合适的接触角度。操纵滚子时，角度不大于 15°；操纵杠杆时，在超过杠杆角度使用时，角度不大于 10°(图 7-2-2)。机械操纵阀的安装板应加工安装长孔，以便能调整阀的安装位置。

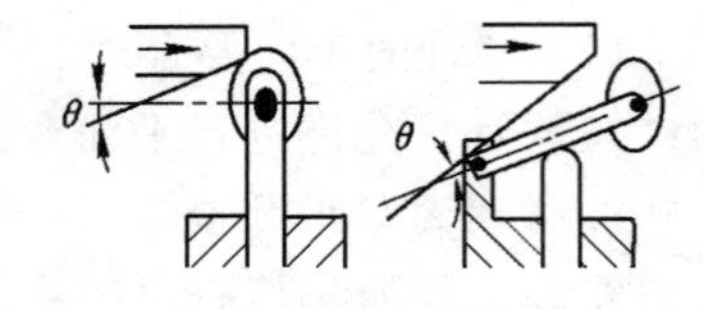

图 7-2-2　操纵滚子、杠杆时的凸轮接触角

(6) 用流量控制阀控制执行元件的运动速度时，流量控制阀原则上应装设在气缸管口附近。

二、气压传动系统的故障分析与排除

（一）压缩空气中的杂质引起气动系统的故障

压缩空气中的杂质是指气体中所含的水分、油分和灰分颗粒等。气体的净化是气动系统正常工作的必要条件。

1. 水分造成的故障

水分是空气压缩机吸入周围环境的湿空气造成的。压缩空气冷却后便会有水滴生成。水分会使管路、气动元件、辅件和执行元件氧化锈蚀，影响元件的正常工作，缩短了元件的使用寿命,造成系统的故障。为排除水分对气动系统的不利影响,必须对压缩空气进行干燥处理。采取的措施有:将空气压缩机排气管与后冷却器相连,通过冷却器使压缩空气冷却,析出水滴;安装管道时沿气流方向有一定的向下倾斜度,并在末端设置冷凝水集水罐;支管应在主管道上部采用大角度拐弯后向下引出;压缩空气进入气动系统前,先进入滤气器,清除水分;根据气动系统对压缩空气要求不同,还可进一步清除水分,如采用冷冻式干燥器或吸附式干燥器等。

2. 油分引起气动系统的故障

由于使用了油润滑型空气压缩机,使一部分润滑油呈雾状混入压缩空气中。由于压缩空气的高温,使油受热气化随压缩空气一起输出。这时的油分和水分及尘埃中的固体颗粒混杂在一起,常引起气动系统的故障。为消除油分造成的系统故障,可在系统中安装除油过滤器、离心式过滤器,用活性炭吸收油分。在排气口为防止油分污染环境,可在排气口安装排气洁净器,以消除油分和噪声,保持清洁的工作环境。

3. 尘埃颗粒引起气动系统的故障

空气压缩机吸入的空气中含有灰尘,这些颗粒杂质随压缩空气进入气动系统会增加元件中相对滑动零件的摩擦力和引起摩擦副损坏,引起密封件磨损,元件滑动表面擦伤,气体泄漏使元件动作失灵和执行元件输出力减小。

消除吸入空气中尘埃的颗粒、管道内锈蚀后产生的锈屑、密封材料摩擦后的碎屑,主要采用空气过滤器,在气体进入气动系统前还应设置过滤器进一步过滤。

(二)气动元件的故障

1. 减压阀的故障

减压阀是调定气动系统工作压力的重要元件。元件本身机能不良和工作介质净化程度较差,是减压阀产生故障的主要原因。常见故障及排除方法见表 7-2-1。

表 7-2-1　　减压阀常见故障及排除方法

故障	原因	排除方法
二次压力升高	弹簧损坏	更换弹簧
	阀座有伤痕,阀座橡胶剥离	更换阀体
	阀体中夹灰尘、阀体导向部分黏附异物,导向部分和阀体的密封圈变形	清洗阀和过滤器
阀的溢流孔处漏气	阀座有灰尘或伤痕、阀杆头部和阀座间研配质量不好	清洗阀、调换阀座、重新研配
	膜片破裂	更换膜片
压力不高	调压弹簧断裂	更换弹簧
	膜片撕裂	更换膜片
	阀口径太小	换阀
	阀下部积存冷凝水	排除积水
	阀内混入异物	清洗阀
调压时升压缓慢	过滤网堵塞	拆下清洗

续表 7-2-1

故障	原因	排除方法
输出压力发生剧烈波动,或不均匀变化	阀杆或进气阀芯上的密封圈表面损坏	更换阀杆或密封圈
	进气阀芯或阀座导向不好	更换阀芯或修复
	弹簧的弹力减弱、弹簧错位	更换弹簧
	耗气量变化使阀频繁启闭引起阀的共振	耗气量尽量稳定
阀体漏气	密封件损坏	更换密封件
	弹簧松弛	张紧弹簧
二次侧不溢流	阀座孔堵塞	清洗检查
	使用非溢流式减压阀	在二次侧安装高压放泄阀

2. 溢流阀的故障

溢流阀是保持系统中一次压力稳定的安全保护装置,一旦产生故障应立即排除。常见故障及排除方法见表 7-2-2。

表 7-2-2 溢流阀常见故障及排除方法

故障	原因	排除方法
压力没超过调定值,溢流阀已有气体溢出	膜片损坏	更换膜片
	调压弹簧损坏	更换弹簧
	阀座损坏	调换阀座
	杂质被气体带入阀内	清洗阀
压力超过调定值但不溢流	阀内部孔堵塞,阀芯被杂质卡死	清洗阀
阀体和阀盖处漏气	膜片损坏	更换膜片
	密封件损坏	更换密封件
溢流时发生振动	压力上升慢引起阀的振动	清洗阀,更换密封件
压力调不高	弹簧损坏	调换弹簧
	膜片漏气	调换膜片

3. 换向阀的故障

换向阀的故障会使执行元件动作失灵,换向动作无法实现。主要原因是气体泄漏,压缩空气中有冷凝水,润滑不良,混入杂质,制造质量不佳等。换向阀的常见故障和排除方法见表 7-2-3。

表 7-2-3　　换向阀常见故障和排除方法

故障	原因	排除方法
不能换向	润滑不良,阀的滑动阻力大	进行润滑
	密封圈变形,摩擦力增大	更换密封圈
	杂质卡住滑动部分	清除杂质
	弹簧损坏	调换弹簧
	膜片损坏	更换膜片
	换向操纵力太小	检查阀操纵部分
	控制压力太低	增大控制压力
	阀芯另一端有背压(放气小孔被堵)	清洗阀
	气腔漏气	重新密封
	阀芯锈蚀	调换阀或阀芯
	配合太紧	重新装配
电磁铁有蜂鸣声	电压低于额定电压	调整电压到规定值
	铁芯吸合面上有脏物或铁锈	清除脏物或铁锈
	活动铁芯上的密封垫不平	调整密封垫
	杂质进入铁芯的润滑部分,使铁芯不能紧密接触	清除进入电磁铁的杂质
	短路环损坏	换固定铁芯
	弹簧太硬或卡死	更换弹簧或调整弹簧
	外部导线拉得太紧	引线应宽裕
	T形活动铁芯的铆钉脱落、铁芯叠层分开不能吸合	更换活动铁芯
	I形活动铁芯密封不良	检查铁芯的接触性和密封性,必要时更换铁芯
电磁铁通电后无吸合声	线圈烧坏	调换线圈或电磁铁
	接触线不良	保持导线良好接触
电磁铁动作时偏差大,有时不能动作	活动铁芯锈蚀,不能移动,密封不完整	铁芯除锈,更换坏的密封圈
	电源电压低	调整电源电压,用符合线圈的电压
	杂质进入铁芯的润滑部分,使运动受阻	清除杂质
线圈烧毁	环境温度高	按规定温度范围使用
	动作频繁	使用高频电磁铁
	吸引时电流过大,温度升高绝缘损坏	可用气控阀代替电磁换向阀
	杂质夹在阀和铁芯之间,不能吸引铁芯	清除杂质
	线圈电压不合适	使用正常电源电压,使用符合电压的线圈
阀漏气	密封面损坏或机械损伤	更换密封圈或相应零件
	密封件尺寸不合适	更换密封件
	密封圈扭曲或歪斜	正确安装
	弹簧失效	更换弹簧
切断电源后活动铁芯不能退回	杂质卡住铁芯滑动部分	清除杂质

4. 执行元件的故障

气缸是执行元件中应用最广泛的一种，它以直线往复运动的形式输出作用力而做功。引起气缸故障的原因是多方面的，既有制造质量方面的原因，又有安装不合理、工作介质净化程度不够、操作不合理、维护保养不够等原因。气缸的常见故障及排除方法见表 7-2-4。

表 7-2-4 气缸的常见故障及排除方法

故障	原因	排除方法
气缸损伤	缓冲机构不起作用，致使端盖损坏	检修缓冲机构，更换端盖
	偏心载荷引起折断	消除偏心载荷
	摆动气缸载荷很大，摆动速度快，受冲击	减小摆动速度和冲击
	装置的冲击加到活塞杆上，活塞杆受冲击而折断	消除加在活塞杆上的冲击
缓冲效果不好	缓冲部分的密封圈密封性能差	更换密封圈
	气缸速度太快	调节气缸速度
	调节螺钉损坏	更换调节螺钉
运动不稳定，输出力不足	润滑不良	改善润滑
	气缸内表面有锈蚀或缺陷	修复或调换
	气缸安装调整不佳，受偏心载荷	正确安装，消除偏心载荷
	气缸内有杂质、冷凝水	消除水分及杂质
外泄漏	活塞杆安装偏心	重新安装，使杆不受偏心载荷
	活塞杆与密封衬套间漏气，润滑油供应不足，使衬套密封圈损坏	正常润滑，更换密封圈
	活塞杆有伤痕	更换活塞杆
	活塞杆与密封衬套的配合面内有杂质	清除杂质，安装防尘盖
	因密封圈损坏，造成从缓冲装置的调节螺钉处漏气，管接头与缸连接处漏气，缸体与端盖间漏气	更换密封圈
内泄露	活塞密封圈损坏	更换密封圈
	活塞卡住	重新安装
	活塞配合面有缺陷	更换零件
	润滑不良	改善润滑

5. 气动辅件的故障

气动辅件有空气过滤器和油雾器等，空气过滤器在使用中要注意随时清洗，更换滤芯。油雾器是给气动装置润滑部分供油的元件，应尽量安装在需润滑的元件旁。

任务实施

实训项目：根据实训现场气压传动系统学习气压传动系统的维护方法。

思考与练习

1. 叙述气动系统的安装、调试流程图。
2. 常发生故障的气动元件中，阀类有哪几种？

附录　常用液压与气压传动图形符号

附表 1　基本符号

名　称	符　号	名　称	符　号
液压源		压力计	
气压源		液面计	
电动机	M	温度计	
原动机	M	流量计	
压力继电器		行程开关	
报警器		气液转换器	

附表 2　管路及其连接

名　称	符　号	名　称	符　号
工作管路		直接排气	
控制管路		带连接排气	
连接管路		带单向阀快换接头	
交叉管路		不带单向阀快换接头	
柔性管路		旋转接头	单通路　三通路

附表 3 控制方法

类别	名称	符号
人力控制	按钮式	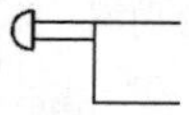
	手柄式	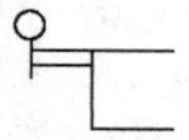
	踏板式	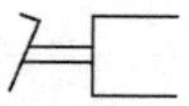
机械控制	顶杆式	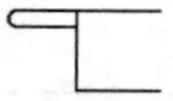
	弹簧式	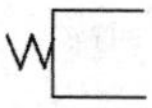
	滚轮式	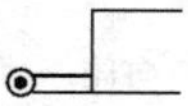

类别	名称	符号
电气控制	单作用电磁装置	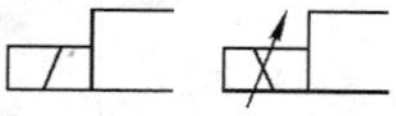 不可调 可调
	双作用电磁装置	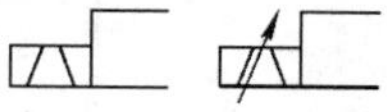 不可调 可调
压力控制	加压或卸压	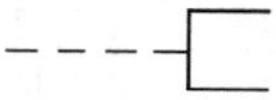
	内部压力	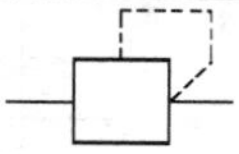
	外部压力	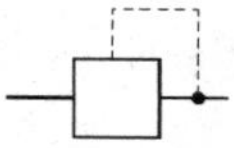
	差动式	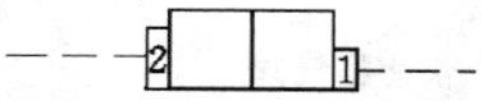

附表 4 泵、马达和缸

名称	符号
定量液压泵	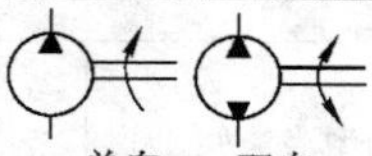 单向 双向
变量液压泵	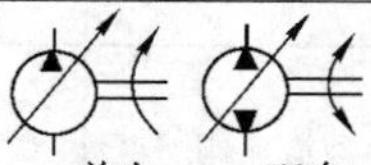 单向 双向
单向定量马达	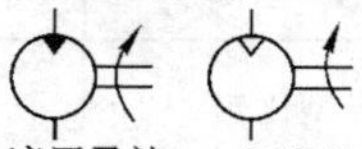 液压马达 气马达
双向定量马达	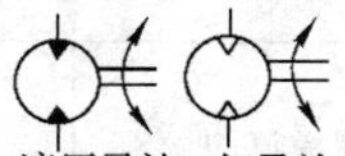 液压马达 气马达
单向变量马达	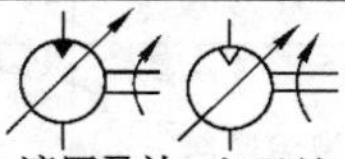 液压马达 气马达
双向变量马达	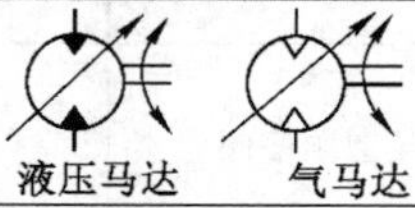 液压马达 气马达
定量液压泵－马达	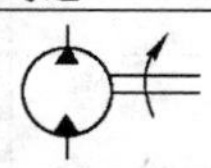
摆动马达	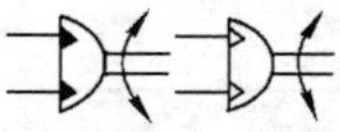

名称	符号
单作用弹簧复位缸	 液压 气压
双作用单活塞杆缸	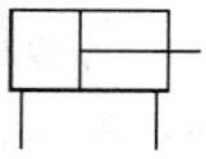
双作用双活塞杆缸	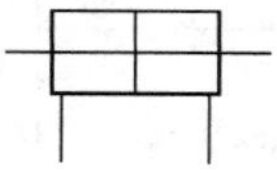
单向缓冲缸	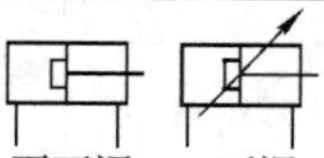 不可调 可调
双向缓冲缸	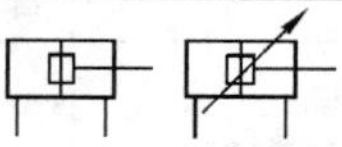 不可调 可调
单作用伸缩缸	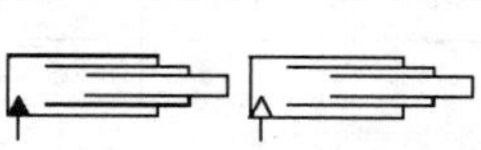
双作用伸缩缸	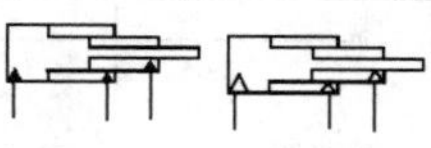
增压器	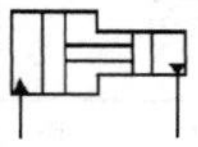

附表 5 方向控制阀

名　称	符　号	名　称	符　号
单向阀		二位二通换向阀（手控）	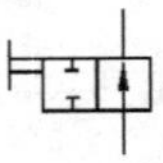
液控单向阀	 弹簧可以省略	二位三通换向阀（电控）	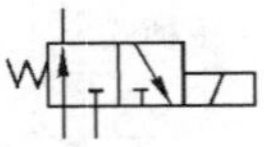
或门型梭阀	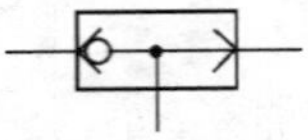	二位五通换向阀（液控）	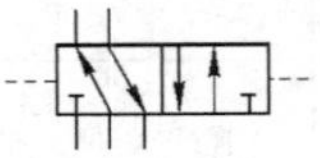
与门型梭阀	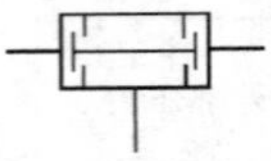	三位四通换向阀	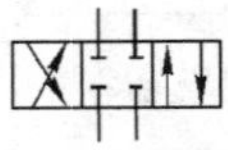
快速排气阀	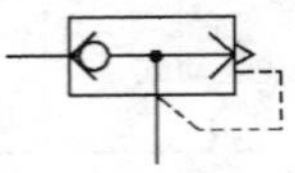	三位五通换向阀	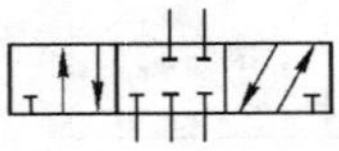

附表 6 压力控制阀

名　称	符　号	名　称	符　号
直动型减压阀	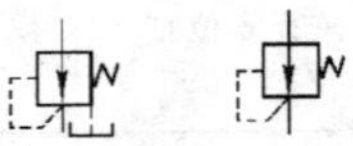	直动型溢流阀	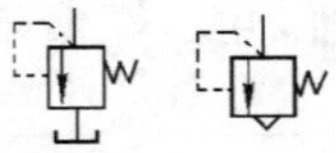
先导型减压阀	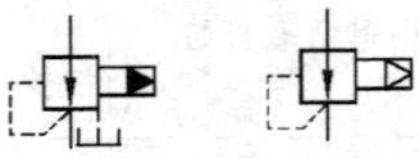	先导型溢流阀	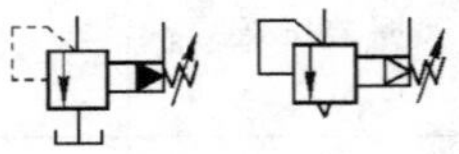
溢流减压阀	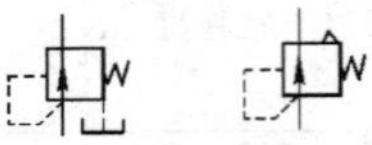	先导型比例电磁溢流阀	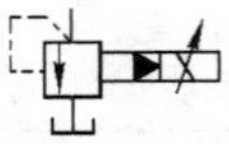
定比减压阀（减压比 1：3）	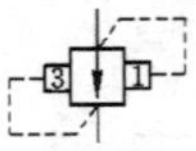	卸荷溢流阀	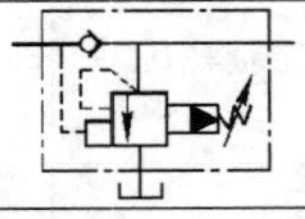
定差减压阀	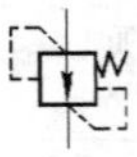	直动型顺序阀	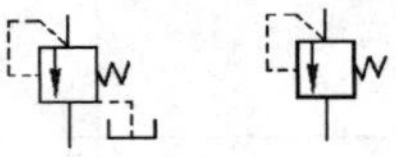
液控型卸荷阀	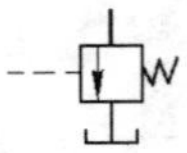	先导型顺序阀	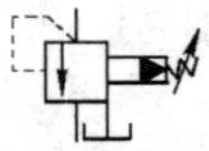
制动阀	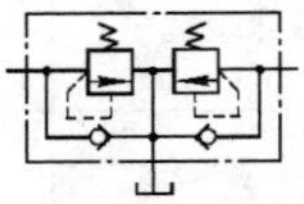	单向顺序阀	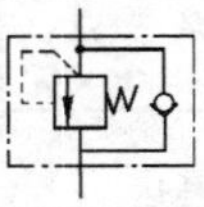

附表 7　　　　压力控制阀

名　称	符　号	名　称	符　号
不可调节流阀	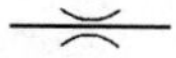	温度补偿调速阀	
可调节流阀		旁通型调速阀	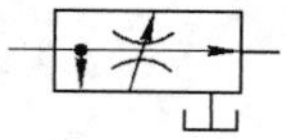
单向节流阀	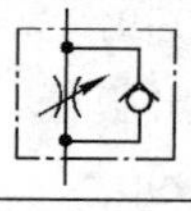	单向调速阀	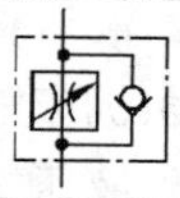
消声节流阀	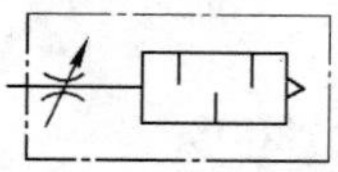	分流阀	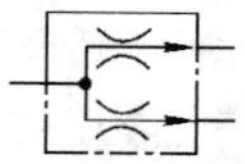
调速阀	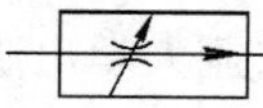	集流阀	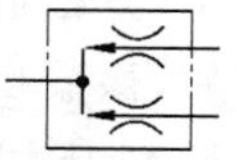

附表 8　　　　辅 助 元 件

名　称	符　号	名　称	符　号
空气过滤器	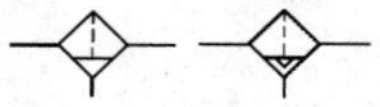	蓄能器	
除油器	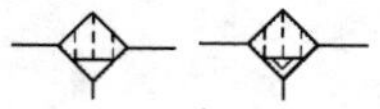	气罐	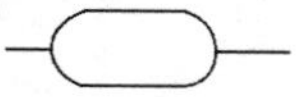
空气干燥器	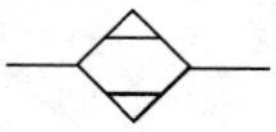	冷却器	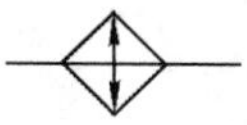
油雾器	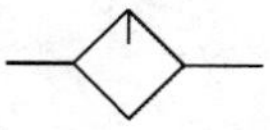	加热器	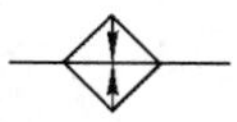
过滤器	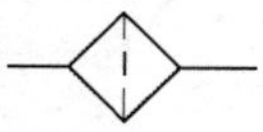	消声器	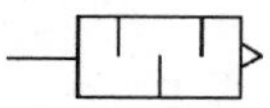

参考文献

[1] 丁树模.液压传动[M].2 版.北京:机械工业出版社,1999.
[2] 蒋志勤.机床液压传动教程[M].徐州:中国矿业大学出版社,1988.
[3] 雷天觉.液压工程手册[M].北京:机械工业出版社,1990.
[4] 李芝.液压传动[M].北京:机械工业出版社,1996.
[5] 刘胜利.液压传动[M].北京:北京邮电大学出版社,2008.
[6] 石熙年,万柏群.液压传动[M].徐州:中国矿业大学出版社,1990.
[7] 孙九如,徐蒙良,卢维冬.采掘机械[M].徐州:中国矿业大学出版社,1990.
[8] 王春行.液压伺服控制系统[M].北京:机械工业出版社,1984.
[9] 王焕菊,宁玉伟.液压与气压传动[M].郑州:河南科学技术出版社,2007.
[10] 张福臣.液压与气压传动[M].2 版.北京:机械工业出版社,2016.
[11] 王积伟,章宏甲,黄谊.液压传动[M].2 版.北京:机械工业出版社,2007.
[12] 左建民.液压与气压传动[M].4 版.北京:机械工业出版社,2011.